電子情報通信レクチャーシリーズ **C-15**

光・電磁波工学

電子情報通信学会●編

鹿子嶋憲一 著

コロナ社

▶電子情報通信学会 教科書委員会 企画委員会◀

- ●委員長 ── 原島　博（東京大学教授）
- ●幹事（五十音順）
  - 石塚　満（東京大学教授）
  - 大石　進一（早稲田大学教授）
  - 中川　正雄（慶應義塾大学教授）
  - 古屋　一仁（東京工業大学教授）

▶電子情報通信学会 教科書委員会◀

- ●委員長 ── 辻井　重男（中央大学教授／東京工業大学名誉教授）
- ●副委員長 ── 長尾　真（京都大学総長）
  - 神谷　武志（大学評価・学位授与機構／東京大学名誉教授）
- ●幹事長兼企画委員長 ── 原島　博（東京大学教授）
- ●幹事（五十音順）
  - 石塚　満（東京大学教授）
  - 大石　進一（早稲田大学教授）
  - 中川　正雄（慶應義塾大学教授）
  - 古屋　一仁（東京工業大学教授）
- ●委員 ── 122名

(2002年3月現在)

刊行のことば

　新世紀の開幕を控えた1990年代，本学会が対象とする学問と技術の広がりと奥行きは飛躍的に拡大し，電子情報通信技術とほぼ同義語としての"IT"が連日，新聞紙面を賑わすようになった．

　いわゆるIT革命に対する感度は人により様々であるとしても，ITが経済，行政，教育，文化，医療，福祉，環境など社会全般のインフラストラクチャとなり，グローバルなスケールで文明の構造と人々の心のありさまを変えつつあることは間違いない．

　また，政府がITと並ぶ科学技術政策の重点として掲げるナノテクノロジーやバイオテクノロジーも本学会が直接，あるいは間接に対象とするフロンティアである．例えば工学にとって，これまで教養的色彩の強かった量子力学は，今やナノテクノロジーや量子コンピュータの研究開発に不可欠な実学的手法となった．

　こうした技術と人間・社会とのかかわりの深まりや学術の広がりを踏まえて，本学会は1999年，教科書委員会を発足させ，約2年間をかけて新しい教科書シリーズの構想を練り，高専，大学学部学生，及び大学院学生を主な対象として，共通，基礎，基盤，展開の諸段階からなる60余冊の教科書を刊行することとした．

　分野の広がりに加えて，ビジュアルな説明に重点をおいて理解を深めるよう配慮したのも本シリーズの特長である．しかし，受身的な読み方だけでは，書かれた内容を活用することはできない．"分かる"とは，自分なりの論理で対象を再構築することである．研究開発の将来を担う学生諸君には是非そのような積極的な読み方をしていただきたい．

　さて，IT社会が目指す人類の普遍的価値は何かと改めて問われれば，それは，安定性とのバランスが保たれる中での自由の拡大ではないだろうか．

　哲学者ヘーゲルは，"世界史とは，人間の自由の意識の進歩のことであり，…その進歩の必然性を我々は認識しなければならない"と歴史哲学講義で述べている．"自由"には利便性の向上や自己決定・選択幅の拡大など多様な意味が込められよう．電子情報通信技術による自由の拡大は，様々な矛盾や相克あるいは摩擦を引き起こすことも事実であるが，それらのマイナス面を最小化しつつ，我々はヘーゲルの時代的，地域的制約を超えて，人々の幸福感を高めるような自由の拡大を目指したいものである．

　学生諸君が，そのような夢と気概をもって勉学し，将来，各自の才能を十分に発揮して活躍していただくための知的資産として本教科書シリーズが役立つことを執筆者らと共に願っ

ている．

　なお，昭和55年以来発刊してきた電子情報通信学会大学シリーズも，現代的価値を持ち続けているので，本シリーズとあわせ，利用していただければ幸いである．

　終わりに本シリーズの発刊にご協力いただいた多くの方々に深い感謝の意を表しておきたい．

　2002年3月　　　　　　　　　　　　　　　　　電子情報通信学会　教科書委員会

　　　　　　　　　　　　　　　　　　　　　　　　委員長　辻　井　重　男

まえがき

　本書では，電磁波が実社会のどういうところで，どういうふうに使われ，便利で快適な生活に貢献しているかを念頭におき，「光・電磁波工学」において身に付けるべき事柄，考え方を述べている．電磁波については，いろいろな法則や定理または技術がたくさんあって憶えるのが大変だと思う人が多いかもしれない．しかし，実際にはガウス，アンペア，ファラデーという少しの法則と決まりきった技術を繰り返し使用しており，慣れればとてもおもしろくて便利で役に立つ学問である．

　1章では，携帯電話，衛星放送，カーナビなど我々が利用しているシステムやサービスと電磁波のかかわりを説明している．電磁波の本質を知ることは，これらのシステム，サービスをより有効に利用できることにもつながり得である．

　2章では，「光・電磁波の物理」をまとめている．本書が扱う範囲は物理としては皆さんが経験済みのものばかりである．しかし，光の直進や反射，屈折など，いままでの勉強は個々の現象の羅列という印象があるのではないだろうか？　これからやることは片手で数えられる数の法則を基に，物理現象を自分の言葉で表現できるようになるための勉強だともいえる．「物理を極める≒自分の言葉で表現する」ために，数学はとても役に立つ．ここで使う数学は皆さんが高校までに学んだ内容か，その延長上のものである．手足を動かすことと時間を使うことをいとわなければ，結構おもしろい展開を楽しむことができる．

　その数学のご利益を借りて，3章では，局所的な電界，磁界の関係式から広い空間における電界，磁界を知ることができることを学習する．そして，「空間を伝わる電磁波」が存在することさえも導くことができる．「電磁波は横波で光の速度で直進する」，と暗記していたことを自ら導き出すことができ記憶の必要はなくなる．この空間を伝わる電磁波＝平面波という単純な表現の波が，「光・電磁波」の基本である．決して難しいものではない．

　4章では，この平面波の知識，理解を基礎に，反射や透過，屈折など平面波の実際的な振舞いを定量的に知る練習をする．ブルースター角や全反射条件を自ら導き出すだけでなく，「窓ガラスを電波はどの程度通り抜けるか」，を定量的に知ることができるようになる．

　5章では，コンピュータをはじめ各種の通信・情報機器をネットワークに接続するために必要なケーブル上を，電磁波がどのように伝わっていくかを取り扱う方法を習得する．直流回路や交流回路では問題にならなかった，伝送路と接続機器との「整合」ということに重点を置いている．更にいままで経験していない導波管や共振器のことについても学習する．

6章では，光ファイバや光回路素子について説明しているが，主として平面波の動作として考えられる範囲に限っている．そして，これが実際使われているものの大半を占めるのである．光の時代といわれる今日，光に関してはこれだけでは十分ではないが，光素子の詳しい学習もそれほど難しいことではないことを理解していただきたい．

7章では，電磁波の放射，受信の基礎について説明している．ヘルツは火花放電で電波を発生させたが，時間的に変化する電流から電磁波が空間に飛び立ち，遠方まで伝わることをマクスウェルの方程式の変形として求めることができる．更に送信アンテナから 10 km 離れた地点の電界の強さがいくらになるかや，遠くの放送局（衛星のときもある）から送られてくる電磁波が，皆さんの家のアンテナでどれだけの電力を受信できるのかも求めることができるようになる．一方で，電子機器やその他の機器（モータ類）から放射される不要電波を受ける被害も問題となる．このメカニズムを物理として知っておくことは，これから皆さんが実社会で活躍するうえできっと有益なことと考える．

本書では，マクスウェルの方程式を事実としてスタートし，それまでのことは分かっているという前提に立っている．「電磁誘導の法則」を発見した「実験の神様」ともいうべきファラデーでさえ，電気から磁気への相互作用は見つけ出せなかった．これを解決したマクスウェルは，電磁波の伝搬を予言しつつも電磁波を伝える媒質が欲しかった．電磁波の物理を自分の頭と感覚で必死に考えると，「なぜ真空中でも電磁波は伝わるのか」，不思議だと思う人が現在でもたくさんいる．皆さんも事実を事実として受け入れる一方で，なぜそういう物理現象が起きるのか，自分の頭で考え結果を自分の言葉で表現していただきたい．「光・電磁波」は力，運動，熱，物質と同じように，自然現象の基本を構成しているものであり，人間にかかわる技術を考え，研究・開発・応用していくうえで不可欠な要素，論理を含んでいる．世の中に役に立つ技術であると同時に物理の基本なのである．

式の誘導は本文で詳しく書いており，足りないところは章末に問題として挙げている．演習に必要な知識は付録に載せている．丁寧にたどれば，高校までの数学力＝計算力で内容の理解は可能と思う．ただ，難点は時間がかかることである．将来社会で活躍するための投資と考えれば，「ここで時間をかけ，頭の訓練をすること」は決して無駄ではない．社会人になって振り返ってみれば，大学の勉強はすべて教養である．哲学や心理学，物理学，基礎数学だけでなく，本書の「光・電磁波」も教養といえる．数学力（＝計算力）の訓練と同時に，自然の物理に「なぜ」の疑問を発し，自らの言葉でその解答を書く，本書をそのための踏み台にしていただければ著者の望外の喜びである．「なぜ真空中でも電磁波は伝わるか」，皆さんの解答を楽しみにしている．

2003 年 5 月

鹿子嶋　憲　一

目　次

1. 光・電磁波とその応用分野

1.1　無線通信（ワイヤレス） …………………………………… 2
1.2　光デバイス …………………………………………………… 6
1.3　　EMC ………………………………………………………… 8
1.4　光・電磁波工学の位置付け ………………………………… 9
本章のまとめ ……………………………………………………… 10
理解度の確認 ……………………………………………………… 11

2. 光・電磁波の基礎物理

2.1　波の発生と伝搬 ……………………………………………… 14
2.2　反射，透過，屈折 …………………………………………… 15
2.3　干渉と回折 …………………………………………………… 18
2.4　散乱と吸収 …………………………………………………… 20
2.5　伝送線路における光・電磁波伝搬 ………………………… 21
本章のまとめ ……………………………………………………… 23
理解度の確認 ……………………………………………………… 24

3. 光・電磁波の数式表現

3.1　マクスウェルの方程式とその成立過程 …………………… 26
3.2　マクスウェルの方程式と波動方程式，及びその解 ……… 28
3.3　偏　　波 ……………………………………………………… 37
3.4　電磁界のエネルギーとポインティングベクトル ………… 40

本章のまとめ …………………………………………………… 42
　　理解度の確認 …………………………………………………… 43

4. 電磁波の反射，屈折，回折

4.1　異なる物質境界における電磁波の性質 ………………………… 46
　　4.1.1　電界，磁界の複素表示 ………………………………… 46
　　4.1.2　境 界 条 件 ……………………………………………… 47
4.2　媒質境界での反射と透過　―垂直入射― ……………………… 50
4.3　多層膜における反射と透過 ……………………………………… 51
　　4.3.1　連立方程式による方法 ………………………………… 51
　　4.3.2　波動行列法 ……………………………………………… 54
4.4　媒質境界での反射と透過　―斜め入射― ……………………… 58
4.5　半無限平板による回折 …………………………………………… 69
4.6　レイトレース法の基礎 …………………………………………… 72
本章のまとめ ………………………………………………………… 74
理解度の確認 ………………………………………………………… 76

5. 伝送路における電磁波伝搬

5.1　分布定数線路の構造と基本式 …………………………………… 80
5.2　電圧，電流の表現式 ……………………………………………… 84
5.3　インピーダンス，反射係数，電圧定在波比（VSWR） ……… 87
5.4　伝送路の整合とスミスチャート ………………………………… 89
5.5　導波管と共振器 …………………………………………………… 96
　　5.5.1　導 波 管 ………………………………………………… 96
　　5.5.2　共 振 器 ………………………………………………… 102
本章のまとめ ………………………………………………………… 105
理解度の確認 ………………………………………………………… 106

6. 光ファイバと光回路

- 6.1 光ファイバにおける伝送特性 …………………………… *110*
- 6.2 光導波路 ………………………………………………… *115*
- 6.3 光回路素子 ……………………………………………… *116*
- 本章のまとめ ………………………………………………… *119*
- 理解度の確認 ………………………………………………… *119*

7. 電磁波の放射と受信

- 7.1 電磁波放射の基本式 …………………………………… *122*
- 7.2 放射構造と遠方電磁界 ………………………………… *130*
- 7.3 アンテナ利得 …………………………………………… *134*
- 7.4 アンテナの受信特性 …………………………………… *137*
- 7.5 電子機器からの電磁波不要放射 ……………………… *141*
- 本章のまとめ ………………………………………………… *143*
- 理解度の確認 ………………………………………………… *144*

付　　録

- 1. 電気，磁気の各種物理量の単位 ………………………… *147*
- 2. ベクトル解析公式 ………………………………………… *149*
- 3. ストークスの定理とガウスの定理 ……………………… *151*
- 4. 座標変換（回転による） ………………………………… *152*
- 5. 電界，磁界の複素表示 …………………………………… *153*
- 6. 伝送線路の損失 …………………………………………… *154*
- 7. 各種座標による波動方程式の表現 ……………………… *155*

引用・参考文献 ……………………………………………………………… *157*
理解度の確認；解説 ………………………………………………………… *159*
索　　　引 …………………………………………………………………… *187*

1 光・電磁波と その応用分野

　本章では「光・電磁波工学」の学習に先立ち，学習する内容と世の中の技術との関係について概説する．電磁波の発見により無線通信が始まったことからも分かるように，電磁波と無線通信のかかわりは最も古くかつ密接である．無線通信以外でも放送やレーダにおいて，電磁波はそれぞれの中核の役割を果たすものである．近年では電波に加え，光が通信において重要な媒体になっている．更に通信や放送及びこれらを構成する装置の進展により，いわゆる「情報通信革命」の時代が到来したといわれているが，これに伴い我々の生活空間には，「不要電波」の発生が問題となっている．そのメカニズムを理解し，不要電波の抑圧または発生防止技術に通じることも重要となってきている．

　これらの技術課題を扱うために，「光・電磁波工学」の学習が必要となる．図1.1に「光・電磁波工学」における学習項目と応用分野の関係を示す．

2　　1. 光・電磁波とその応用分野

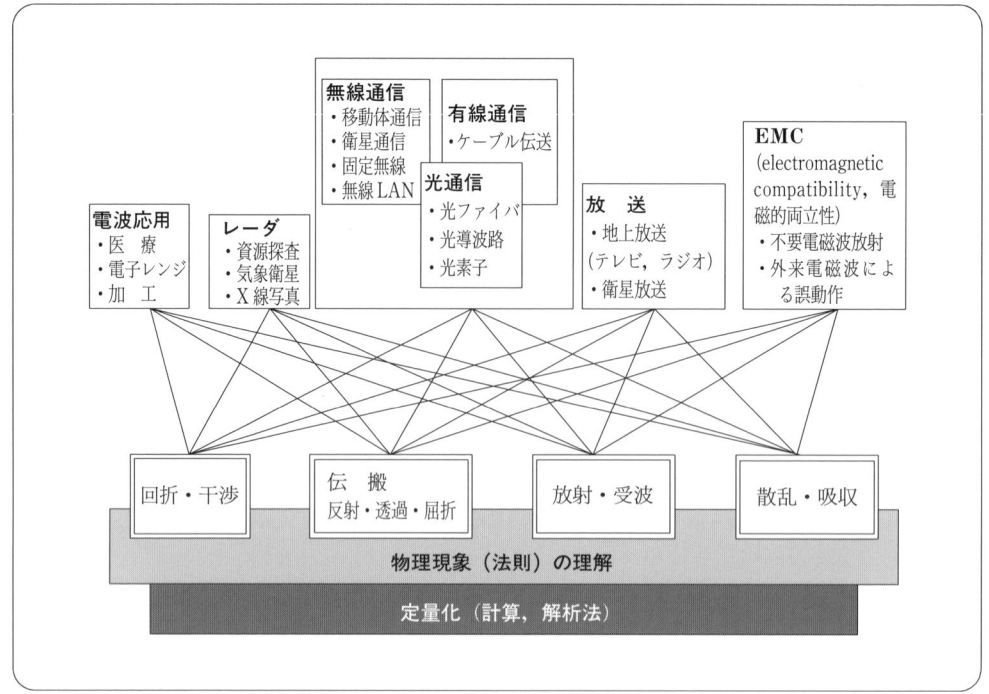

多くの応用技術も少数の物理法則を基礎に構成されている．また，定量化のためには計算，解析が求められるが，これに必要となるのは基礎数学の範囲である．

図 1.1　「光・電磁波工学」における学習項目と応用分野の関係

1.1 無線通信（ワイヤレス）

　無線通信の歴史は，マクスウェル（Maxwell）による電界・磁界の相互作用の関係を記述した基本方程式の導出と，方程式の解として得られた「電磁波存在」の理論的予測によって始まった．ヘルツ（Hertz）はマクスウェルの理論的予測を実験により実証した．更にマルコーニ（Marconi）は，この物理現象を情報伝達手段として応用することに成功した．このように先人の貢献が順次引き継がれ，現在の無線通信の基礎が築かれた．

　図1.2(a)はヘルツの電磁波実証実験の概略であり，電磁波の放射，空間伝搬，アンテナによる受信という無線通信の基本要素を含んでいる．ヘルツの実験装置における送信装置は，誘導コイルで昇圧された高電圧が，ヘルツダイポールアンテナの端子間に加えられると火花放電を起こし，これに伴う急激な端子間電界の変化が電磁波となって空間に放射される

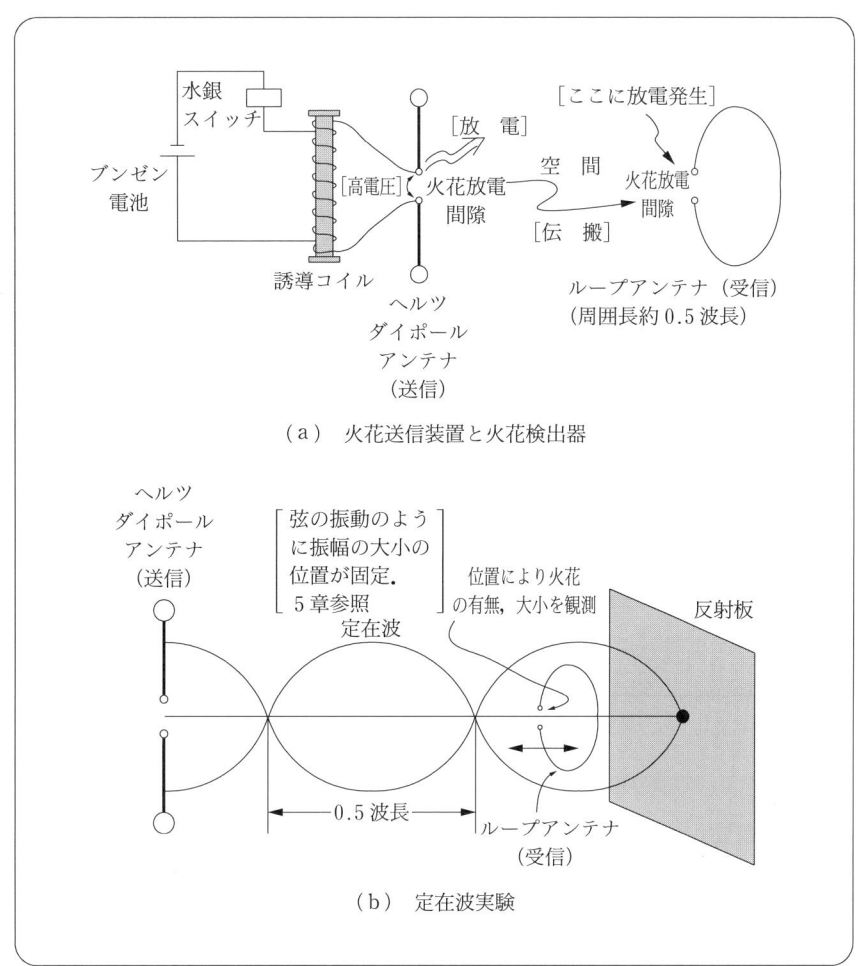

図 1.2 ヘルツの電磁波実証実験

ものである．受信側はループアンテナで周囲長が約 0.5 波長[†]となっている．このようにすることにより，火花間隙の部分の電界が最大となり，放電しやすい構造を選んでいる．電磁波が伝搬して受信アンテナまで到達したことは，受信アンテナの放電間隙に火花が発生することを，拡大鏡でのぞきながら観察し確認した．

　ヘルツはこのような実験により電磁波が空間を伝わることを実証したが，更に実験を重ね，光と同じように電磁波が金属板で反射されること，金属板の手前では進行波と反射波の干渉により，図 (b) に示すように定在波ができることを明らかにした．この定在波の周期（節から節が 0.5 波長に相当する．5.4 節参照）の測定から電磁波の波長を求め，一方，送

[†] 実験で使われたすべての受信用ループアンテナがこの寸法になっていたわけではない．現在のアンテナ理論に基づいて解釈すれば 0.5 波長が効率が良いといえるということで，当時はループアンテナのそういう特性は知られていなかった．

信機の共振回路で決まる共振周波数から電磁波の周波数を知ることにより，これらの積として電磁波の速度を求めた．この結果は，1862年フーコー（Foucault）が測定した光の速度 $2.99×10^8$ m/s[†]と一致すると同時に，マクスウェルが理論的に予言した電磁波の速度とも一致した．両者の速度の一致は，光も電磁波の一種であるということの証拠として重要な結果であった．更にヘルツは，送信アンテナと受信アンテナの傾きによって火花が消失することを見いだし，偏波が存在することも実証した．これらの事実をまとめた論文が発表された1888年が「電磁波実証の年」とされている．

ヘルツの電磁波実証実験に刺激を受けたマルコーニは，電磁波を無線通信に応用することを思い立ち実験を重ねた．そして1年後の1895年，イタリアで2.4kmの距離を隔ててモールス符号の送受信に成功した．これが無線通信の発明の年とされている．その後マルコーニはイギリスに渡り，自ら会社を設立し，アンテナの改良，送信機の大電力化，受信機の高感度化（同調回路）など，多数の改良を重ねた．そして1899年の英仏海峡横断通信に引き続き，1901年12月には大西洋横断（英国-カナダ，約3400km）の通信実験に成功した．短波帯でのいわゆる電離層による反射を利用した見通し外通信であった．マルコーニの実験成功により，無線通信は実用に供されるようになり，遠距離通信，陸地と船舶間の通信などに利用されていった．

その後，第2次世界大戦中は，通信ばかりでなくレーダへの応用もさかんになり，無線装置や電波伝搬の技術が進展した．またこの当時，中波帯を用いたラジオ放送は広く市民生活に普及していった．

第2次世界大戦後は，より高い周波数帯を利用する通信や放送が開発されることになる．VHF帯やUHF帯を用いた船舶通信，マイクロ波帯によるマイクロ波中継方式，衛星通信など，社会基盤として重要な無線通信が次々に開発された．そして1950年代にはテレビ放送（VHF帯，その後UHF帯も使用）が開始され，各家庭の屋根には，図1.3（a）に示すようなテレビ電波を受信するためのアンテナが設置された．地上でのテレビ放送に加え，衛星を経由した「衛星放送サービス」もあり，図（b）のようなアンテナで電波を受信することにより，日本全国同時に同じ内容の番組を視聴できるようになった．1990年に入ると移動体通信，特に携帯電話の普及が急速で，現在では我々はどこに居ても，乗り物で移動しながらでも電話をかけたり，受けたりすることができるようになった．

一方，空間ではなく通信ケーブルの中を，高周波電磁波を伝送する技術も我々の生活に不可欠のものとなっている．最初は電信用ケーブルとして，その後電話チャネルを束ねて伝送

[†] 真空中の光の速度 c は測定値をもとに，現在では $c = 2.997\,924\,58×10^8$ m/s と定められている．また光の速度は，真空中の誘電率 ε_0，透磁率 μ_0 と $c = 1/\sqrt{\varepsilon_0\mu_0}$（3章参照）の関係がある．$\mu_0$ は測定から計算された値であり，ε_0 は前式から求められる．詳しくは付録1参照．

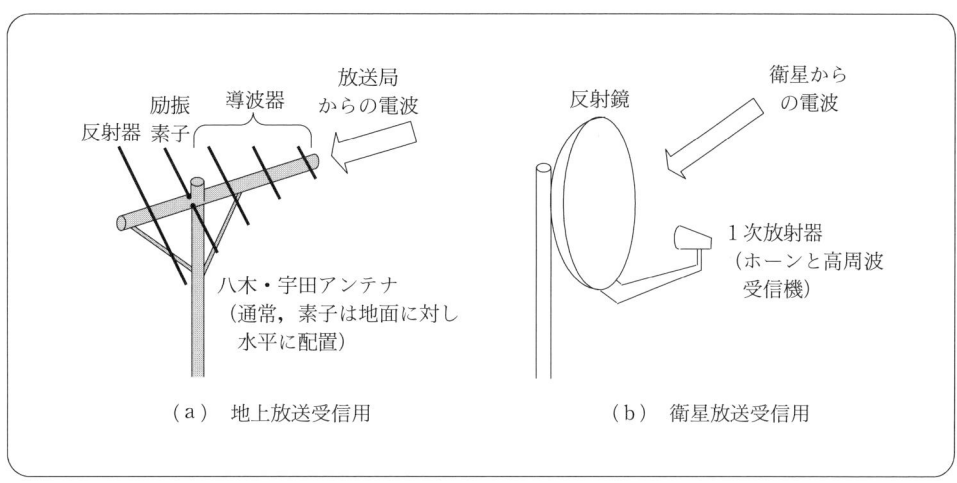

図 1.3　テレビ放送受信アンテナ

する多重伝送路が開発され，現在では全国あまねく光ファイバも敷設され，社会の情報基盤を形成している．各種通信ケーブルは，最近ではコンピュータ間配線，すなわち LAN (local area network) を構築するための伝送線路として，一層我々に身近なものとなっている．通信ケーブルの具体例を 2.5 節 図 2.9 に示している．更にコンピュータ通信に関しては，通信ケーブルなしでもコンピュータをネットワークに接続できる無線 LAN も利用で

表 1.1　電磁波の周波数による分類

周波数	名　称	用　途
3 kHz〜30 kHz	超長波（VLF）	無線航行（オメガ）[*1]
30 kHz〜300 kHz	長　波（LF）	標準電波（電波時計），船舶・航空機用ビーコン
300 kHz〜3 MHz	中　波（MF）	中波放送，船舶遭難通信，路側通信，無線航行（ロランC）[*2]，船舶・航空機用ビーコン，ラジオブイ
3 MHz〜30 MHz	短　波（HF）	短波放送，アマチュア無線，国際通信，国際放送，船舶・航空機通信，漁業用無線
30 MHz〜300 MHz	超短波（VHF）	FM 放送，航空方位情報（無線航行），コミュニティ放送，アマチュア無線，警察無線，沿岸無線電話，消防無線，防災行政無線，航空管制通信
300 MHz〜3 GHz	極超短波（UHF）	携帯・自動車電話，PHS，パーソナル無線，テレビ放送，航空方位情報（無線航行），無線 LAN，アマチュア無線，タクシー無線，テレターミナルシステム，MCA システム，コードレス電話，気象無線（ラジオゾンデ），航空用レーダ
3 GHz〜30 GHz	マイクロ波（SHF）	マイクロ波中継，衛星通信・衛星放送，無線 LAN，放送番組中継，受信障害対策中継放送，各種レーダ（気象など），電波天文・宇宙研究
30 GHz〜300 GHz	ミリ波（EHF）	公共業務用ミリ波中継，簡易形地上通信，各種衛星通信，各種レーダ（自動車衝突防止など），電波天文
300 GHz〜3 THz	サブミリ波	リモートセンシング，テラヘルツトモグラフィ
3 THz〜	光　波	光空間通信システム

*1　1997 年廃止，*2　2009 年廃止

きる状況にある．このように電磁波の通信，放送への応用は現在でも拡大しており，電磁波の基礎となる物理の理解，解析計算法の学習は重要である．

表 1.1 に電磁波†の周波数による分類と各周波数帯の名称，及び主な用途を示す．また図 1.4 に各周波数帯において使用される主なアンテナの例を示す．VHF帯以上では，アンテナの長さによって大まかな使用電波の波長，すなわち周波数を判断できる．

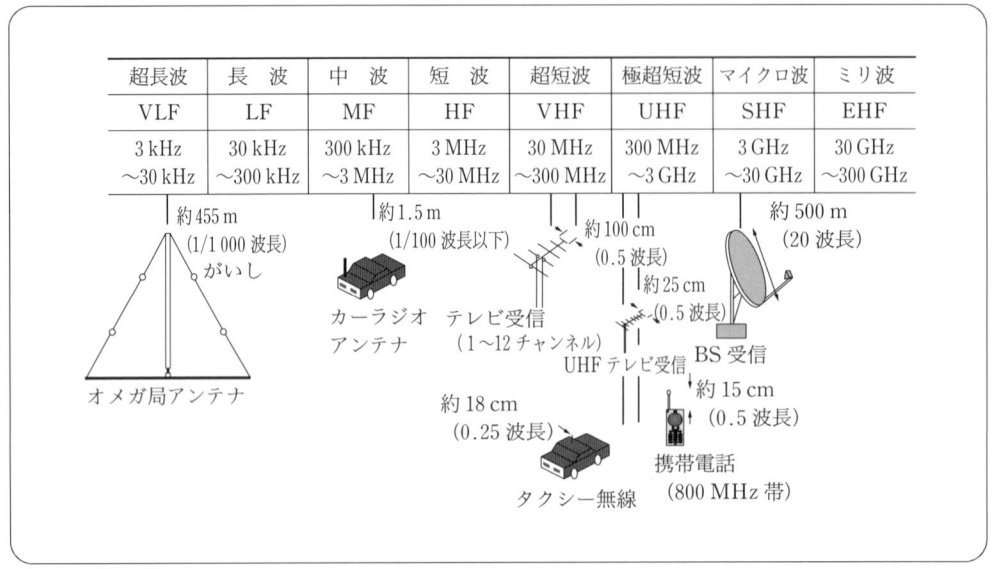

図 1.4　各周波数帯において使用される主なアンテナの例

1.2 光デバイス

光は人類の歴史と同じくらい古くから認識され人類の生活に利用されてきた．炎，ランプ，レンズ，鏡，プリズムなどは，現在の光通信においては，光源や光素子に相当し，伝送路（光ファイバ）に相当するのは空間，受光器は人間の目であった．しかし，マクスウェルやヘルツの研究により，光が電波と同じような電磁波であり，非常に波長の短い電磁波であ

---

† 電波法では，3 THz（3×10^{12} Hz）以下の周波数の電磁波を電波と定義し（章末の問題 1.7 参照），これ以上の周波数の電磁波である光波，放射線（より詳しくは赤外線，可視光線，紫外線，X線，γ（ガンマ）線）と区別している．「電磁波工学」の科目では，「光学」に対し伝統的にいわゆる「電波」の領域の電磁波を扱ってきた．本書では，3～4章で電磁波という「波」（粒子ではなく）として両者に共通な性質を学習する．また 5，7 章では電波，6 章では光波を対象として，ほぼ伝統的な体系に沿って学習する．

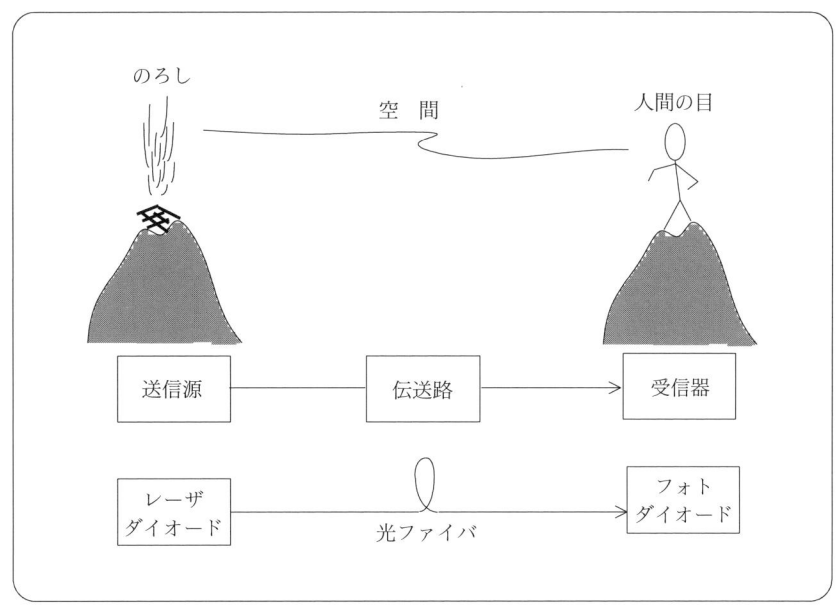

図 1.5　光通信とのろし通信との対比

ることが分かり，更にレーザの発明をきっかけに，光を通信に応用するための研究が始まった．図 1.5 に光通信と古代におけるのろし通信とを対比して示す．

　光技術の転換点は 1970 年代に入ってからで，伝送路として光ファイバ，光源としてレーザ，特に固体（半導体）レーザ，受光器としてフォトダイオードなどが次々と発明され，急速な進歩をとげた．1990 年代前半までは電話ネットワークの大容量化を目指して，1990 年代後半からはインターネットのバックボーン回線の高速化を目指して，いまなお進展している．

　ここでも「ナノエレクトロニクス」という高性能で高集積化，長寿命のデバイス技術が開発されているが，それぞれのデバイスの基本原理は，光の屈折であり，反射，透過特性という光・電磁波に共通した物理法則である．今後も光デバイス技術の発展が予想されるが，光・電磁波の基本事項に精通していることが将来の光技術を担うために重要である．いままで開発された光通信のためのデバイスと，光・電磁波の物理法則との対応関係は，6.3 節でより詳しく述べる．

1.3 EMC

EMC (electromagnetic compatibility) は「電磁的両立性」と訳されている．我々の周りには無線通信や放送のように，積極的に電磁波を空間に放射し，その電磁波の授受により目的を達成するシステムがある．一方で，コンピュータや各種ディジタル機器のように，電磁波を回路や伝送路に閉じ込めて，エネルギーや情報のやりとりをし，本来は空間に出さないようにしているシステムや機器も多い．これらの回路や伝送路は，空間に存在する電磁波の影響を受けないことが理想である．更に，空間に電磁波を漏らさないことが求められる．すなわち，電磁波を出すもの出さないものが同一空間に共存できることが望ましい姿である．しかし，実際には図1.6に示すように，本来は電磁波を放射しないコンピュータや各種ディジタル機器もわずかながら空間に電磁波を放射する．逆に，これらの機器は空間を伝搬してきた通信，放送のための電磁波や，家庭用電気機器や自動車などが出す不要電磁波の妨害を受け，回路の誤作動を引き起こすことがある．

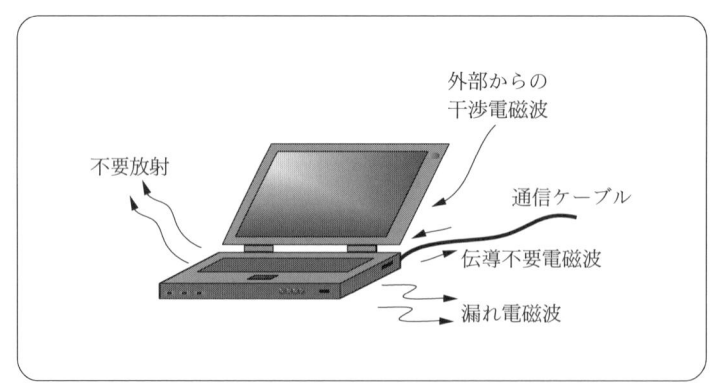

図1.6 パーソナルコンピュータから放射される不要電磁波

「マルチメディア時代の光と陰」ということがいわれた．マルチメディア時代は，現在では「IT時代」に置き換えられるかもしれないが，電子機器，通信機器が高性能で小形・軽量・低消費電力なものになればなるほど，機器は電磁妨害に弱くなる．また，これらのディジタル機器の動作クロックが速くなればなるほど，漏れ電磁波の量は増加することが予想される．もともと電子機器は，携帯電話やコードレス電話機のような無線機器は別として，電磁波は外部に出さないように作られたものである．しかし，デバイスとデバイスを接続する線

路に高周波電流が流れると，微小ながら電磁波の放射が生じる．

電子機器の回路基板などから漏れる電磁波は，放射レベルも非常に低く，アンテナから放射される電磁波とは異なり，どこから放射されているのか放射場所を特定したり，放射レベルを精度よく測定したり，推定することがむずかしい．このため電磁波放射の基礎理論に立ち戻って考察することが重要となり，高周波電流や電界を波源とする放射の基礎に習熟しておくことが重要となる．このような観点から，7章では「EMC」を意識しつつ電磁波の放射と受信の基本事項について学習する．

1.4 光・電磁波工学の位置付け

光・電磁波を応用した機器が開発され，通信や放送というサービスが実現され，これらがどんどん高度なものへと発展していく．次から次へと新しい機器が開発される．しかしこれらの機器で活用されている光・電磁波の性質，原理はいくつかの基本的なものにまとめられる．この基本事項を理解し，精通しておくことが，将来の新しい技術を開拓していく上での必須事項であり，逆にそれだけあればよいともいえる．

本書では，図1.7に示すように，光・電磁波の基本事項，法則が実社会のシステムや機器とどうつながっているかということを意識しつつ，最初に基本物理を2章で述べる．2章の内容のほとんどは，高等学校の物理教科書の範囲に含まれる．

3章では，電磁波の発生について，物理法則が基になってつくられたマクスウェルの方程式から平面波の表示を求める．

4章では，平面波の基本的性質として反射，透過，屈折について学び，実用的な多層媒体に対する伝搬特性の表示式を求める．高校物理の学習に比べ，電磁波の振舞いを定量化できるようになることが大きな違いである．更にこれらの基本事項を理解することにより，研究開発，設計の実務において有用なレイトレース法（4.6節）にも到達できることを紹介する．

5章では，平面波と同じTEM波†である線路をガイドとする伝送路の基本的扱いを学習する．これはアクセス系伝送路，LAN，放送受信アンテナと装置の接続のために必要な事項である．

---

† TEM波（transverse electromagnetic wave）5章参照．

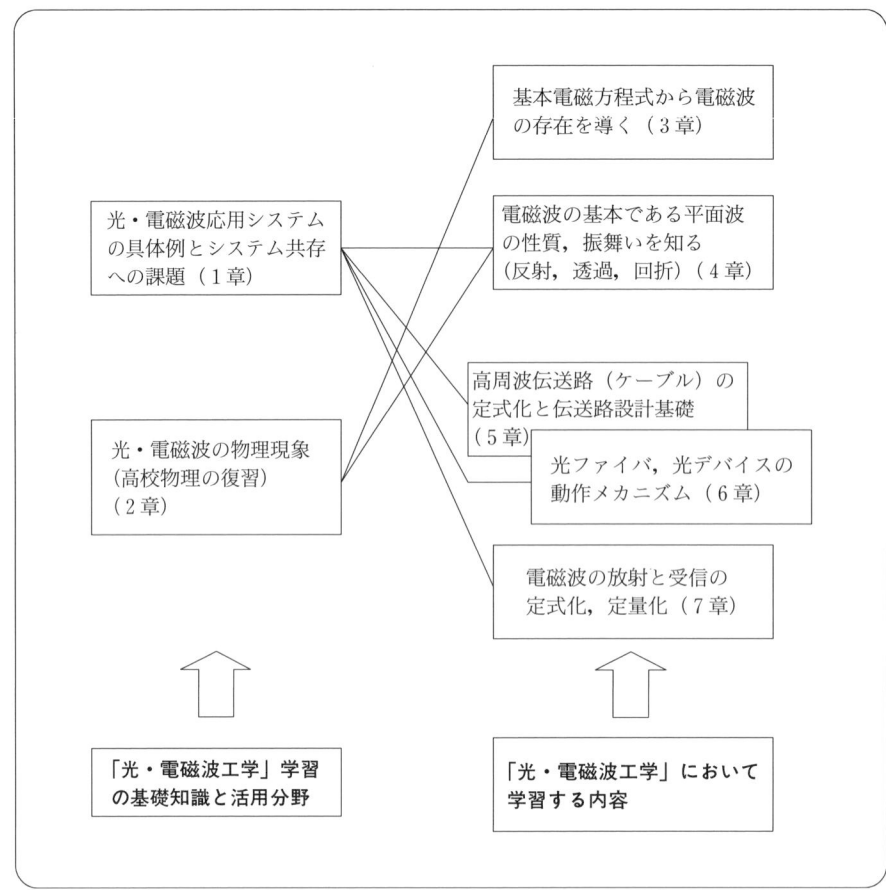

図 1.7 「光・電磁波工学」における学習内容

6章では,主として光通信に用いられる光素子の動作原理について述べるとともに,これらが光・電磁波のどういう物理現象,法則と結びついているかを学習する.

7章では,EMC を意識した電磁波の放射,受信の基本事項について学習する.

本章のまとめ

❶ 光・電磁波の応用分野（図1.1参照）
 ・通信,放送 ・レーダ ・電波応用（医療,加熱,加工など） ・EMC
❷ 電磁波の周波数
 ・周波数と用途（表1.1参照）
 ・周波数と使用アンテナ（図1.4参照）
❸ 「光・電磁波工学」における学習内容（図1.7参照）

●理解度の確認●

問 1.1 マルコーニの無線通信の創成につながる電磁波科学に貢献した 3 人の研究者を挙げ，その功績を箇条書きにし，活躍の時期を示せ．

問 1.2 マルコーニの無線通信実験の概略図を描き，送信から受信までの動作を箇条書きにして説明せよ．

問 1.3 光の速度は現在 $2.997\,924\,58 \times 10^8$ m/s と定められている．これを初めて測定したのはフィゾー（Fizeau，仏，1819-1896）であり，その後，フーコー（仏，1819-1868）が回転鏡を使った方法により精度の高い値を求めた．2 人の測定方法を調査し，その概要を述べよ．また，それぞれの測定値と現在の値の差（%）を求めよ．

問 1.4 地球を完全な球体とし，電磁波は大気中を直進するものとすると，地表上高さ 100 m から送出した電磁波は，最大何 km まで到達できるか．ただし，受信点の高さは 10 m とし，地球の半径は 6 300 km として求めよ．

問 1.5 衛星通信は図 1.8 に示すように，赤道上空 36 000 km の位置に衛星を配置し，これを中継して地球上の 2 地点間で通信を行う方法である．この方法では 1 機の衛星により地球表面の何 % の面積をサービスできるか．また地球全域をサービスするためには何機の衛星が必要か示せ．

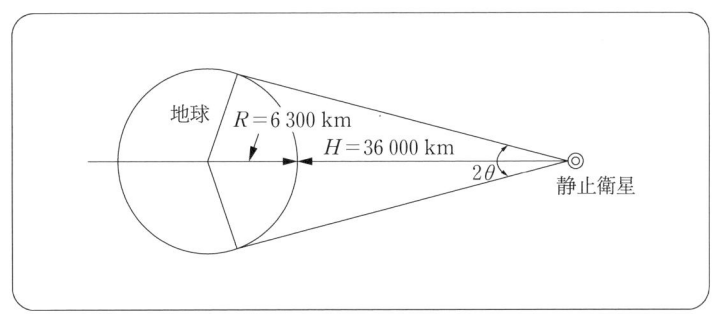

図 1.8　問 1.5 の図

問 1.6 次の電磁波を用いたサービスに関し，周波数と波長を調べよ．

（a）　中波放送
（b）　テレビ（VHF 帯）
（c）　携帯電話
（d）　衛星放送（日本の BS の場合）

問 1.7 電波と電磁波の違いについて述べよ．

問 1.8 次の各装置に接続されているケーブル（導線）の外観図，断面図を描きその特徴を箇条書きにせよ．

(a) 電話機
(b) コンピュータ
(c) テレビ

問 1.9 図 1.9 に示すように，空気から水へ入射角 30°で入射する光の屈折角は何度か．また，同じ入射角 30°の方向から水平から十分離れて眺めたとき，水面に指した棒の水中部分は何 cm に見えるか．ただし水の空気に対する屈折率は 1.3 とする†．

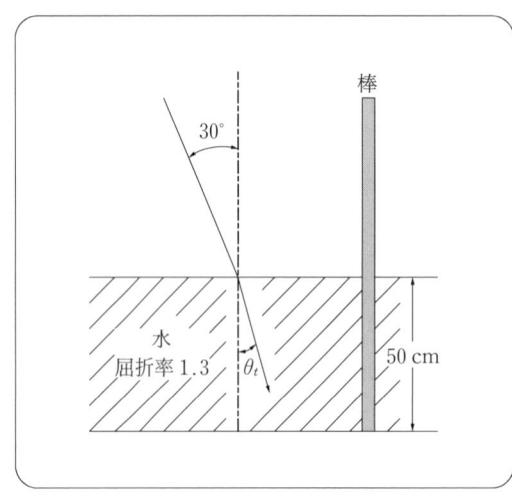

図 1.9　問 1.9 の図

問 1.10 水面下 3 m の位置に光源を置いて，上方から水面を見たとき，水面上の明るく見える部分の面積を求めよ．水の屈折率は 1.3 とする†．

問 1.11 ナトリウムの黄い光の波長は 5.893×10^{-7} m で，水における屈折率は 1.333 0 である．このときの臨界角（全反射を起こす最小入射角）を求めよ．また水から空気への入射角がそれぞれ 30°，60°のときの光跡を図示せよ†．

問 1.12 コンピュータを携帯ラジオの傍に置き，コンピュータの動作状況と携帯ラジオが発する雑音の関係を実験し，得られた結果を箇条書きにせよ．

---

† これらの問題に関しては，4 章で掘り下げて学習する．ここでは高校物理の復習のために取り上げた．

2 光・電磁波の基礎物理

　本章では,「光・電磁波工学」の基礎となる電磁波のいろいろな物理現象について整理する.光の直進,反射・屈折,回折・干渉,散乱・吸収など光の現象については,すでに高校物理でも学習している.直接に目では見えない電波領域の電磁波も光領域と同じ物理的性質を有している.我々の身の周りで体験する事象を取り上げ,光の場合の現象と対比しながら電磁波としての基本性質を簡単に説明し,3章以降の学習に備える.

2.1 波の発生と伝搬

　池に石を投げ入れると瞬間に水面がへこみ，そのすぐ近傍が隆起し，隆起が水面に沿ってスウーと動いていくように見える．一方の端を固定した綱の片方を手に持って上下に振ると，その上下動が綱を伝わってもう一方の端まで伝わっていくということを多くの人が体験したことと思う．石が水面を打つことや綱を上下に振ることが波の発生源であり，水面や綱の変化は**図 2.1** のようにどんどん周囲に広がっていく．これが波の伝搬である．水面の場合は波の上下はしばらく続くが，ある程度時間が経つと水面は元の水平な面に戻る（一過性の波，または衝撃波）．綱の場合は手の上下運動を続ける限り，綱全体にわたって上下動は継続し，連続した波（連続波）が観察できる．

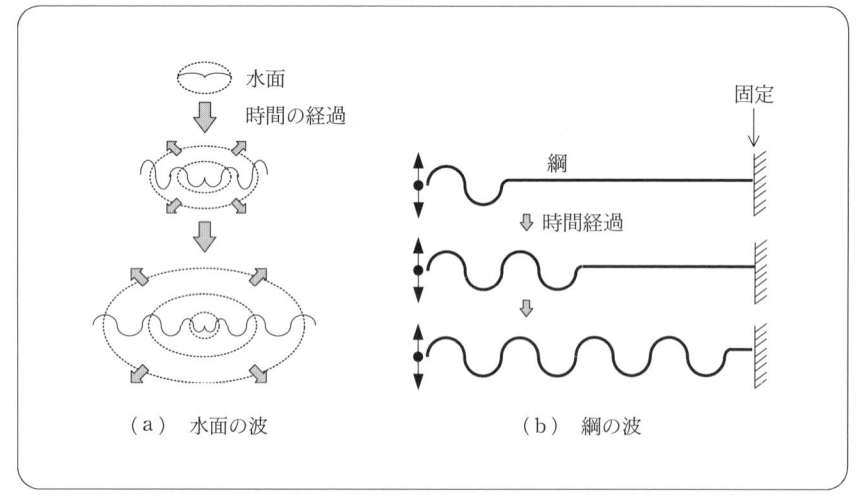

図 2.1　水面，綱の波の伝搬

　一方，**図 2.2**(a)のような導線に高速に正弦変化する電流（高周波電流という）を流すと，図(b)に示すように導線の周囲の空間に電界の強弱が現れ，かつその先端は時間とともに遠方に伝わっていく．これがいわゆる電波（電磁波）である．図(a)は電波の存在を実証したヘルツが，そのときに用いたアンテナと同様の形状の導線（ヘルツダイポールアンテナと呼ばれる）で，ヘルツは連続的な電流を流すのではなく間隙に火花放電させた．空間を伝搬していく電波は，水面を伝わる波や綱を伝わる波とは違い人間の目には見えない．そこで

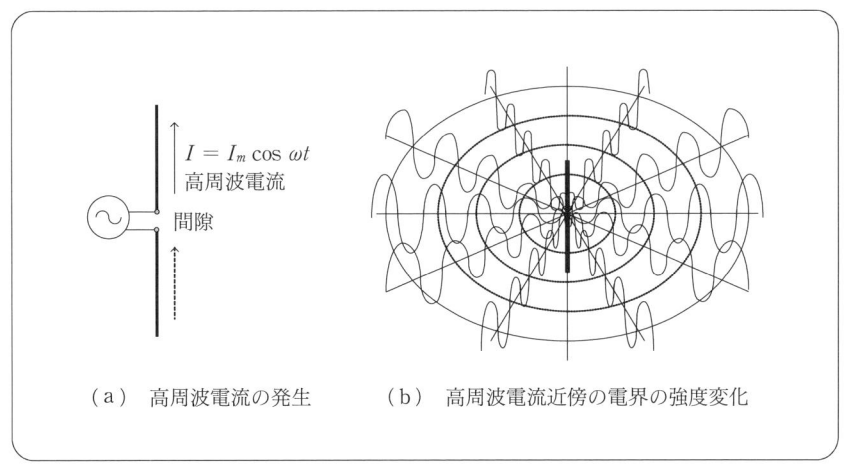

図 2.2　高周波電流の発生とその周囲の電界の変化

　ヘルツは，1章の図1.2(a)に示したループの一部を間隙とした受信アンテナを用い，これに火花が発生することを確認することで，火花放電という電波発生源から電波が放射され，空間を伝わってループまで到達できることを示した．このとき図1.2(a)の送信機と受信機の間の空間は，目で見ても何の変化も認められないが，そこには図2.2(b)のような電界または磁界の強弱が発生していたのである．

　ヘルツの最初の実験からは，火花放電が電磁波となってこれが空間を伝搬していくことを，直接に万人が目で確かめることはできない．しかし1.1節で述べたように，ヘルツは金属板による電磁波の反射を利用して定在波の実験を行い，電界，磁界の強弱が空間を伝わっていくことを実証した．このような仕掛けによって，電波が発生し空間を伝搬することは，ヘルツの実験以前にマクスウェルが理論的に予言していた．マクスウェルは，電気磁気の物理現象を総合的に表現する方程式を提唱し，これを解くことにより電磁波も水面の波や綱の場合の波と同じように波動であることを予言した．この内容，意義については3章で詳しく論じる．

2.2　反射，透過，屈折

　鏡に自分の顔を写してみたり，海面に太陽や月の光が写って見えるのは，光の反射現象である．めがねや虫めがねは光の透過・屈折を利用している．澄んだ水では，水底の水草や水

中の魚が泳いでいるのが見えるが，これらは水中を透過してきた光を見ているのである．このように光に関しては，我々は身の周りで「光の反射，透過，屈折」現象を数多く経験している．

では電波に関してはどうであろうか．電波もいろいろなところで反射し，透過し，屈折する．しかし，電波は光や音波のように我々の目には直接見えないし，耳で聞くこともできない．ゆえに電波がどこで反射し，どこを透過し，どこで屈折しているのかを実感しにくい．

図2.3は移動通信基地局から放射された電波がビルや地面（道路）で反射し，ビルや家屋のガラス窓を透過して屋内に到達する様子を示したものである．

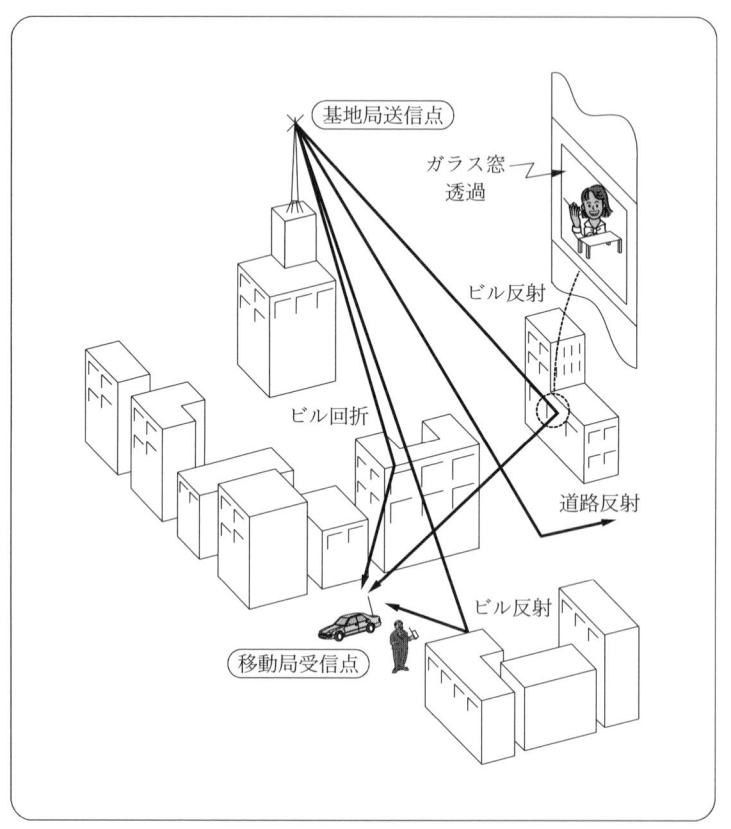

図2.3　移動通信基地局から放射された電波の経路

また，図2.4は大気中の電波が直進せず地球表面に引っ張られるような傾向を示しながら，より遠方まで届くことを示したものである．これは大気の屈折率が完全に1ではないことから起こる現象で，長距離を進む電波では光と同じように屈折することが明確に観測できる．

高校までの物理においても「光の反射，透過，屈折」に関し，ホイヘンス（Huygens）

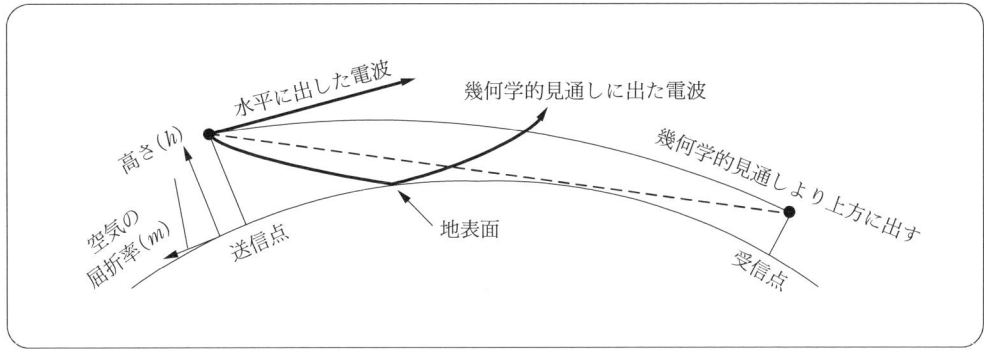

図 2.4　大気中の電波の伝搬経路

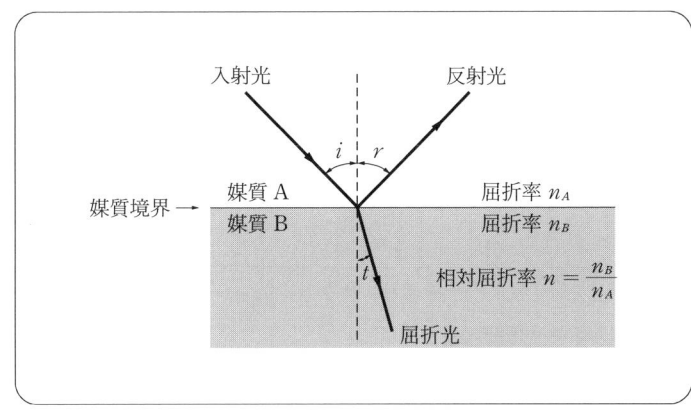

図 2.5　媒質境界での光の反射, 屈折

の原理を用いて, 光の経路の求め方を学んだ. 図 2.5 に媒質境界に入射する光が反射, 屈折する様子を示す.

これによれば媒質が異なる境界において, 光は反射または屈折して媒質中を進み

① 入射角 i と反射角 r は等しい（反射の法則）

② 屈折角を t としたとき, 入射角の正弦（$\sin i$）と屈折角の正弦（$\sin t$）との比の値は一定で, 二つの媒質の相対屈折率 n に等しい（屈折の法則またはスネルの法則という）

となる. これらの知識によって光の経路は知ることができる. しかし, 入射波に対して反射波の強度がどうなるのか, 屈折波の強度はどうかなど, 電波や光に関する装置の設計に不可欠となる定量化のための知識までは, 本章で学習する機会はなかった. これらの現象の定量的な扱いは 4 章で詳しく述べる.

2.3 干渉と回折

　干渉や回折は，波動の最も特徴的な現象である．図 2.6（a）はニュートンリングを示したもので，これによって光が粒子としての性質だけでなく，波動としての性質も有することが証明されたことは有名な話である．また，図（b）はヤング（Young）の実験の概略で，二

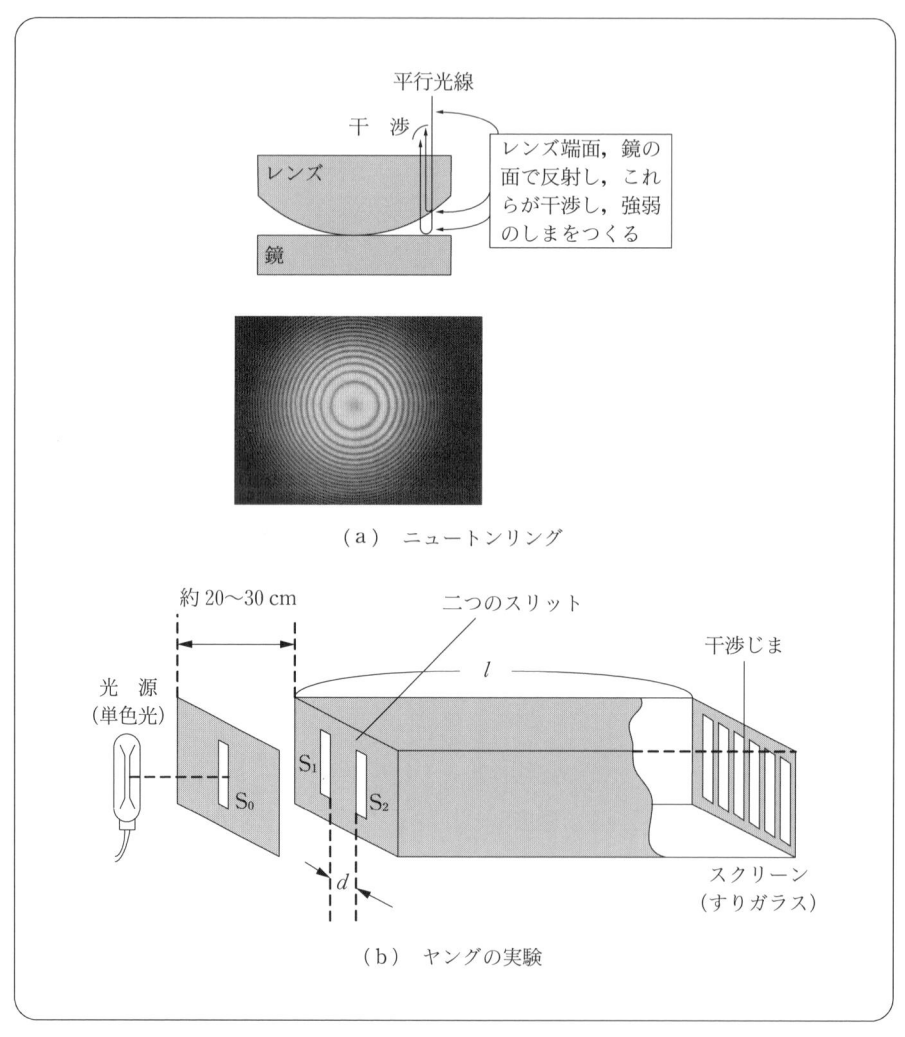

図 2.6　光の干渉現象の例　（図（a）は，東　浩司：偏波保持光ファイバを用いた光ファイバセンサの基礎研究，2002 年度茨城大学修士論文より引用）

つのスリット S_1, S_2 を通った光線が，すりガラスのスクリーン上で，スリット S_1, S_2 までの光路長差に応じて干渉じまをつくる．これらは光の干渉現象の一例である．

一方，図 2.7 に示すように，見通し部分からはずれた領域では，幾何学的に考えると全く光線は到達せず真暗であるはずであるが，わずかに明るさが認められる．これは光が何らかの形で到達していることを示すものであり，回折現象と呼ばれる．「回折」とはまさに読んで字のごとく，「光が折れて回り込んでくる」現象のことであり，物理現象の命名として実に的確な表現である．

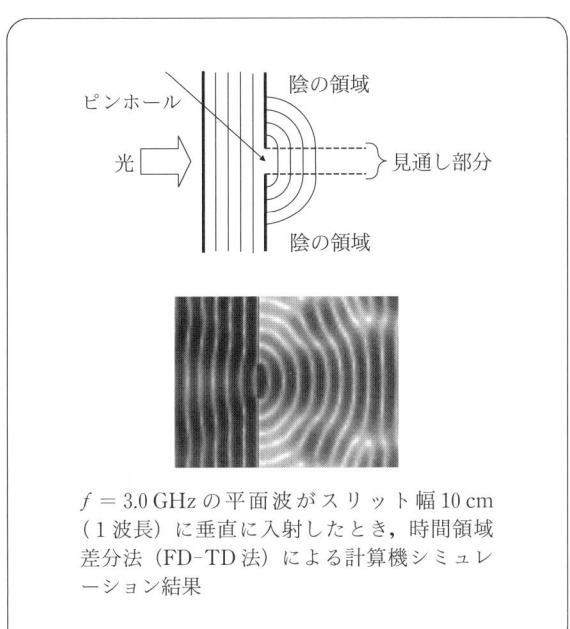

$f = 3.0\,\text{GHz}$ の平面波がスリット幅 10 cm（1 波長）に垂直に入射したとき，時間領域差分法（FD-TD 法）による計算機シミュレーション結果

図 2.7　回折効果の実験

光と同様，電波においても干渉や回折現象は多数経験できる．ドライブ中に突然ラジオが聴こえなくなることがあるが，すぐに回復するのは，電波の干渉の谷から山へ車が移動していることと対応している．ビルの陰でも携帯電話機を使用できるのは，回折してきた電波を利用して通信しているのである．しかし，これらも光の場合とは異なり直接目で見ることはできない．干渉や回折を応用するためには，物理現象の原理の理解に基づき，定量的な計算法を習得することが必要である．

2.4 散乱と吸収

「散乱」とは，電波や光が小さな物体または粒子にぶつかり，進行方向が四方八方に散ることである．夕焼けが赤く見えるのは太陽光が大気中を進行してくるとき，空気の粒子によって散乱されるためである．このとき波長の短い青色の光は赤い光に比べて強く散乱されるので，人間の目に届くまでに弱まってしまい，赤色だけが目に到達するためである．図2.8に示すように，夜空をサーチライトで照らすとその光跡を見ることができる．これはサーチライトから出た光が空中のほこりによって散乱され，散乱された光が我々の目に見えるのである．また暗い部屋で，カーテンの隙間から漏れてくる太陽光の光跡を確認することができるのもこれと同じ現象で，ほこりに散乱された太陽光を見ているのである．もしほこりがなければ人間の目には光跡は見えない．

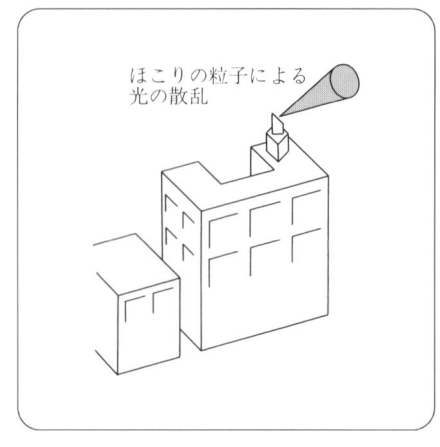

図2.8　光の散乱

電波の場合も散乱現象は光と同様の条件の中で存在する．例えば電波が雨の中を進行するとき，電波は雨粒によって散乱され進行方向の電波強度は弱くなる．これを「降雨減衰」という．光の場合と同じように，波長の短い電波は長い電波に比べより強く散乱されるため，周波数が高くなればなるほど降雨減衰は大きくなり，遠方まで電波をとばすことが困難となる．衛星放送において激しい降雨のとき，テレビ画像に乱れが生じるのはこの現象のためである．

通常，光や電波が物体に当たると反射されたり散乱されたりするが，黒色の物体に対し

て，光は吸収され物体の温度を上げる．同様に電波にも電波吸収体があり，これは到来した電波のエネルギーを吸収し，他所へ反射したり散乱したりすることはない．これは空間で電波を制御するうえで非常に有効である．電波吸収体に吸収された電波のエネルギーは，光の場合と同じように物体内で熱になる．電波の吸収を積極的に利用し，加熱機として利用したのが電子レンジである．

2.5 伝送線路における光・電磁波伝搬

　2.2節から2.4節までは，空間における電波や光の物理について述べた．一様な空間では電波や光は，好むと好まざるとにかかわらず直進する．2.3節，2.4節に述べたように，境界があったり媒質が不均一だったりすると，散乱や回折のように進行方向を変える現象もあるが，その場合には電波や光のエネルギーは大きく減少する．現実には電波や光を思うがままの方向に導くことが必要となる場合は多々ある．これを電波や光を伝送するといい，そのために使用するのが伝送線路である．例えば，テレビのアンテナで受けた電波を屋内の好きな部屋に引き込むとき，我々は電線やケーブルを使用する．あるいはコンピュータと通信ターミナルを接続するためにも，曲がりくねった複雑な経路をたどることが必要となる場合もあり，ここでもケーブルを使用する．企業や大学では通信用に光ファイバを使用しているところも増えてきた．図2.9に種々のケーブルの例を示す．図(a)，(b)は電波を伝送するためのケーブル，図(c)は光を伝送するためのケーブルで，外観は似ているが伝送の原理に違いがある．

　これらのケーブルや光ファイバなどの伝送線路による電波や光は，電線中の直流電流や交流電流と同じように伝送線路に沿ってほとんど損失なく運ばれる．ではこのような伝送線路として必要な条件は何か，また直流や交流と同じように取り扱ってよいのか，今後家庭内にも通信ケーブルを張り巡らす機会が増えるので，伝送路についての正確な知識が必要となる．これについては5章で詳しく述べる．また光ファイバの伝送の原理については6章で述べる．

　以上，光・電磁波の波動として共通している物理性質の概要を述べた．これらの性質が無線通信を想定したなかでどのように関係してくるのか，どのような物理的性質を学習し理解しておくことが必要となるか，その学習の目的を図2.10に示す．

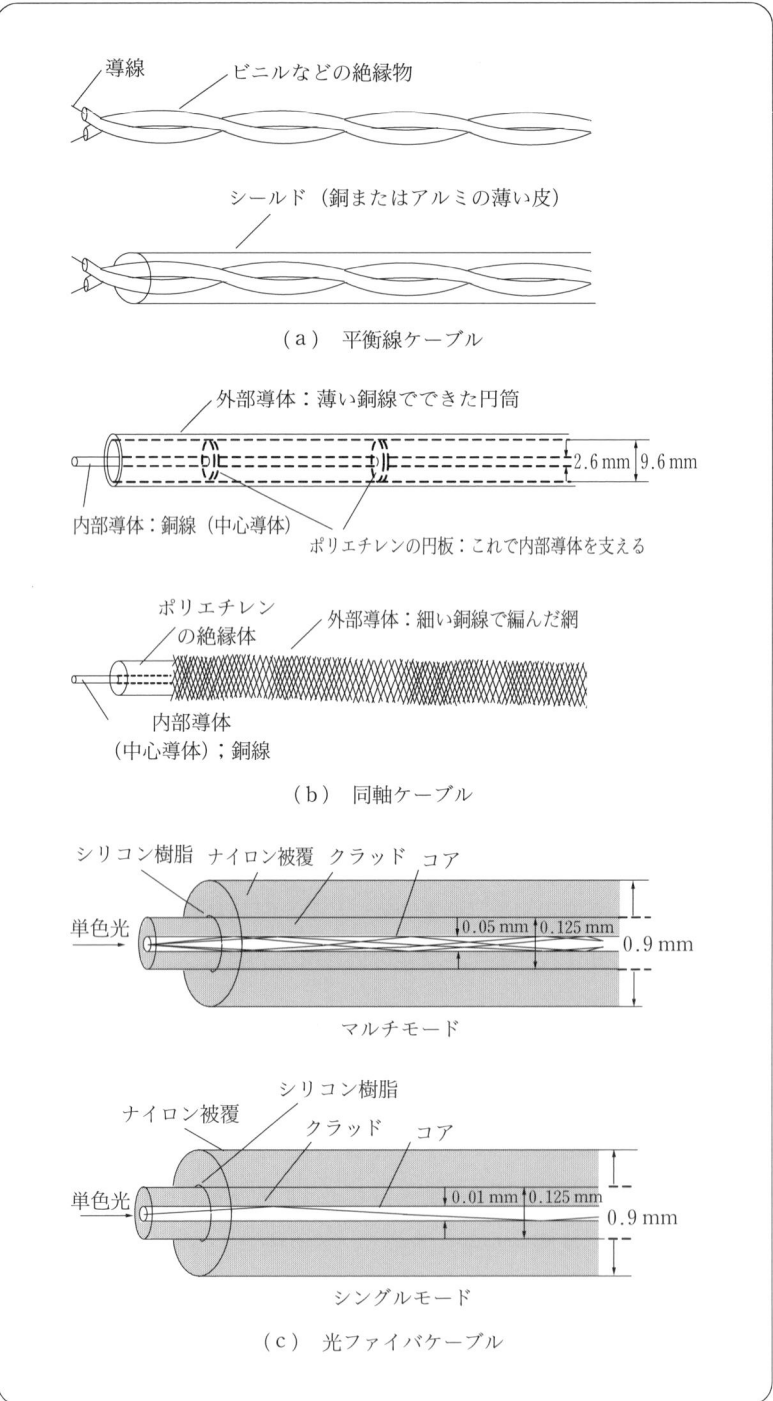

図 2.9　通信ケーブルの例

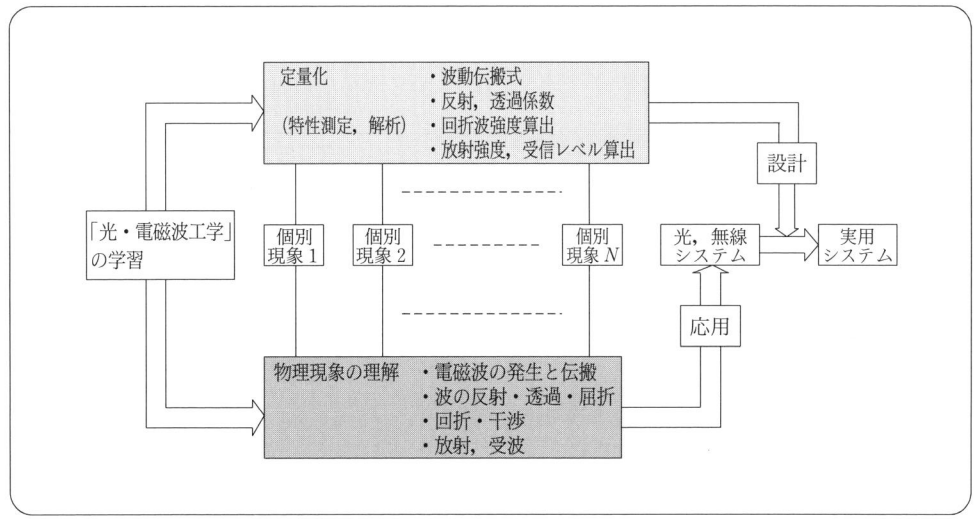

光・無線の実用システムを理解するためには，多くの個別知識，技法の習得が必要とされる．しかし基本の物理現象は何（what）であり，その定量化技法の考え方はどういうものか（how）をつかめば，個々の知識，技法の基本事項，共通点がみえてくる．

図 2.10 「光・電磁波工学」学習の目的

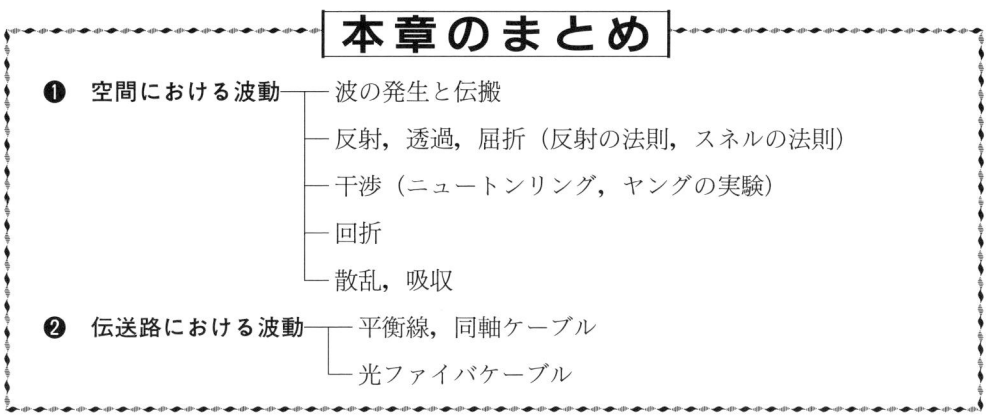

●理解度の確認●

問 2.1 ヘルツの実験と同様の電波の発生，空間伝搬及び受信を身の周りの物，電子機器を用いて実験するための方法を提案せよ．

問 2.2 テレビや携帯電話で使用される電波が，空間を伝搬する様子を目で確認することはできない．どうすれば空間伝搬する様子を目で見ながら電波の振舞いを調べることができるか，方法を提案せよ．

問 2.3 電波の反射を利用した機器，システムの例をそれぞれ一つずつあげ，その動作原理を説明せよ．

問 2.4 図 2.6(b) のヤングの実験において，光源として He-Ne レーザ（赤色，波長 0.63 μm）を用い，スリット間隔 $d=0.5$ mm，スリットからスクリーンまでの距離 l を 1 000 mm とすると，干渉じま（黒くなるところ）の間隔は何 mm となるか．

問 2.5 図 2.3 に示すと同じように，携帯電話基地局から出た電波が受信者に到達するとき，一つは直接，他の一つは建物により反射して到達，の二つだけが存在するとしたとき，受信者の位置における電波の強度はどのように変化するか説明せよ．

問 2.6 夕焼が赤く見えるのに対し，昼間の晴天の空が青く見えるのはなぜか説明せよ．

問 2.7 霧の中では自動車のフォグランプが通常のランプ（白色光）より遠くまで見えるのはなぜか説明せよ．

問 2.8 電波を金属に当てても金属は熱くならないのに，誘電体に当てると熱くなるのはなぜか，電磁波の吸収の観点から説明せよ．

3 光・電磁波の数式表現

　本章では，最初に，電磁波物理の基本支配方程式であるマクスウェルの方程式の成立過程を復習する．次に，この方程式を解くことにより，空間を伝搬する電磁波の表示式（平面波の場合）を導出する．表示式を基に電磁波は光の速度で伝搬すること（直進性），伝搬方向に垂直な面内に互いに直交する電界，磁界を有し，これが時間とともに振動すること（横波），更に電界，磁界の振動によって，媒質のない真空中でもエネルギーを運ぶことができることなど，電磁波の基本性質を学習する．

3.1 マクスウェルの方程式とその成立過程

静電気，静磁気の世界では，電気と磁気は異なる物理現象と考えられてきた．しかし，ファラデー（Faraday）が電磁誘導の法則を発見して以来，電気と磁気の相互作用に関する研究が注目されるようになった．相互作用が現れるのは，図3.1に示すように磁界の時間変化

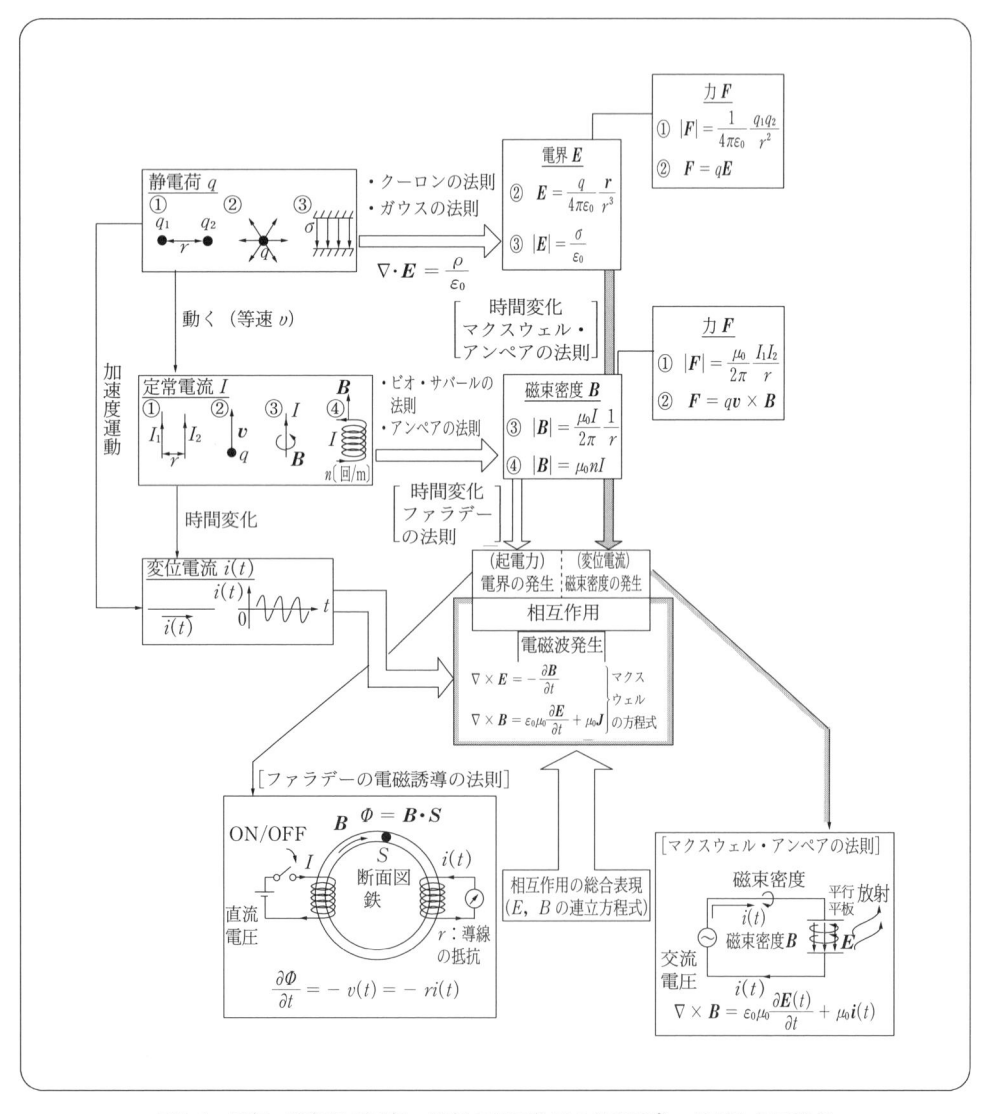

図3.1 電気，磁気及び電気・磁気の相互作用の物理現象，法則と相互関係

3.1 マクスウェルの方程式とその成立過程

による．これがファラデーの法則である．それまでの静電界，定常磁界に対し，この二つの物理量間には相互作用があることが分かったが，まだ磁界から電界への片側通行であった．「磁束の時間変化が空間に置いたコイルに電流を流す」という電磁誘導の法則を発見したファラデー自身，電磁誘導現象とは逆に，「電束（電界）の時間変化によって磁気を発生させることができるはずだ」と考え，いうならば「磁電誘導」の研究をずいぶん重ねたがうまくいかなかった．

ファラデーの研究を引き継いだマクスウェルは，電磁誘導の法則やアンペア（Ampere）の法則を数式で表現することにより，電界，磁界の対称性と電流が時間変化するときの「電荷の保存」の観点から，変位電流 $\partial \boldsymbol{D}/\partial t$ の存在を指摘し，これを含めて従来の導体線に流れる電流による磁界の発生だけでなく，空間における電界の時間変化によっても磁界が発生することを推論した．ここで $\boldsymbol{D}$ は電束密度で，あとの式(3.3)にあるように電荷密度と直接対応している．このマクスウェルの推論の妥当性は，図3.1の右下部分に示すように平行平板に交流電圧をかけたとき，導体線の周囲だけでなく，平行平板間でも磁界が検出されることによって実証できる．

このように従来別々の物理現象と考えられていた電気と磁気は，物理観測の範囲を場所だけでなく，時間変化も取り込んだ次元拡大によって，互いに深く関係したものであることが分かり，次式のようなマクスウェルの方程式[†]によって表現されることになった．

$$\nabla \times \boldsymbol{H}(\boldsymbol{r},\ t) = \boldsymbol{J}(\boldsymbol{r},\ t) + \frac{\partial \boldsymbol{D}(\boldsymbol{r},\ t)}{\partial t} \quad \text{（マクスウェル・アンペアの法則）} \quad (3.1)$$

$$\nabla \times \boldsymbol{E}(\boldsymbol{r},\ t) = -\frac{\partial \boldsymbol{B}(\boldsymbol{r},\ t)}{\partial t} \quad \text{（ファラデーの法則）} \quad (3.2)$$

$$\nabla \cdot \boldsymbol{D}(\boldsymbol{r},\ t) = \rho(\boldsymbol{r},\ t) \quad \text{（電束密度に関するガウスの法則）} \quad (3.3)$$

$$\nabla \cdot \boldsymbol{B}(\boldsymbol{r},\ t) = 0 \quad \text{（磁束密度に関するガウスの法則）} \quad (3.4)$$

ここで $\boldsymbol{E}(\boldsymbol{r},\ t)$ は電界の強さ〔V/m〕，$\boldsymbol{D}(\boldsymbol{r},\ t)$ は電束密度〔C/m²〕，$\boldsymbol{H}(\boldsymbol{r},\ t)$ は磁界の強さ〔A/m〕，$\boldsymbol{B}(\boldsymbol{r},\ t)$ は磁束密度〔Wb/m²〕，$\boldsymbol{J}(\boldsymbol{r},\ t)$ は電流密度〔A/m²〕，$\rho(\boldsymbol{r},\ t)$ は電荷密度〔C/m³〕である．また

$$\boldsymbol{D} = \varepsilon \boldsymbol{E} \quad (3.5)$$

$$\boldsymbol{H} = \frac{1}{\mu}\boldsymbol{B} \quad (3.6)$$

[†] マクスウェルの方程式のなかで，式(3.1)がマクスウェルが新たに導出した方程式である．導出の鍵となったのは変位電流の概念を思いついたことであるが，詳しくは電磁気学の教科書などを参照のこと（例えば，長岡洋介「電磁気学II」第8章，岩波書店，1983年）．式(3.1)～(3.4)のベクトル演習については付録2参照．

の関係があり，ε〔F/m〕，μ〔H/m〕はそれぞれ媒質の誘電率，透磁率である．更に媒質が導電率 σ〔S/m〕を有する導体の場合は，導体には伝導電流 $\boldsymbol{J}_c$ が流れ

$$\boldsymbol{J}_c = \sigma \boldsymbol{E} \tag{3.7}$$

の関係がある．式(3.1)の $\boldsymbol{J}$ は式(3.7)の伝導電流のほかに，7章で述べる電磁波の波源である印加電流 $\boldsymbol{J}_i$ も含む．電磁波の発生については7章で詳しく扱うこととし，本章ではこれ以降，電磁波の伝搬について取り扱うことにしよう．ここで式(3.3)，式(3.4)は静電気，静磁気のときと同じ式で，時間変化するときも依然として成り立つ法則である．

　7章で述べる電磁波の放射を考えるとき，双極子電荷の振動が電界を変化させ，それが磁界をつくり，その変化が更に次の変化を引き起こすというように，次々と鎖が連なっていくように，電界，磁界が遠方に伝わる様子がよく描写される．このような説明によって電磁波の放射が分かったような気になるが釈然としない部分も残る．マクスウェルの方程式は電界 $\boldsymbol{E}$，磁束密度 $\boldsymbol{B}$ に関する連立方程式であり，$\boldsymbol{E}$ と $\boldsymbol{B}$ のからみ合いを見事にほぐしてくれる．2次元の鶴亀算なら連立方程式を立てなくても解けるが，3次元，4次元になれば連立方程式の威力は大きい．これと同じようにマクスウェルの方程式の意義は，定性的に考えると無限ループになりそうな複雑な物理現象に対する基本方程式を与えていることであり，この式を研究することにより，いままで予想されなかった電磁波の存在が予言され，それが光の速度で真空中でさえも伝わる波動であることを指摘したことである．

　マクスウェルの方程式は難解であるとよくいわれるが，電磁気物理現象の原理を説明する道具として大変ありがたい方程式である．鶴と亀が電界，磁束密度に置き換わっているが，要は連立方程式ということである．これを用いて我々はいろいろな現象を解明したり，装置の設計を行うことができるようになった．

3.2 マクスウェルの方程式と波動方程式，及びその解

　式(3.1)～式(3.6)のマクスウェルの方程式を解くことにより，原理的には空間の任意の点 r，任意の時間 t の電界，磁界を求めることができる．マクスウェルの方程式の解法としては，電界，磁界のいずれかを消去し，一方のみの方程式として解く方法が基本といえる．方程式を式の形で解くのではなく，コンピュータを駆使した数値計算による手法も数多く開発されており，そのなかには電界，磁界の両方を交互に求めるという方法もある．5.5節では

3.2 マクスウェルの方程式と波動方程式，及びその解

導波管や金属共振器内の電界，磁界をマクスウェルの方程式から出発して解析する方法を学習する．また，7章ではアンテナのような波源のある問題で，空間の任意の点の電界，磁界を求める方法についても学習する．

本節では空間の一般的な電磁界を議論する前に，マクスウェルの方程式を満足する特別の条件における電磁界について考える．まず電荷も電流もない真空中では[†1]，式(3.1)〜(3.4)のマクスウェルの方程式は次式のようになる．

$$\nabla \times \boldsymbol{B}(\boldsymbol{r},\ t) - \varepsilon_0\mu_0\frac{\partial \boldsymbol{E}(\boldsymbol{r},\ t)}{\partial t} = 0 \tag{3.8}$$

$$\nabla \times \boldsymbol{E}(\boldsymbol{r},\ t) + \frac{\partial \boldsymbol{B}(\boldsymbol{r},\ t)}{\partial t} = 0 \tag{3.9}$$

$$\nabla \cdot \boldsymbol{E}(\boldsymbol{r},\ t) = 0 \tag{3.10}$$

$$\nabla \cdot \boldsymbol{B}(\boldsymbol{r},\ t) = 0 \tag{3.11}$$

ただし，$\boldsymbol{B} = \mu_0\boldsymbol{H}$，$\boldsymbol{D} = \varepsilon_0\boldsymbol{E}$ であり，μ_0，ε_0 はそれぞれ真空中の透磁率，誘電率である[†2]．いま，電磁界が一方向（z方向）にのみ空間変化している場合を考える[†3]．すなわち

$$\frac{\partial}{\partial x} = \frac{\partial}{\partial y} = 0 \tag{3.12}$$

$$\boldsymbol{E}(\boldsymbol{r},\ t) = \boldsymbol{E}(z,\ t) \tag{3.13}$$

$$\boldsymbol{B}(\boldsymbol{r},\ t) = \boldsymbol{B}(z,\ t) \tag{3.14}$$

とする．ここで座標系は図3.2に示す直角座標系で考える．更に電界 $\boldsymbol{E}$ は成分 x のみ存在

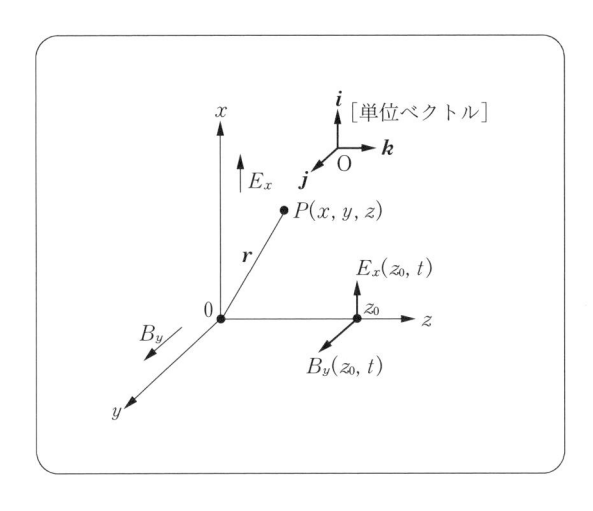

図3.2 直角座標系と単位ベクトル

[†1] $\boldsymbol{E}$，$\boldsymbol{B}$ を発生させる波源はどこかにあるが，いま考える空間の範囲には，波源はないという意味．境界でつなぐ．

[†2] μ_0，ε_0，c（光の速度）は物理の基礎定数であり，それぞれの値，三つの間の関係は付録1の表A 1.1に示している．

[†3] 特別な条件をつけて意味があるのかどうか疑問に思うだろう．条件をつけてもその条件のなかで，$\boldsymbol{E}$，$\boldsymbol{B}$ が0または定数以外の解を有すれば，少なくともある境界条件のもとに，そういう界が実際に存在することを意味する．

すると仮定すると

$$\boldsymbol{E}(\boldsymbol{r},\ t) = \boldsymbol{E}(z,\ t) = E_x(z,\ t)\boldsymbol{i} \tag{3.15}$$

となる．$\boldsymbol{i}$ は図 3.2 に示すように x 方向の単位ベクトルである．式(3.15)を式(3.8)に代入し，式(3.12)を考慮すると，次式が得られる．

$$-\frac{\partial B_y(z,\ t)}{\partial z} - \varepsilon_0\mu_0\frac{\partial E_x(z,\ t)}{\partial t} = 0 \tag{3.16}$$

$$\frac{\partial B_x(z,\ t)}{\partial z} = 0 \tag{3.17}$$

同様に，式(3.15)を式(3.9)に代入すると次式が得られる．

$$\frac{\partial B_x(z,\ t)}{\partial t} = 0 \tag{3.18}$$

$$\frac{\partial B_z(z,\ t)}{\partial t} = 0 \tag{3.19}$$

$$\frac{\partial E_x(z,\ t)}{\partial z} + \frac{\partial B_y(z,\ t)}{\partial t} = 0 \tag{3.20}$$

更に式(3.11)から

$$\frac{\partial B_z(z,\ t)}{\partial z} = 0 \tag{3.21}$$

となる．式(3.17)と式(3.18)から $B_x(z,\ t)$ が，式(3.19)と式(3.21)から $B_z(z,\ t)$ が定数（0 としてよい）でなければならないことが導かれる．結局，場所，時間の変化とともに存在しうる界は，$E_x(z,\ t)$ に対し，$B_y(z,\ t)$ ということになり，これらは式(3.16)と式(3.20)の連立微分方程式を通じて関係づけられていることになる．連立方程式の解法の常道は未知数（ここでは未知関数）消去である．ここでは，$B_y(z,\ t)$ を消去するため，式(3.16)を t で偏微分，式(3.20)を z で偏微分すると次式を得る．

$$-\frac{\partial^2 B_y(z,\ t)}{\partial z\,\partial t} - \varepsilon_0\mu_0\frac{\partial^2 E_x(z,\ t)}{\partial t^2} = 0 \tag{3.22}$$

$$\frac{\partial^2 E_x(z,\ t)}{\partial z^2} + \frac{\partial^2 B_y(z,\ t)}{\partial t\,\partial z} = 0 \tag{3.23}$$

式(3.22)と式(3.23)から $E_x(z,\ t)$ に関する次の 2 階偏微分方程式が得られる．

$$\frac{\partial^2 E_x(z,\ t)}{\partial z^2} - \frac{1}{c^2}\frac{\partial^2 E_x(z,\ t)}{\partial t^2} = 0 \tag{3.24}$$

ただし

$$c = \frac{1}{\sqrt{\varepsilon_0\mu_0}} \tag{3.25}$$

である．式(3.16)，式(3.20)から$B_y(z, t)$を消去する場合と同じように，$E_x(z, t)$を消去すると，$B_y(z, t)$に関する次の偏微分方程式が得られる．

$$\frac{\partial^2 B_y(z, t)}{\partial z^2} - \frac{1}{c^2}\frac{\partial^2 B_y(z, t)}{\partial t^2} = 0 \tag{3.26}$$

定係数線形2階偏微分方程式は，一般には変数分離法で解くことができるが，式(3.24)，式(3.26)はいわゆる波動方程式と呼ばれるもので，角周波数 ω ($= 2\pi f$，f は周波数〔Hz〕) で振動する解は

$$E_x(z, t) = E_1 \cos(kz - \omega t) + E_2 \cos(kz + \omega t) \tag{3.27}$$

$$B_y(z, t) = B_1 \cos(kz - \omega t) + B_2 \cos(kz + \omega t) \tag{3.28}$$

と求められる．ここで E_1, E_2, B_1, B_2 は界の境界条件から決定される未定係数である．

いま，式(3.27)を式(3.24)に代入すると次式が得られる．

$$- k^2 E_x(z, t) + \frac{\omega^2}{c^2} E_x(z, t) = 0 \tag{3.29}$$

式(3.29)が成り立つためには

$$k = \frac{\omega}{c} = \omega\sqrt{\varepsilon_0 \mu_0} \tag{3.30}$$

の関係が必要である．

ここで，式(3.8)〜式(3.11)のマクスウェルの方程式，直接には式(3.16)と式(3.20)の $E_x(z, t)$, $B_y(z, t)$ に関する連立偏微分方程式から得られた解，式(3.27)の $E_x(z, t)$ の性質について考える．まず，$E_2 = 0$ で $E_1 \neq 0$，すなわち第1項のみ存在する次式の場合について考える．

$$E_x(z, t) = E_1 \cos(kz - \omega t) \tag{3.31}$$

式(3.31)で $z = z_0$ と置くと，E_x は図3.3に示すように，変数 t だけの関数となり正弦波を描く．1周期を T〔s〕とすると，その間に cos 関数の位相が 2π〔rad〕回転するから，$\omega T = 2\pi$，$\omega = 2\pi/T = 2\pi f$ となり，先に述べたように ω は角周波数を表す．また確かに

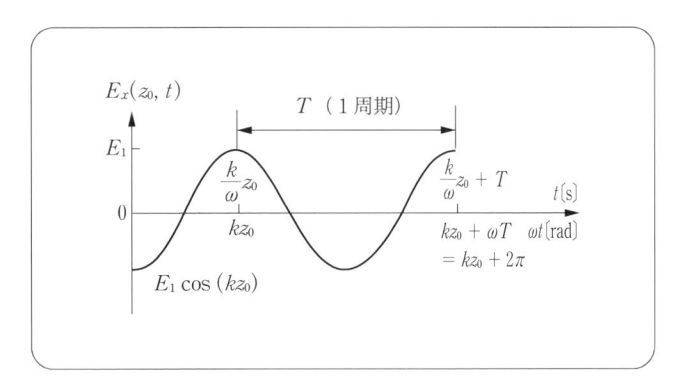

図3.3　$z = z_0$ における $E_x(z_0, t)$ の時間変化

周期 T は周波数 f の逆数である．

次に $t = t_0$ とおき，E_x の z による変化を示すと**図 3.4**のようになり，やはり z に対し正弦波を描くことが分かる．ここでも $E_x(z, t_0)$ の値は，周期的に変化し，その周期，すなわち山から山，あるいは谷から谷の長さを 1 波長（λ [m]）という．$\cos$ 関数の 1 周期は 2π であるから

$$k\lambda = 2\pi \quad \text{または} \quad k = \frac{2\pi}{\lambda} \tag{3.32}$$

が成り立つ．式(3.32)から，k は 1 周期（2π）に波が何個入っているかを意味することから波数と呼ばれる．また式(3.27)，式(3.28)から分かるように，k は場所による位相変化の比例定数であることから位相定数とも呼ばれる．

ところで，図 3.4 において，$kz - \omega t = C$（一定）となる kz, ωt においては，図から明らかなように $E_x(z, t)$ の値は一定値となる．すなわち，t が大きくなって（時間が経過し

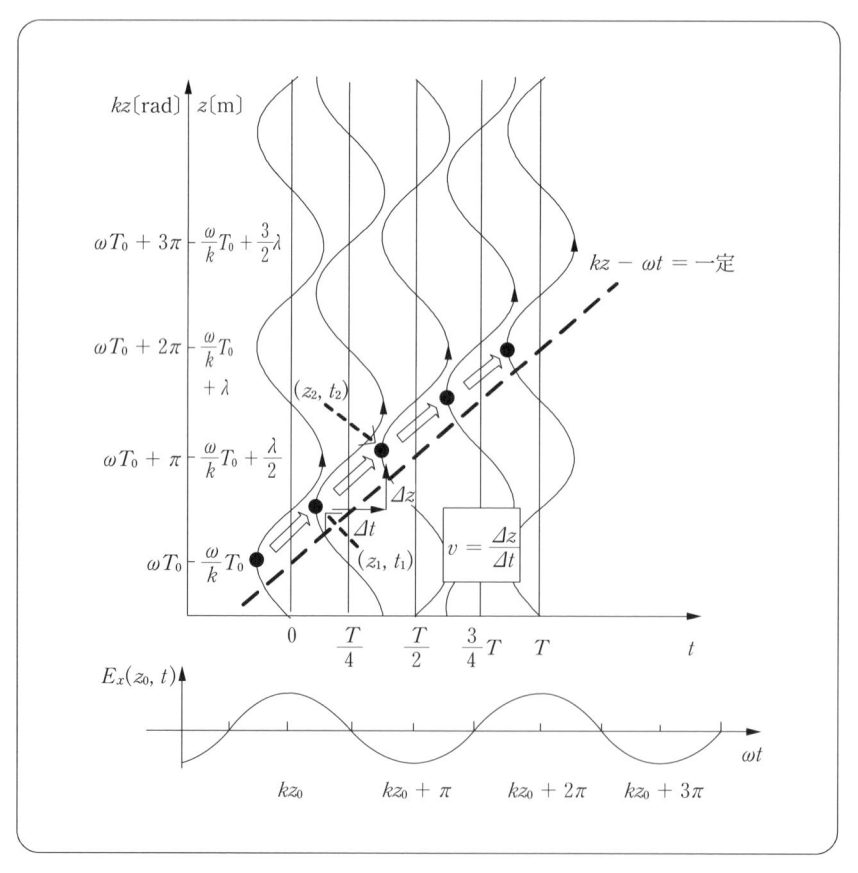

図 3.4 種々の時刻（$t = t_0$）における $E_x(z, t_0)$ の値

て）ωt が大きくなれば，$kz - \omega t = C$ を満たす kz の場所においては，$E_x(z, t)$ の値は不変である．すなわち t の経過に伴い，$E_x(z, t)$ は座標軸 z に沿って進んでいることが理解できる．これは**図 3.5** に示すネオンサイン枠や，床屋の渦巻で視覚的に経験していることと同様の内容である．

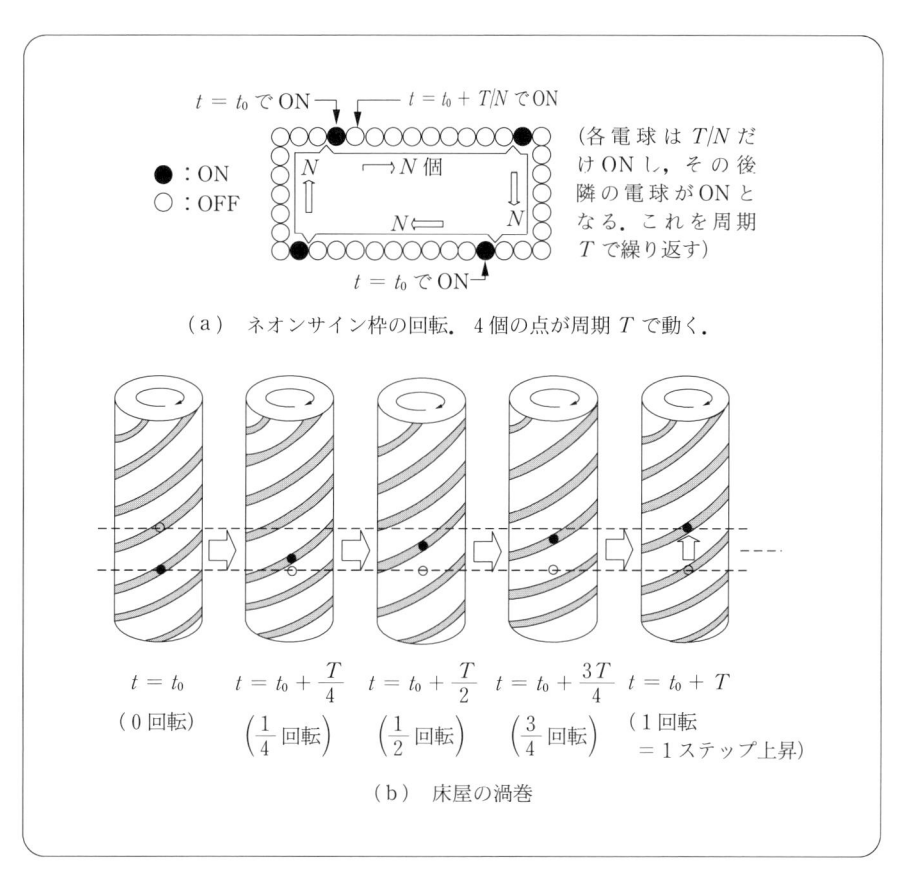

図 3.5　z と t の関数 $\cos(kz - \omega t)$ が波動を表すことと等価な経験

前の議論から得られた波動方程式(3.24)または式(3.26)の解として求めた式(3.27)または式(3.28)の電界 $E_x(z, t)$，磁束密度[†] $B_y(z, t)$ は波動を表すことが分かったが，では波動の進む速度はどうなるだろう．図 3.4 に示したようにある時刻 t_1 のとき，ある場所 z_1 にあった波動の山の部分が，時刻 t_2 では z_2 に移ったとする．同じ山の部分に関しては

$$kz - \omega t = 一定 \tag{3.33}$$

が成り立つ．ゆえに

$$kz_1 - \omega t_1 = kz_2 - \omega t_2 \tag{3.34}$$

[†] 真空中もしくは一定の透磁率を持つ媒質中では，磁束密度 B は磁界 H の定数倍であることに注意すれば，磁束密度の振動という代わりに，磁界の振動といっても差し支えない．

となる．速度 v〔m/s〕は距離÷時間なので，式(3.33)及び式(3.30)の関係を用いると

$$v = \frac{\Delta z}{\Delta t} = \frac{z_2 - z_1}{t_2 - t_1} = \frac{\omega}{k} = c = \frac{1}{\sqrt{\mu_0 \varepsilon_0}} \tag{3.35}$$

となり，電磁波が真空中（$\varepsilon = \varepsilon_0$, $\mu = \mu_0$）を進む速度は，光の速度に等しいことが求められる．式(3.35)で求められた電磁波の速度 v は dz/dt であることに注意すれば，式(3.33)の両辺を t で微分することによっても $v = c$ を求めることができる．

磁束密度 $B_y(z, t)$ についても電界 $E_x(z, t)$ と同じように第1項のみを考えると

$$B_y(z, t) = B_1 \cos(kz - \omega t) \tag{3.36}$$

となり，電界と同様，真空中では光の速度で進む波動であることが分かる．式(3.31)，式(3.36)の z 軸の正方向に進む電界，磁束密度を元の偏微分方程式(3.20)に代入すると

$$E_1 k \sin(kz - \omega t) - B_1 \omega \sin(kz - \omega t) = 0 \tag{3.37}$$

すなわち

$$B_1 = \frac{k}{\omega} E_1 = \frac{1}{c} E_1 \tag{3.38}$$

となり，磁束密度の振幅は電界の振幅を光の速度で割ったものとなる．**図3.6**はある時刻 $t = t_0$ における電界 $E_x(z, t_0)$，磁束密度 $B_y(z, t_0)$ を表したものである．電界が山のときは磁束密度も山であり，零のときは零となるように変化する．すなわち，電界と磁束密度は同相で変化する．また電界の方向と磁束密度の方向は90°ずれており，両者は直交している．更に電界，磁束密度ともに波の進行方向 z 軸に垂直な x-y 面内で振動する．すなわち電磁波は横波である．式(3.31)は式(3.27)の第1項のみを取り出してきたが，この式の性質から式(3.27)の第2項は，$v = c$ の光の速度で第1項とは逆方向，すなわち後方に戻ってくる波を表している．領域が物体で限られた有限の空間では，一般に式(3.27)で表されるように「進む波」と「戻る波」の二つの成分がある．

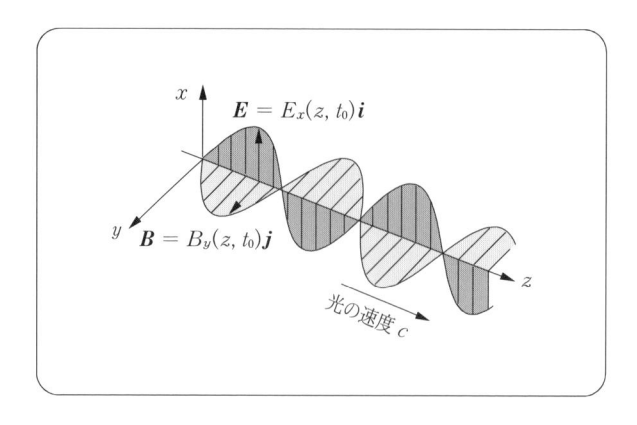

図3.6　z 軸の方向に進む電磁波の電界と磁束密度

電磁波が伝搬する媒質を真空中に限定せず，一般に誘電率 ε，透磁率 μ の一様な媒質とすると，波動方程式(3.24)の $1/c^2 = \varepsilon_0\mu_0$ の部分が $\varepsilon\mu$ に置き換わる．これから誘電率 ε，透磁率 μ の一様な媒質中における電磁波の速度 v は，真空の場合に導出したのと同じやり方で

$$v = \frac{1}{\sqrt{\varepsilon\mu}} \tag{3.39}$$

と求められる．また式(3.30)に対応して，波数 k は

$$k = \frac{\omega}{v} = \omega\sqrt{\varepsilon\mu} \tag{3.40}$$

となり，波長 λ は

$$\lambda = \frac{2\pi}{k} = \frac{2\pi}{\frac{\omega}{v}} = \frac{v}{f} \tag{3.41}$$

となる．一般の一様媒質中の波数，波長に対し，真空中の波数，波長を区別するため，真空中では $k = k_0 (= \omega\sqrt{\varepsilon_0\mu_0})$，$\lambda = \lambda_0$ と表すこともある．また真空中では，磁束密度の振幅 B_1 と電界の振幅 E_1 の関係は，式(3.38)に示したようになったのに対し，ε，μ の一様な媒質中では

$$B_1 = \frac{k}{\omega}E_1 = \frac{1}{v}E_1 \tag{3.42}$$

となることは容易に導くことができる．

更に一般の一様媒質の誘電率 ε，透磁率 μ と真空中の誘電率 ε_0，透磁率 μ_0 との比，$\varepsilon_r = \varepsilon/\varepsilon_0$，$\mu_r = \mu/\mu_0$ をそれぞれ比誘電率，比透磁率という†．比誘電率 ε_r，比透磁率 μ_r を用いると，一様媒質中の電磁波の速度 v，波数 k 及び波長 λ は

$$v = \frac{c}{\sqrt{\varepsilon_r\mu_r}} \tag{3.43}$$

$$k = k_0\sqrt{\varepsilon_r\mu_r} \tag{3.44}$$

$$\lambda = \frac{\lambda_0}{\sqrt{\varepsilon_r\mu_r}} \tag{3.45}$$

と表される．ε_r は通常1より大きく，μ_r はフェライトなどの強磁性体を除きほぼ1（$\mu \fallingdotseq \mu_0$）である．ゆえに電磁波の伝搬速度 v は，一般の媒質中では真空中より遅くなり，ほぼ $1/\sqrt{\varepsilon_r}$ となり，波長も $1/\sqrt{\varepsilon_r}$ に短縮される．

いままで z 方向に進む波について述べてきたが，任意の方向 r（図3.7(c)の r で z'' 軸

---

† 比誘電率 ε_r は電波の周波数と光の周波数では大きく違っている．例えば，水及び石英ガラスの比誘電率 ε_r は，電波の周波数（3 GHz）ではそれぞれ77.4及び3.8で水が約20倍大きい．しかし，光（可視光）の領域では1.8及び2.1と逆転する．比透磁率は，フェライトなどの強磁性体を除き通常の物質では真空中の透磁率 μ_0 と等しいとみなしてよく，$\mu_r \fallingdotseq 1$ である．

36　3. 光・電磁波の数式表現

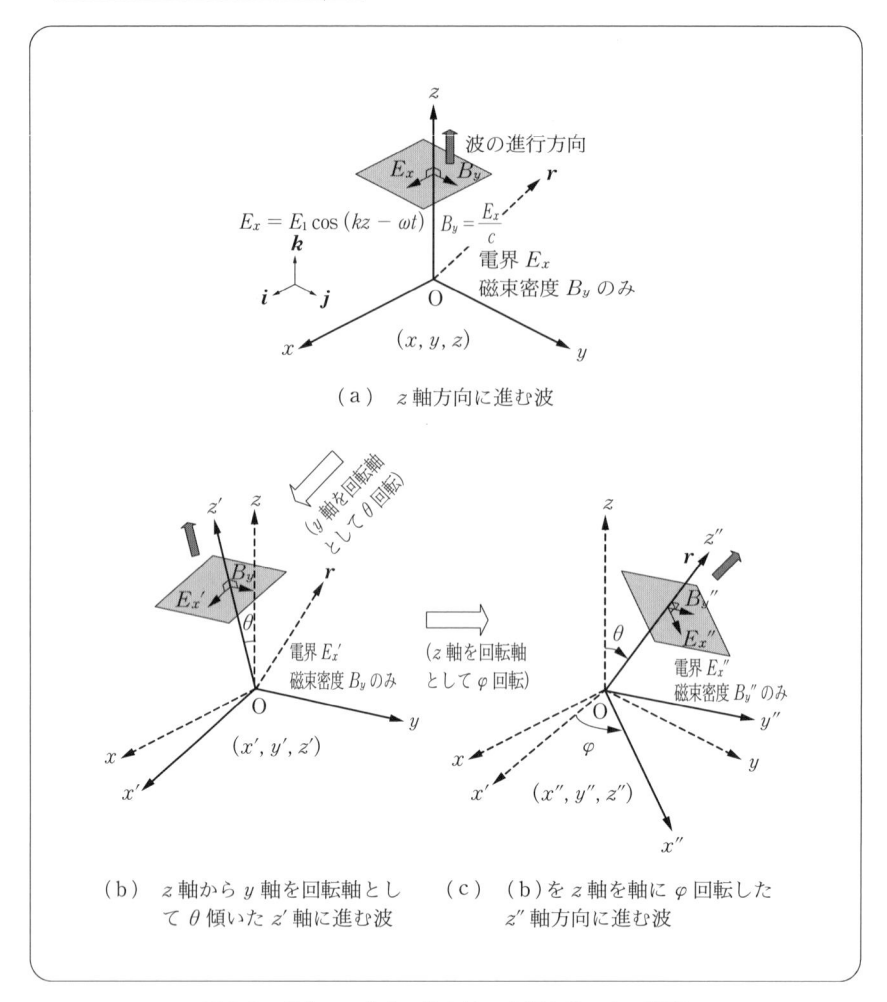

図3.7　任意の r 方向に進む波の座標変換による説明

(a) z 軸方向に進む波

(b) z 軸から y 軸を回転軸として θ 傾いた z' 軸に進む波

(c) (b)を z 軸を軸に φ 回転した z'' 軸方向に進む波

と同じ方向) に進む平面波の表現は，図(a)，(b)に示すように座標変換を使うことによって容易に求めることができる．

任意方向ベクトル r は，図(c)の座標系で，$r = (r\sin\theta\cos\varphi, \ r\sin\theta\sin\varphi, \ r\cos\theta)$ (r は r の距離) であり，z 軸を極座標表示で (θ, φ) 回転したものとなっている．分かりやすくするために，まず y 軸を回転軸として z/x 軸を θ 回転して得られる座標を (x', y, z') とする．このとき電磁波の成分は $E_{x'}$, B_y のみであり，$E_{x'}$ は

$$E_{x'}\boldsymbol{i}' = (E_1\cos\theta\boldsymbol{i} - E_1\sin\theta\boldsymbol{k})\cdot\cos\{k(z\cos\theta + x\sin\theta) - \omega t\} \tag{3.46}$$

となる (図(b))．ただし，E_1 は原座標 (x, y, z) における x 成分 E_x の振幅で，$E_x = E_1\cos(kz - \omega t)$ である．更にこれを z 軸を回転軸として φ 回転すると，任意の方向ベクトル r 方向に進む波が得られる (図(c))．このとき電磁波の成分は $E_{x''}$, $B_{y''}$ のみで，$E_{x''}$ は式(3.46)を更に座標変換することにより式(3.47)のように求められる．

$$E_{x''}\boldsymbol{i}'' = \{E_1 \cos\theta(\cos\varphi\boldsymbol{i} + \sin\varphi\boldsymbol{j}) - E_1 \sin\theta\boldsymbol{k}\}$$
$$\cdot \cos[k\{z\cos\theta + (x\cos\varphi + y\sin\varphi)\sin\theta\} - \omega t] \tag{3.47}$$

これは整理して次のように書き換えることができる．

$$\begin{aligned}E_{x''}\boldsymbol{i}'' &= (E_{1x}\boldsymbol{i} + E_{1y}\boldsymbol{j} + E_{1z}\boldsymbol{k})\cos(k_x x + k_y y + k_z z - \omega t)\\ &= (E_{1x}\boldsymbol{i} + E_{1y}\boldsymbol{j} + E_{1z}\boldsymbol{k})\cos(\boldsymbol{k_r}\cdot\boldsymbol{r} - \omega t)\end{aligned} \tag{3.48}$$

ただし

$$\left.\begin{aligned}E_{1x} &= E_1 \cos\theta\cos\varphi\\ E_{1y} &= E_1 \cos\theta\sin\varphi\\ E_{1z} &= -E_1 \sin\theta\end{aligned}\right\} \tag{3.49}$$

$$\left.\begin{aligned}k_x &= k\sin\theta\cos\varphi\\ k_y &= k\sin\theta\sin\varphi\\ k_z &= k\cos\theta\end{aligned}\right\} \tag{3.50}$$

更に，E_1，k などには次式の関係がある．

$$E_{1x}^2 + E_{1y}^2 + E_{1z}^2 = E_1^2 \tag{3.51}$$

$$k_x^2 + k_y^2 + k_z^2 = k^2, \quad |\boldsymbol{k_r}| = k \tag{3.52}$$

式(3.48)の $\boldsymbol{k_r}$ は波数ベクトルと呼ばれるもので，平面波はこのベクトル方向に進み，波は $\boldsymbol{k_r}$ に垂直である．$\boldsymbol{r}$ は観測点のベクトルである．また k_x，k_y，k_z はそれぞれ x 軸，y 軸，z 軸に沿う波数ベクトルである．

式(3.47)または式(3.48)の電磁波は，(x, y, z) 座標系で表現すると，x，y，z すべての成分を有し複雑にみえる．しかし図3.7に示すとおり，z 軸方向に進む波の座標回転によって得られるものであり，座標系を適当に選べば，電界，磁束密度各1成分のみの単純な波であることが分かる．すなわち，式(3.47)の電磁波と式(3.31)の電磁波は，進行方向が異なるだけで物理的には全く同じ内容を表しており，電磁波の振舞いを考察する場合，数式的に単純な式(3.31)を基に物理の本質を理解することが重要である．

3.3 偏 波

3.2節では z 方向にのみ変化し，x 方向，y 方向，すなわち z 方向に垂直な断面内では一様となる電界，磁束密度について考えた．更に電界は成分 x のみであるとした．このとき

磁束密度は成分 y のみとなることは前節で述べたとおりである．式(3.15)に替えて，いま，電界を成分 y の $E_y(z, t)$ のみが存在するとすれば，前節の式(3.15)～式(3.21)における考え方と同様にして，磁束密度は成分 x の $B_x(z, t)$ のみとなることが求められる．すなわち

$$E_y(z, t) = E_3 \cos(kz - \omega t) + E_4 \cos(kz + \omega t) \tag{3.53}$$

$$B_x(z, t) = B_3 \cos(kz - \omega t) + B_4 \cos(kz + \omega t) \tag{3.54}$$

となる．ここで E_3, E_4, B_3, B_4 は，E_1, E_2 などと同様に，界の境界条件から決定される未定係数である．

電界，磁束密度が成分 x, 成分 y の両方を持つ場合

$$\boldsymbol{E}(z, t) = E_x(z, t)\boldsymbol{i} + E_y(z, t)\boldsymbol{j} \tag{3.55}$$

$$\boldsymbol{B}(z, t) = B_x(z, t)\boldsymbol{i} + B_y(z, t)\boldsymbol{j} \tag{3.56}$$

と表される．ここで $\boldsymbol{j}$ は図3.2に示したように，y 方向の単位ベクトルである．

いま，$E_x(z, t)$ も $E_y(z, t)$ も進行波のみ（$E_2 = E_4 = 0$）とし，両者が同相であれば，合成電界 $\boldsymbol{E}(z, t)$ は図3.8に示すように図形的に簡単に求めることができる．このとき $\boldsymbol{B}(z, t)$（$B_2 = B_4 = 0$ とする）は $\boldsymbol{E}(z, t)$ に直交したベクトルとなり，この場合も電界と磁束密度の直交性は成り立つ．

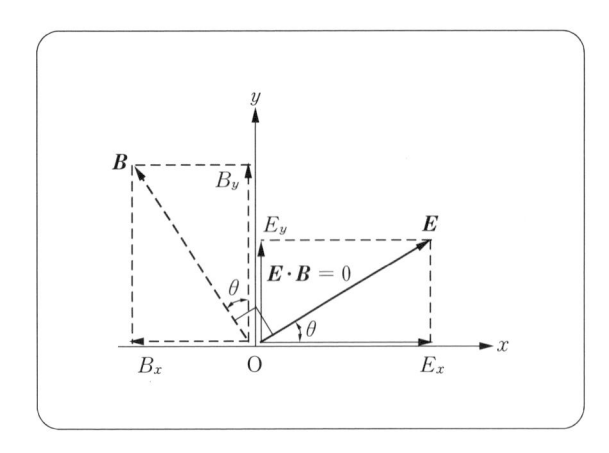

図3.8 電界，磁束密度が x, y の2成分を持つときの合成電界，磁束密度の関係

合成電界 $\boldsymbol{E}(z, t)$ は時間変化に対しどのように動くだろうか．進行波のみとすると

$$|\boldsymbol{E}(z, t)| = \sqrt{E_1^2 + E_3^2}\,|\cos(kz - \omega t)| \tag{3.57}$$

$$\arg\{\boldsymbol{E}(z, t)\} = \tan^{-1}\left\{\frac{E_3 \cos(kz - \omega t)}{E_1 \cos(kz - \omega t)}\right\} = \tan^{-1}\left(\frac{E_3}{E_1}\right) = \theta = 一定 \tag{3.58}$$

となる．すなわち振幅 $\sqrt{E_1^2 + E_3^2}$ の正弦波振動をし，ベクトルの方向は時間によっては変化せず，x 軸から角度 θ の一定値をとる．このように電界の方向が時間に対して不変である場合を直線偏波という．$E_x(z, t)$ のみ，または $E_y(z, t)$ のみの場合も当然直線偏波である．

3.3 偏　　　　波

図 3.9 は偏波とアンテナの相互位置関係を示したもので，偏波方向とアンテナ素子の方向が一致したときアンテナの受信電力は最大となる．これはアンテナ素子の導体棒に沿って誘導される高周波電流は，到来した電磁波の電界成分によって駆動されるからである．逆に，偏波方向とアンテナ素子が直交すると，原理的にはアンテナ出力は零となる．このように偏波はアンテナによる送受信を考えるうえで重要な概念である．ここでは，到来電波と受信アンテナの偏波関係を示したが，7.2 節には送信アンテナと放射電波の関係を説明している．

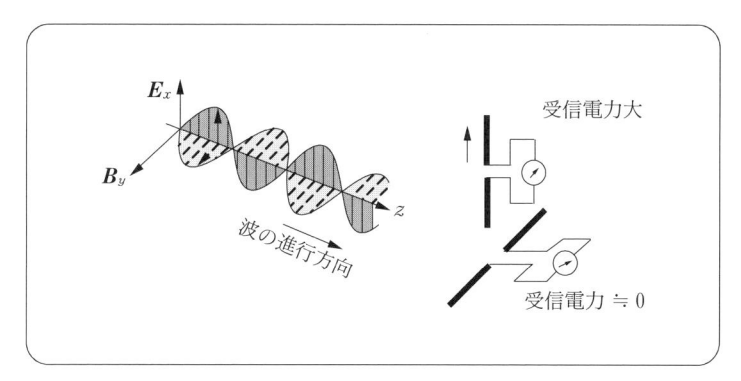

図 3.9　到来電磁波の偏波と受信アンテナの相互位置関係による受信電力の違い

ところで，$E_x(z, t)$ と $E_y(z, t)$ はいつも同相とはかぎらず，目的によっては意図的に位相差を付けて合成する場合もある．$E_x(z, t)$ と $E_y(z, t)$ の位相差が α であるとすると

$$E_x(z, t) = E_1 \cos(kz - \omega t) \tag{3.59}$$

$$E_y(z, t) = E_3 \cos(kz - \omega t - \alpha) \tag{3.60}$$

と表すことができる．合成電界 $\boldsymbol{E}(z, t)$ の終点の座標 $\{E_x(z, t), E_y(z, t)\}$ の軌跡は，式 (3.59)，式 (3.60) 及び $\sin^2(kz - \omega t) + \cos^2(kz - \omega t) = 1$ の関係を使うと次式のように求められる．

$$\left\{\frac{E_x(z, t)}{E_1}\right\}^2 + \left\{\frac{1}{\sin\alpha}\frac{E_y(z, t)}{E_3} - \frac{\cos\alpha}{\sin\alpha}\frac{E_x(z, t)}{E_1}\right\}^2 = 1 \tag{3.61}$$

式 (3.61) を図示すると**図 3.10** のようになる．ここで $\alpha = \pm\pi/2$ とすると，式 (3.61) は傾きのない楕円となり，更に $E_1 = E_3$ とすると円になる．すなわち電界の成分 x の $E_x(z, t)$ と成分 y の $E_y(z, t)$ の振幅が等しく，位相が ±90° ずれているとき，合成電界の向きは時間とともに変化し，その軌跡は円を描く．このような電磁波の偏波を円偏波と呼ぶ．通信においては，送信または受信アンテナが傾いたり回転したりするような場合，円偏波を使うと都合が良いことがある．

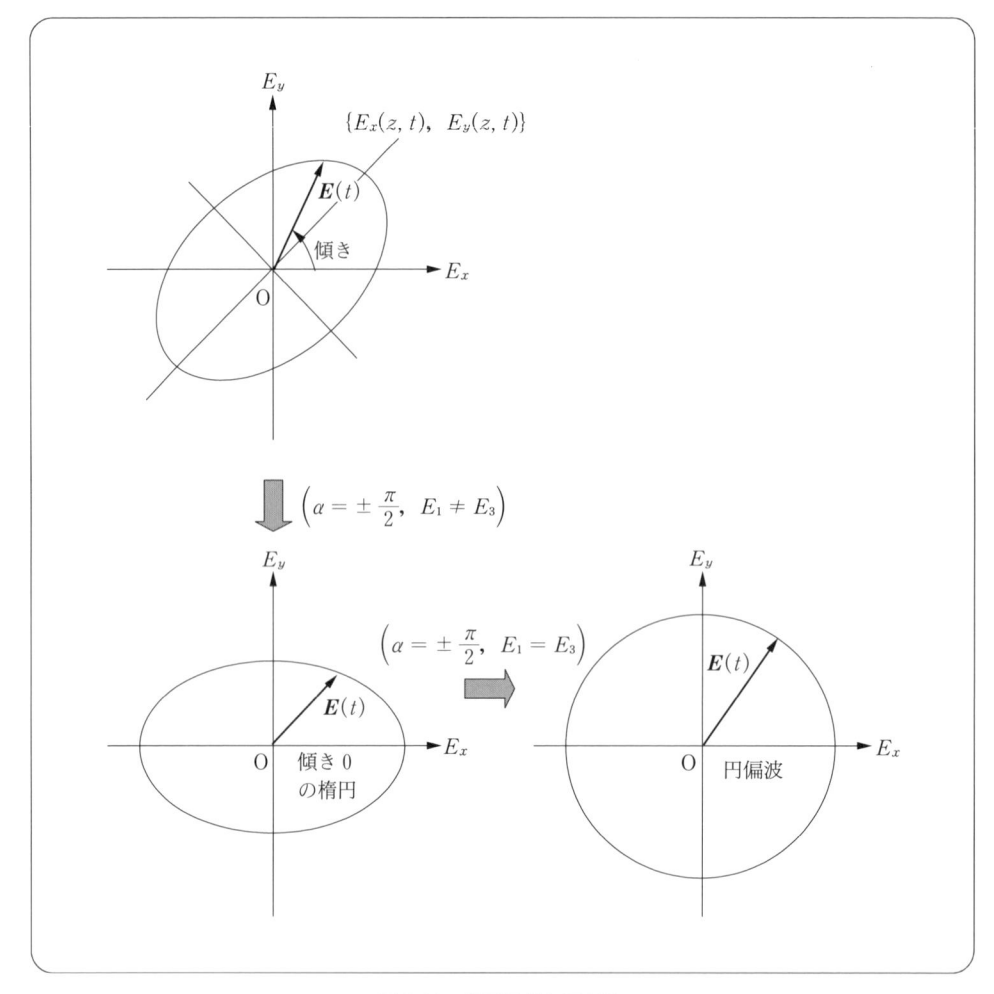

図 3.10 楕円偏波と円偏波

3.4 電磁界のエネルギーとポインティングベクトル

3.2 節では，電磁界を生成する源である電荷や電流の存在しない領域において，マクスウェルの方程式を満足する存在可能な電界，磁束密度の表現式を求め，これらが自由空間では波動として光の速度で進むことを学んだ．一方，同じ波動である弦の振動や音波では，波動を伝える弦，空気という媒質があり，これがエネルギーの伝達役になっていることが直感的に理解できる．しかし電磁界の場合，真空中でもエネルギーが伝達されるという不思議な性

3.4 電磁界のエネルギーとポインティングベクトル

質がある．真空中でもエネルギーが伝達されるという事実はどう考えたらよいのだろうか．

マクスウェルの方程式(3.1)，(3.2)のそれぞれの両辺に電界 $\boldsymbol{E}$，磁界の強さ $\boldsymbol{H}$ の内積をとり，ベクトル $\boldsymbol{E} \times \boldsymbol{H}$ の発散（∇・）の式を用いると，次のようなエネルギーに相当する式が導かれる．

$$\frac{\partial}{\partial t}\left(\frac{1}{2}\varepsilon_0|\boldsymbol{E}|^2 + \frac{1}{2}\mu_0|\boldsymbol{H}|^2\right) + \nabla\cdot(\boldsymbol{E}\times\boldsymbol{H}) = -\boldsymbol{E}\cdot\boldsymbol{J} \qquad (3.62)^\dagger$$

式(3.62)の導出は章末の問題としている．式(3.62)の左辺第1項の（ ）内は静電界，静磁界のエネルギー密度 W_e，W_m〔J/m³〕と同じ表現であり，右辺は単位体積中の荷電粒子〔C/m³〕が，単位時間〔s〕当り電界 $\boldsymbol{E}$〔V/m〕から受ける仕事〔J〕を表している．よって左辺第2項の（∇・）の中身を

$$\boldsymbol{S}(\boldsymbol{r},\,t) = \boldsymbol{E}(\boldsymbol{r},\,t) \times \boldsymbol{H}(\boldsymbol{r},\,t) \qquad (3.63)$$

と表すと，$\boldsymbol{S}(\boldsymbol{r},\,t)$ は単位時間に単位面積を通過するエネルギーを表していることになる．すなわち図 3.11 に示すように，電磁界の波源 $\boldsymbol{J}(\boldsymbol{r},\,t)$ が存在すると，まずそれによってその周囲に電磁界が形成される．更に形成された電界，磁界によって式(3.63)の形でエネルギーの流れができ，次の領域に電界，磁界が形成されるとともに，電界エネルギー W_e，磁界エネルギー W_m が蓄積され，更に次の領域へ $\boldsymbol{E}(\boldsymbol{r},\,t) \times \boldsymbol{H}(\boldsymbol{r},\,t)$ の形でエネルギーが伝えられる．ゆえに定常状態，すなわち界が形成されたあとでは，波源のない領域ではエネルギ

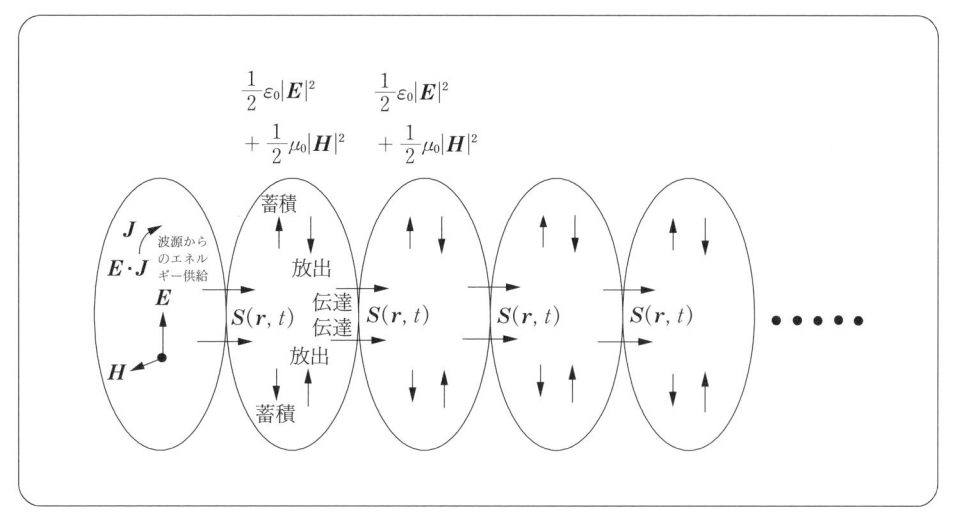

図 3.11 波源からの電磁波エネルギーの空間での振舞い

† 誘電率 ε，透磁率 μ の一様な媒質中では，式(3.62)の ε_0，μ_0 はそれぞれ ε，μ に置き換えなければならない．

ーを受け取った分だけ,次の領域にエネルギーを送るという動作を繰り返す.このようにして電磁波は真空中においてエネルギーを伝達していると解釈できる.なお,式(3.62)はポインティング(Poynting)によって導かれたもので,$S(r, t)$はポインティングベクトルと呼ばれる.

本章のまとめ

❶ マクスウェルの方程式の成立

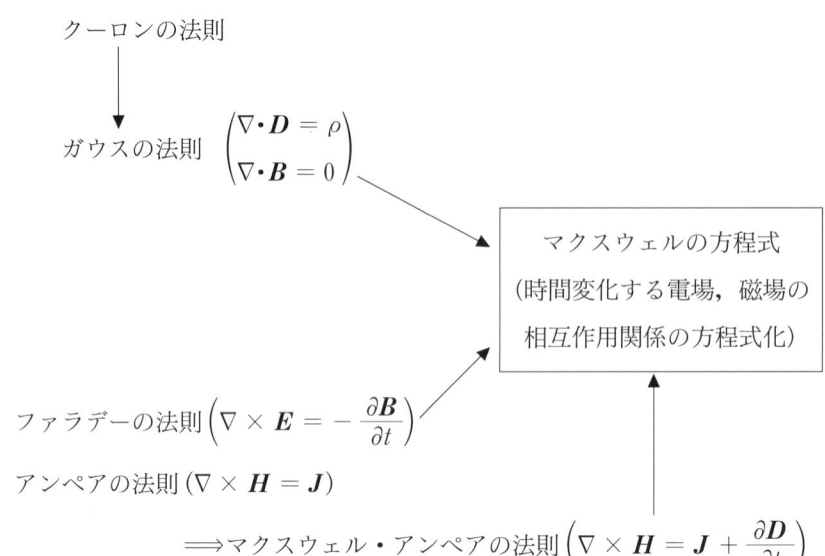

クーロンの法則
↓
ガウスの法則 $\begin{pmatrix} \nabla \cdot D = \rho \\ \nabla \cdot B = 0 \end{pmatrix}$

→ マクスウェルの方程式
(時間変化する電場,磁場の相互作用関係の方程式化)

ファラデーの法則 $\left(\nabla \times E = -\dfrac{\partial B}{\partial t} \right)$

アンペアの法則 $(\nabla \times H = J)$

$\Longrightarrow$ マクスウェル・アンペアの法則 $\left(\nabla \times H = J + \dfrac{\partial D}{\partial t} \right)$

❷ マクスウェルの方程式(連立微分方程式)の解法

・マクスウェルの方程式 $\xrightarrow{\text{1変数の消去}}$ 波動方程式 $\xrightarrow{\text{変数分離法など}}$ $E(r)$ または $B(r)$

・解として

$$\left. \begin{array}{l} E_x(z, t) = E_1 \cos(kz - \omega t) \\ B_y(z, t) = B_1 \cos(kz - \omega t) \end{array} \right\}$$

$\omega = 2\pi f$, f:周波数, $k = \dfrac{2\pi}{\lambda}$, λ:波長

・$E_x(z, t)$, $B_y(z, t)$ は,それぞれ

$$v = \frac{\omega}{k} = c = \frac{1}{\sqrt{\mu_0 \varepsilon_0}} \quad \text{(光の速度)}$$

で,z軸方向に進む波を表す.

・$E_x(z, t)$, $B_y(z, t)$ が1組になって平面波を表す.

❸ **偏 波**
- 直線偏波：波の進行において電界ベクトルが変化しない波動．
- 円偏波：電界ベクトルの大きさは一定で，波の進行に伴い電界ベクトルが回転する波動．円偏波は大きさが等しく位相が 90°ずれている互いに直交する直線偏波の合成波である．

❹ **ポインティングベクトル**

電界，磁界が存在する空間で，電磁波のエネルギーは単位時間当り
$$S(r, t) = E(r, t) \times H(r, t)$$
で運ばれる．$S(r, t)$ をポインティングベクトルという．

●理解度の確認●

問 3.1 マクスウェルの方程式(3.2)から式(3.4)が求められることを証明せよ．ただしベクトル微分演算，$\nabla \cdot \{\nabla \times A(r)\}$（$A(r)$ は任意のベクトル）は恒等的に 0 である（付録 2 参照）．

問 3.2 マクスウェルの方程式(3.1)と式(3.3)から次式で表される電荷の保存則を導け．
$$\nabla \cdot J(r, t) + \frac{\partial \rho(r, t)}{\partial t} = 0$$

問 3.3 マクスウェルの方程式(3.1)，式(3.2)と，媒質の関係を表す式(3.5)，式(3.6)において，$E = (E_x, E_y, E_z)$，$H = (H_x, H_y, H_z)$ とするとき，方程式の数と未知関数の数はそれぞれいくつになるか．

問 3.4 式(3.15)において電界 $E(r, t)$ が成分 y のみを有するとき，磁束密度 $B(r, t)$ はどういう成分を有するか．このとき電界，磁束密度が満足する方程式を求めよ．

問 3.5 式(3.8)，式(3.9)から電界 $E(r, t)$ だけの方程式を導け．ただし，付録のベクトル公式を参照のこと．

問 3.6 式(3.24)の偏微分方程式を変数分離法を用いて解き，式(3.27)が得られることを証明せよ．

問 3.7 ε_0, μ_0 の単位から式(3.25)により c が速さの単位となることを求めよ．また ε_0, μ_0 にそれぞれ数値を代入し，c が光の速度となることを確認せよ．

問 3.8 電界 E と磁束密度 B は式(3.38)で関係づけられるが，式(3.38)において単位系に矛盾がないことを確認せよ．

問 3.9 z 方向に進む平面波の電界が $E(x, y, t) = E_0(x, y, t)i + \sqrt{3}E_0(x, y, t)j$ で表されるとき磁束密度 $B(x, y, t)$ を求めよ．

問 3.10　$\boldsymbol{E}(z, t) = E_x(z, t)\boldsymbol{i}$ を $\theta = 30°$, $\varphi = 60°$ 回転したときの電界の表示式を求めよ．またこの逆の操作によって元の $\boldsymbol{E}(z, t) = E_x(z, t)\boldsymbol{i}$ に戻ることを確認せよ．

問 3.11　式 (3.61) を導出せよ．

問 3.12　z 方向に進む平面波において，$|E_x(z, t)| = |E_y(z, t)|$ であり，$\alpha = -\pi/2$ のとき電界ベクトルは進行方向の後方からみたときはどちら向きに回転するか．また $\alpha = \pi/2$ のときはどうか．

問 3.13　式 (3.62) の各項の単位系は一致することを確認せよ．また，それはどういう物理量を表すか．

問 3.14　出力 1 W の He-Ne レーザから直径 0.1 mm の細い光のビームが出ているとき，光の電界 E，磁束密度 B はそれぞれいくつになるか．ただし，レーザビームの強度は断面内で一様とする．

問 3.15　電界の振幅が 1 V/m の電磁波において，磁束密度の振幅はいくらか．またポインティングベクトルの大きさはいくらか．

問 3.16　ベクトル公式 $\nabla \cdot (\boldsymbol{E} \times \boldsymbol{H}) = \boldsymbol{H} \cdot (\nabla \times \boldsymbol{E}) - \boldsymbol{E} \cdot (\nabla \times \boldsymbol{H})$ とマクスウェルの方程式 (3.1)，式 (3.2) からポインティングが導いた式 (3.62) を求めよ．

4 電磁波の反射，屈折，回折

　3章では，障害物が何もない空間（自由空間）では，電磁波は，互いに直交する成分を持つ電界，磁束密度を有し，電界，磁束密度でつくる面に垂直な方向に進行することを学んだ．

　一方，2章で述べたように，携帯電話やラジオあるいはテレビの電波は，窓ガラスや壁を通過して屋内にまで侵入してきている．そのお陰で屋内でも携帯電話で話せたり，屋内アンテナを設置しておけばテレビ（衛星，地上波）も見ることができる．このとき窓ガラスや建物壁は電波に対し影響を与えないのだろうか．一方，光通信に用いるレンズやプリズムなどの各種光学素子や光ファイバに，光が注入されたり内部を伝搬するとき，光はどのような振舞いをし，どういう特性を示すのだろうか．

　本章ではこれらの問題に定量的にこたえるための理論と計算法について学習する．

4.1 異なる物質境界における電磁波の性質

4.1.1 電界，磁界の複素表示

3章では電界，磁束密度を観測量である実数表示を用い，式(4.1)，式(4.2)のように表した．

$$E_x(z, t) = E_1 \cos\{k(z - ct)\} \tag{4.1}$$
$$B_y(z, t) = B_1 \cos\{k(z - ct)\} \tag{4.2}$$

しかし時間変化が正弦変化の場合，交流回路でなじみの複素表示（付録5参照）を用いると種々の計算が簡単になる．式(4.1)，式(4.2)を複素表示するとそれぞれ次のようになる．

$$E_x(z, t) = E_1 e^{-jkz} e^{j\omega t} \tag{4.3}$$
$$B_y(z, t) = B_1 e^{-jkz} e^{j\omega t} \tag{4.4}$$

$e^{j\omega t}$を省略したものを改めて$E_x(z)$, $B_y(z)$と書くと

$$E_x(z) = E_1 e^{-jkz} \tag{4.5}$$
$$B_y(z) = B_1 e^{-jkz} \tag{4.6}$$

となる．更に$B_y(z)$を透磁率μで割って$H_y(z)$（磁界強度）に書き換えると

$$H_y(z) = H_1 e^{-jkz} \tag{4.7}$$

となる．電磁波が伝搬する媒質の誘電率，透磁率をそれぞれε, μとすると，3章の式(3.42)から$B_1 = E_1/v$であり，また$B_y(z) = \mu H_y(z)$なので

$$H_1 = \frac{E_1}{\mu v} = \frac{\sqrt{\varepsilon \mu} E_1}{\mu} = \frac{E_1}{\sqrt{\dfrac{\mu}{\varepsilon}}} = \frac{E_1}{\eta} \tag{4.8}$$

となる．ただし，$v = 1/\sqrt{\varepsilon \mu}$は，媒質中における電磁波の速度である（式(3.39)）．すなわち進行波のみが存在するとき，電界，磁界は次のように表される．

$$E_x(z) = E_1 e^{-jkz} \tag{4.9}$$
$$H_y(z) = \frac{E_1}{\eta} e^{-jkz} = \frac{E_x(z)}{\eta} \tag{4.10}$$

ここで，kは媒質中での波数（または位相定数），ηは媒質中での電界$\boldsymbol{E}$の磁界$\boldsymbol{H}$に対

する比で，媒質の波動インピーダンスと呼ばれ，単位は〔Ω〕となる．電気回路の場合の電圧の電流に対する比であるインピーダンスと同様の概念である．媒質中において後進波も存在するときは，$E_x(z)$，$H_y(z)$ はそれぞれ次のように表される．

$$E_x(z) = E_1 e^{-jkz} + E_2 e^{jkz} \tag{4.11}$$

$$H_y(z) = \frac{1}{\eta}(E_1 e^{-jkz} - E_2 e^{jkz}) \tag{4.12}$$

$H_y(z)$ の括弧内の第2項は，$E_x(z)$ と違い「−」符号となることに注意しなければならない．

4.1.2 境界条件

図4.1に示すように二つの媒質が境界A-A′で接しているとき，それぞれの媒質中における平面波は，前節での取り扱いを単純に適用すれば，式(4.9)，式(4.10)に従って

媒質Iにおいて $\begin{cases} E_{x1}(z) = E_{11} e^{-jk_1 z} \\ H_{y1}(z) = \dfrac{E_{11}}{\eta_1} e^{-jk_1 z} \end{cases}$ (4.13)

媒質IIにおいて $\begin{cases} E_{x2}(z) = E_{12} e^{-jk_2 z} \\ H_{y2}(z) = \dfrac{E_{12}}{\eta_2} e^{-jk_2 z} \end{cases}$ (4.14)

と表されるように思われる．明らかに媒質IとIIの表現は違っており，**E**，**H** は境界A-A′で異なるものとなる．媒質IとIIの境界において，電界，磁界は急激に変化してよいのだろ

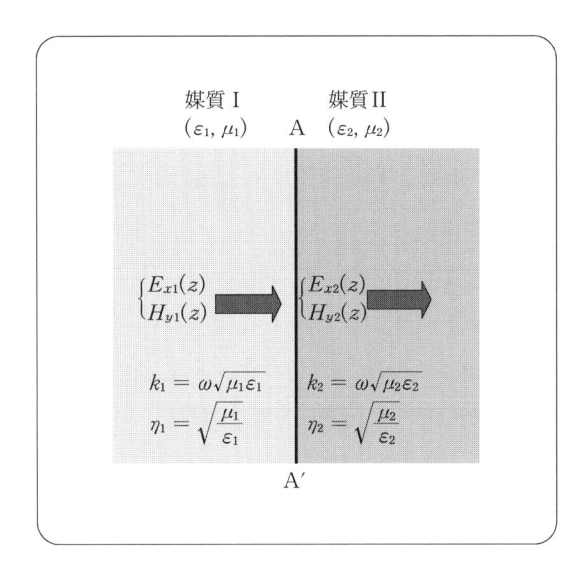

図4.1 媒質境界がある領域の電磁界

うか．この疑問を解くのに有効なのがマクスウェルの方程式である．マクスウェルの方程式は，どういう領域においても成り立つものであり，媒質ⅠとⅡの境界を含む領域においても成り立つ．すなわち，マクスウェルの方程式（時間変化を $e^{j\omega t}$ とする）の

$$\nabla \times \boldsymbol{E} + j\omega \boldsymbol{B} = 0 \tag{4.15}$$

より，図4.2に示す境界を含む微小面積 S において，式(4.15)の両辺を積分すると次式が得られる．

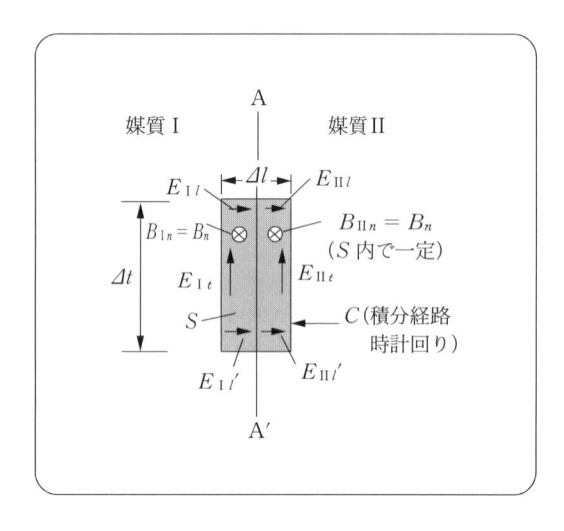

図4.2 媒質Ⅰ，Ⅱでの境界条件を導くための積分経路 C と微小面積 S

$$\iint_S (\nabla \times \boldsymbol{E}) \cdot d\boldsymbol{S} = -j\omega \iint_S \boldsymbol{B} \cdot d\boldsymbol{S} \tag{4.16}$$

左辺にストークスの定理（付録3参照）を適用し，面積分を線積分に置き換えると

$$\int_C \boldsymbol{E} \cdot d\boldsymbol{l} = -j\omega \iint_S \boldsymbol{B} \cdot \boldsymbol{n}\, dS \tag{4.17}$$

となる．$\boldsymbol{B}$ は図4.2の境界領域においても無限大にはならない関数（有界関数）なので，式(4.17)は次式となる．

$$(E_{\mathrm{I}t} - E_{\mathrm{II}t})\Delta t + (E_{\mathrm{I}l} - E_{\mathrm{I}l'})\Delta l/2 + (E_{\mathrm{II}l} - E_{\mathrm{II}l'})\Delta l/2 = -j\omega B_n S \tag{4.18}$$

ただし，$E_{\mathrm{I}t}$, $E_{\mathrm{II}t}$ はそれぞれ媒質Ⅰ，Ⅱにおける媒質境界面に対する接線成分，$E_{\mathrm{I}l}$, $E_{\mathrm{II}l}$, $E_{\mathrm{I}l'}$, $E_{\mathrm{II}l'}$ はそれぞれ法線成分である．

ここで $\Delta l \to 0$ とすると $S \to 0$ となり，左辺第2項，第3項及び右辺は零となり

$$E_{\mathrm{I}t} = E_{\mathrm{II}t} \tag{4.19}$$

が得られる．すなわち，媒質ⅠとⅡの境界における電界の接線成分は等しくなければならないことが導かれる．同様にして

$$\nabla \times \boldsymbol{H} - j\omega\varepsilon\boldsymbol{E} = 0 \tag{4.20}$$

より

4.1 異なる物質境界における電磁波の性質

$$H_{1t} = H_{\mathrm{II}t} \tag{4.21}$$

が導かれる．式(4.19)，式(4.21)の結果は重要な内容を含んでおり，電磁波が異なる媒質において存在するとき

「その境界では電界，磁界の接線成分は両方とも至る所で等しい」

ということになる．これがマクスウェルの方程式から帰結される「大原則」であり，$\boldsymbol{E}$，$\boldsymbol{H}$ はこの性質を満たすように存在する．しかし，いま，図 4.3(a)に示すように，媒質 I と II のそれぞれに進行波だけが存在するとした式(4.13)，式(4.14)だけでは，I と II の電界，磁界の接線成分は両方ともは等しくなり得ない．すなわち大原則が成り立たなくなる．では大原則が成り立つために媒質境界でどういう物理現象が生じているのだろうか．

図中の式：

(a) 各領域進行波のみ

$E_x(z) = E_1 e^{-jk_1 z}$，$H_y(z) = H_1 e^{-jk_1 z}$，$H_1 = \dfrac{E_1}{\eta_1}$

$E_x(z) = E_2 e^{-jk_2 z}$，$H_y(z) = H_2 e^{-jk_2 z}$，$H_2 = \dfrac{E_2}{\eta_2}$

大原則：接線成分が等しい
$E_1 = E_2$，$\eta_1 = \eta_2$ ← 矛盾 → 異媒質 $\eta_1 \neq \eta_2$

(b) 境界で反射波が発生するとき

$E_x(z) = E_i e^{-jk_1 z}$，$H_i = \dfrac{E_i}{\eta_1}$

$E_x(z) = E_t e^{-jk_2 z}$，$H_t = \dfrac{E_t}{\eta_2}$

$E_x(z) = E_r e^{jk_1 z}$，$H_r = \dfrac{E_r}{\eta_1}$

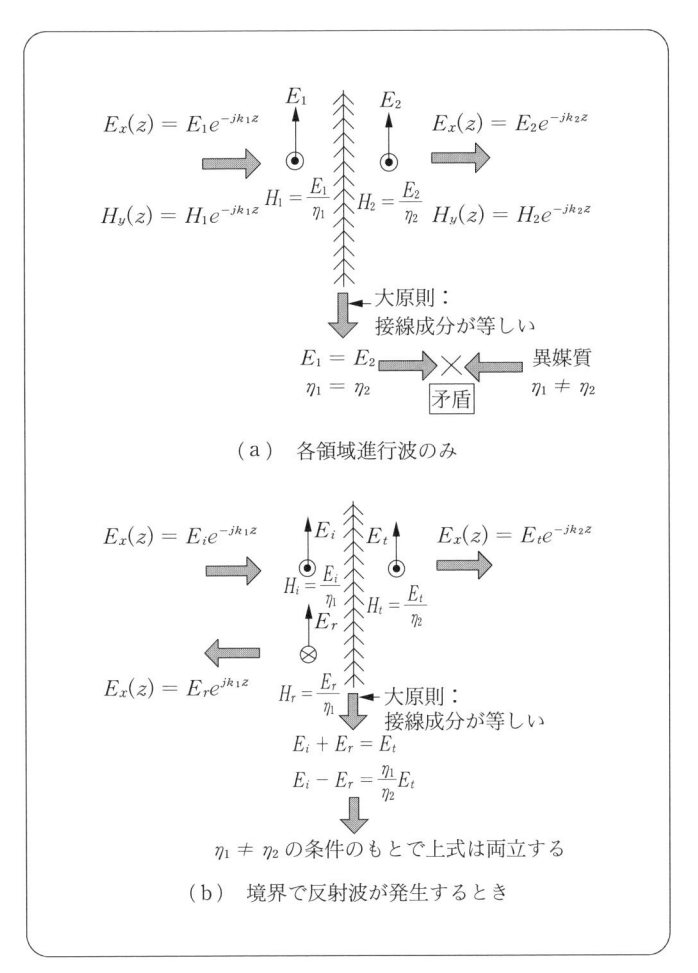

大原則：接線成分が等しい
$E_i + E_r = E_t$
$E_i - E_r = \dfrac{\eta_1}{\eta_2} E_t$

$\eta_1 \neq \eta_2$ の条件のもとで上式は両立する

図 4.3　媒質境界での電磁界の表示と問題点

4.2 媒質境界での反射と透過 —垂直入射—

音波や光，または水面の波の場合に経験的に知っているように，波動が媒質の異なる境界に当たると，境界面では反射が生じる．すなわち，図4.3(b)に示すように，媒質Ⅰを右向きに進んできた波の一部は境界を突き抜けて進むが，残りは境界で反射され左方向に進む．左方向に進む波は

$$E_{x1}(z) = E_{21} e^{jk_1 z} \tag{4.22}$$

と表される．いま，境界では反射が生じることを念頭におき，媒質ⅠとⅡの電界，磁界を次式のように表す．

$$\begin{cases} E_{x1}(z) = E_i e^{-jk_1 z} + E_r e^{jk_1 z} \\ H_{y1}(z) = \dfrac{1}{\eta_1}(E_i e^{-jk_1 z} - E_r e^{jk_1 z}) \end{cases} \quad (\text{媒質Ⅰ}) \tag{4.23}$$

$$\begin{cases} E_{x2}(z) = E_t e^{-jk_2 z} \\ H_{y2}(z) = \dfrac{1}{\eta_2} E_t e^{-jk_2 z} \end{cases} \quad (\text{媒質Ⅱ}) \tag{4.24}$$

なお媒質Ⅱの電界，磁界は，式(4.14)で $E_{12} = E_t$ と置いたものである．ここで媒質境界における大原則，すなわち境界条件を守ることを考える．式(4.19)，式(4.21)から，$z = 0$ において

$$E_{x1} = E_{x2}, \quad H_{y1} = H_{y2} \tag{4.25}$$

とならなければならない．これに式(4.23)，式(4.24)を代入すると次式が得られる．

$$\begin{cases} E_i + E_r = E_t \\ \dfrac{E_i}{\eta_1} - \dfrac{E_r}{\eta_1} = \dfrac{E_t}{\eta_2} \end{cases} \tag{4.26}$$

式(4.26)で E_i は入射波の振幅で既知とすると，反射波，透過波の振幅 E_r，E_t は次のように表される．

$$E_r = \frac{\eta_2 - \eta_1}{\eta_2 + \eta_1} E_i = R E_i \tag{4.27}$$

$$E_t = \frac{2\eta_2}{\eta_2 + \eta_1} E_i = T E_i \tag{4.28}$$

図4.3(b)に示すように，媒質ⅠとⅡの境界の電界，磁界の接線成分が両者とも等しくなければならないという大原則は満足される．ここで，入射波と反射波の振幅比 $E_r/E_i = R$ を反射係数，入射波と透過波の振幅比 $E_t/E_i = T$ を透過係数という†．式(4.27)，式(4.28)から R，T は媒質ⅠとⅡの波動インピーダンスにより表現できる．そして媒質が異なっていても波動インピーダンスが等しければ反射係数 $R = 0$ となる．また式(4.27)，式(4.28)から一般に反射係数と透過係数の間には

$$1 + R = T \tag{4.29}$$

の関係が得られる．また入射電力は反射電力と透過電力の和に等しいという事実から

$$R^2 + \frac{\eta_1}{\eta_2}T^2 = 1 \tag{4.30}$$

の関係が導かれる．式(4.29)，式(4.30)の関係は解析の簡単化や数値計算誤差のチェックの際に便利な関係式である．

4.3 多層膜における反射と透過

4.3.1 連立方程式による方法

4.2節では一つの境界がある場合について平面波の伝搬特性について考えた．**図4.4**のように媒質境界が複数個に増えたときはどうなるだろうか．これは電波がガラス窓を通り抜ける，レンズやプリズムを通り抜けるなどのように，日常的によく出会う現象である．これも4.2節で述べたように，境界では反射波を生じつつ，「媒質境界では電界，磁界の接線成分は等しい」という大原則が満たされるように各媒質内での電界，磁界が決まる．具体的に図4.4の場合について定式化を行ってみよう．

まず，媒質Ⅰの領域では入射波と反射波があるので，電界 $E_x^1(z)$，磁界 $H_y^1(z)$ は次のように表される．

$$E_x^1(z) = Ae^{-jk_1z} + Be^{jk_1z} \tag{4.31}$$

---

† 光学の分野では慣習的に振幅反射係数を r，透過係数を t と小文字で表し，大文字 R，T は電力の反射率，透過率を表すことになっている．すなわち $R = r^2$，$T = (\eta_1/\eta_2)t^2$ である．$T = t^2$ ではないことに注意すること（式(4.30)）．

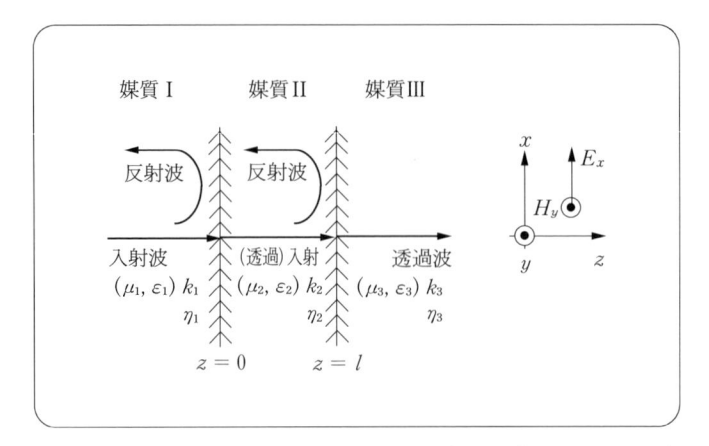

図4.4 多層膜における平面波の反射・透過（3層構造＝2境界のとき）

$$H_y{}^{\mathrm{I}}(z) = \frac{1}{\eta_1}(Ae^{-jk_1z} - Be^{jk_1z}) \tag{4.32}$$

ここで，A は入射波の振幅で既知，B は反射波の振幅で未知係数である．また，k_1 及び η_1 はそれぞれ媒質Ⅰにおける波数及び波動インピーダンスである．媒質Ⅱの領域では，媒質Ⅰと同じように進む波と戻る波があるので，電界 $E_x{}^{\mathrm{II}}(z)$，磁界 $H_y{}^{\mathrm{II}}(z)$ は次のように表される．

$$E_x{}^{\mathrm{II}}(z) = Ce^{-jk_2z} + De^{jk_2z} \tag{4.33}$$

$$H_y{}^{\mathrm{II}}(z) = \frac{1}{\eta_2}(Ce^{-jk_2z} - De^{jk_2z}) \tag{4.34}$$

更に媒質Ⅲでは，片方は無限に伸びているので進む波しか存在しない．ゆえに電界 $E_x{}^{\mathrm{III}}(z)$，磁界 $H_y{}^{\mathrm{III}}(z)$ は次のように表される．

$$E_x{}^{\mathrm{III}}(z) = Fe^{-jk_3z} \tag{4.35}$$

$$H_y{}^{\mathrm{III}}(z) = \frac{1}{\eta_3}Fe^{-jk_3z} \tag{4.36}$$

式(4.33)〜式(4.36)において，k_2, k_3 はそれぞれ媒質Ⅱ，Ⅲにおける波数，η_2, η_3 は波動インピーダンスであり，C, D, F はすべて未知係数である．

ここで問題は入射電界の振幅 A を既知として，B, C, D, F の四つの未知係数を求めることである．$z=0$ と $z=l$ の二つの境界において「大原則」，すなわち「電界，磁界の接線成分は等しい」という条件

$$E_x{}^{\mathrm{I}}(0) = E_x{}^{\mathrm{II}}(0) \tag{4.37}$$

$$H_y{}^{\mathrm{I}}(0) = H_y{}^{\mathrm{II}}(0) \tag{4.38}$$

$$E_x{}^{\mathrm{II}}(l) = E_x{}^{\mathrm{III}}(l) \tag{4.39}$$

$$H_y{}^{\mathrm{II}}(l) = H_y{}^{\mathrm{III}}(l) \tag{4.40}$$

を用いると四つの式が得られる．式(4.37)～式(4.40)から得られる方程式は B, C, D, F を未知数とする4元連立方程式となり，計算は面倒だが解くことはできる．A は入射波の振幅なので全体の反射係数 R_t，透過係数 T_t はそれぞれ

$$R_t = \frac{B}{A} \tag{4.41}$$

$$T_t = \frac{F e^{-jk_3 l}}{A} \tag{4.42}$$

となる．4元連立方程式を解いて B, F を求め，式(4.41)，式(4.42)に代入すると

$$R_t = \frac{\dfrac{\eta_2 - \eta_1}{\eta_2 + \eta_1} + \dfrac{\eta_3 - \eta_2}{\eta_3 + \eta_2} e^{-j2k_2 l}}{1 + \dfrac{\eta_2 - \eta_1}{\eta_2 + \eta_1} \dfrac{\eta_3 - \eta_2}{\eta_3 + \eta_2} e^{-j2k_2 l}} \tag{4.43}$$

$$T_t = \frac{\dfrac{2\eta_2}{\eta_2 + \eta_1} \dfrac{2\eta_3}{\eta_3 + \eta_2}}{1 + \dfrac{\eta_2 - \eta_1}{\eta_2 + \eta_1} \dfrac{\eta_3 - \eta_2}{\eta_3 + \eta_2} e^{-j2k_2 l}} e^{-jk_2 l} \tag{4.44}$$

となり反射係数，透過係数を求めることができる．また C, D を求めれば媒質IIの領域における電界，磁界も計算できる．

図 4.5 はガラスの両面にコーティングを施すような場合に相当する構造で，図 4.4 の例に対し，境界層が二つ増え四つとなる．反射/透過係数を求めるためには 8 元連立方程式を解くことが必要になりかなり面倒である．しかし，レンズのコーティングや電波の整合層の設計など，光や電波では頻繁に出会う問題である．そこで次項において多層構造の光・電磁波の反射/透過特性を効率よく解析する方法を述べる．

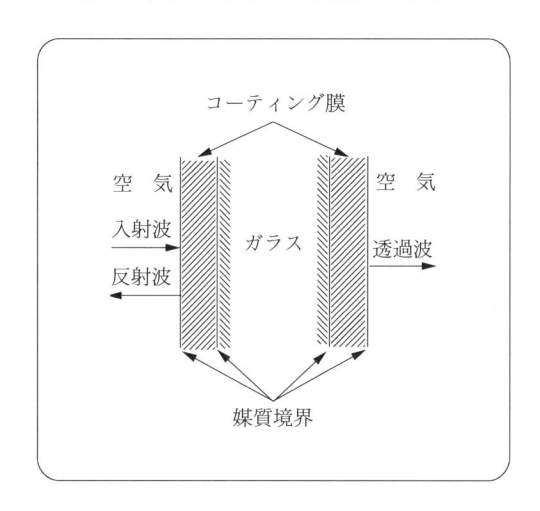

図 4.5 ガラスの両面にコーティングを施した多層膜の例．境界は四つとなる．

4.3.2 波動行列法

媒質ⅠとⅡの境界について考える．図4.6に示すように，媒質ⅠからⅡへの入射波をc_1，逆に媒質ⅡからⅠへの入射波をb_2とする．c_1の反射波を$R_1 c_1$，透過波を$T_{12} c_1$，またb_2の反射波を$R_2 b_2$，透過波を$T_{21} b_2$とする．ここで，反射係数，透過係数の定義から，R_1，T_{12}，

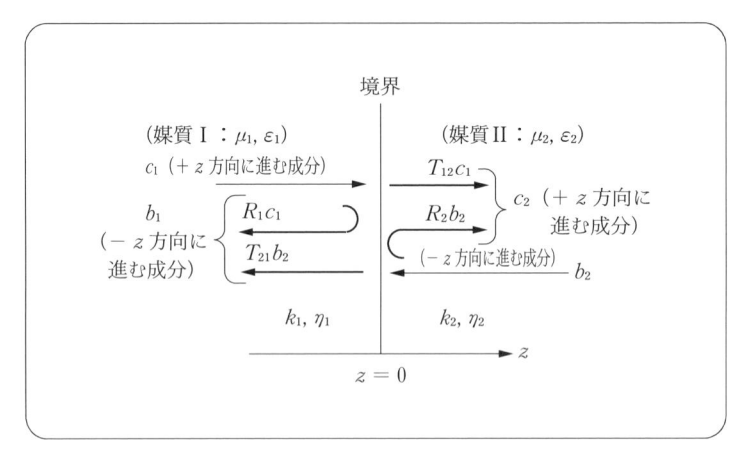

図4.6 媒質境界における波動行列要素の定義

R_2，T_{21}はそれぞれ次式のように求められる．

$$R_1 = \frac{\eta_2 - \eta_1}{\eta_2 + \eta_1} \tag{4.45}$$

$$T_{12} = \frac{2\eta_2}{\eta_2 + \eta_1} \tag{4.46}$$

$$R_2 = \frac{\eta_1 - \eta_2}{\eta_1 + \eta_2} = -R_1 \tag{4.47}$$

$$T_{21} = \frac{2\eta_1}{\eta_1 + \eta_2} \tag{4.48}$$

更に図4.6に示すように，媒質Ⅰにおいてzの負方向に伝搬する量をまとめてb_1とし，媒質Ⅱにおいてzの正方向へ伝搬する量をまとめてc_2とする．境界条件から

$$b_1 = R_1 c_1 + T_{21} b_2 \tag{4.49}$$
$$c_2 = T_{12} c_1 + R_2 b_2 \tag{4.50}$$

の関係が得られる．式(4.49)，式(4.50)において，c_1，b_1をそれぞれc_2，b_2の関数として表すと次式が得られる．

$$c_1 = \frac{1}{T_{12}} c_2 - \frac{R_2}{T_{12}} b_2 \tag{4.51}$$

$$b_1 = \frac{R_1}{T_{12}} c_2 + \frac{T_{12} T_{21} - R_1 R_2}{T_{12}} b_2 \tag{4.52}$$

4.3 多層膜における反射と透過

ここで，式(4.45)〜式(4.48)の関係を利用すると

$$T_{12}T_{21} - R_1R_2 = 1 \tag{4.53}$$

の関係を導くことができる．式(4.53)を式(4.52)に代入し行列表示すると，次式のように各媒質の入出力波の関係を求めることができる．

$$\begin{bmatrix} c_1 \\ b_1 \end{bmatrix} = \frac{1}{T_{12}} \begin{bmatrix} 1 & R_1 \\ R_1 & 1 \end{bmatrix} \begin{bmatrix} c_2 \\ b_2 \end{bmatrix} \tag{4.54}$$

次に，図 **4.7** に示すように，同じ媒質内で z の正方向に進む波 c と負方向に進む波 b に関し，場所の違いは次のように表される．

$$c_2 = c_1 e^{-jkl} \tag{4.55}$$
$$b_1 = b_2 e^{jk(-l)} \tag{4.56}$$

式(4.55)，式(4.56)を行列表示すると次式が得られる．

$$\begin{bmatrix} c_1 \\ b_1 \end{bmatrix} = \begin{bmatrix} e^{j\theta} & 0 \\ 0 & e^{-j\theta} \end{bmatrix} \begin{bmatrix} c_2 \\ b_2 \end{bmatrix} \tag{4.57}$$

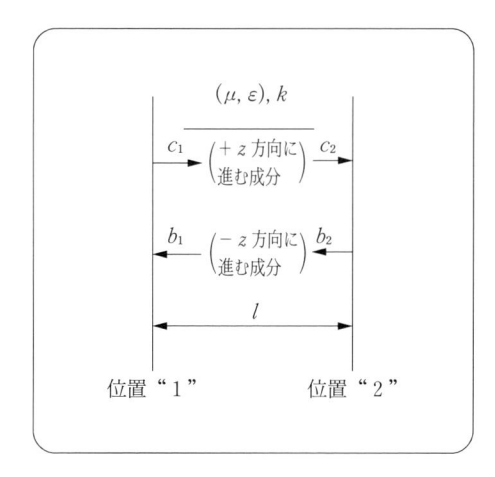

図 4.7 同一媒質の位置の違いによる波動行列要素の定義

ただし，$\theta = kl$ である．式(4.54)と式(4.57)をまとめると，図 **4.8** の構造における入出力波の関係を求めることができる．

$$\begin{bmatrix} c_1 \\ b_1 \end{bmatrix} = \frac{1}{T_{12}} \begin{bmatrix} 1 & R_1 \\ R_1 & 1 \end{bmatrix} \begin{bmatrix} e^{j\theta} & 0 \\ 0 & e^{-j\theta} \end{bmatrix} \begin{bmatrix} c_2 \\ b_2 \end{bmatrix} \tag{4.58}$$

式(4.54)，式(4.57)，式(4.58)は，多層膜における入出力波を行列によって関係づけるので，このようにして多層膜の入出力波の値を求める方法を「波動行列法」と呼ぶ．

波動行列法の応用として，4.3.1項で連立方程式で解いた3層の問題を解析してみよう．

4. 電磁波の反射, 屈折, 回折

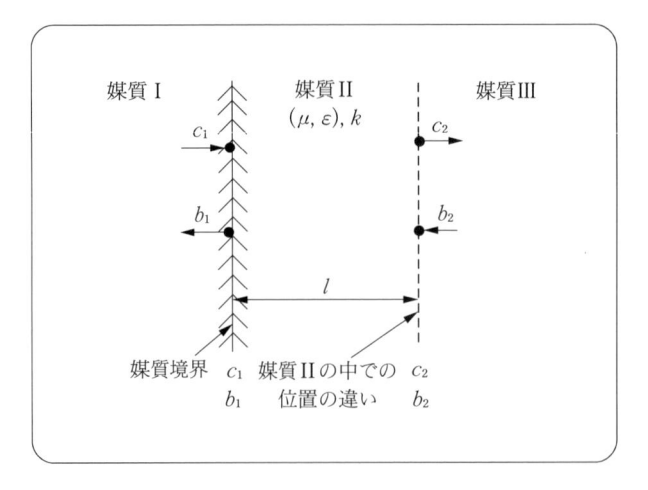

図4.8 媒質境界と位置の違いの両方を含む波動行列要素の定義

図 4.4 と同じ構造に入力波, 出力波を記入したものを**図 4.9**に示す. 各境界, 媒質 II の部分の位置移動の行列は同図に記入したとおりである. また媒質 III 側からは波の入射はないので $b_3 = 0$ である. これらを縦続接続していくと次式が得られる.

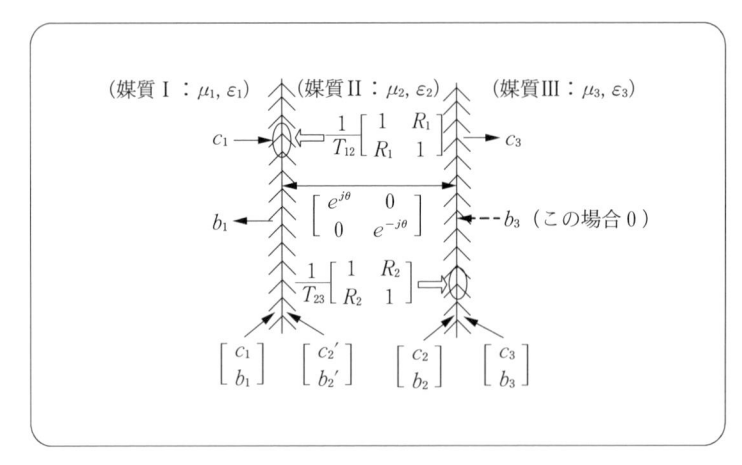

図4.9 3層構造のときの波動行列の実際

$$\begin{bmatrix} c_1 \\ b_1 \end{bmatrix} = \frac{1}{T_{12}} \begin{bmatrix} 1 & R_1 \\ R_1 & 1 \end{bmatrix} \begin{bmatrix} e^{j\theta} & 0 \\ 0 & e^{-j\theta} \end{bmatrix} \frac{1}{T_{23}} \begin{bmatrix} 1 & R_2 \\ R_2 & 1 \end{bmatrix} \begin{bmatrix} c_3 \\ 0 \end{bmatrix}$$

$$= \frac{1}{T_{12} T_{23}} \begin{bmatrix} e^{j\theta} + R_1 R_2 e^{-j\theta} & R_1 e^{-j\theta} + R_2 e^{j\theta} \\ R_1 e^{j\theta} + R_2 e^{-j\theta} & e^{-j\theta} + R_1 R_2 e^{j\theta} \end{bmatrix} \begin{bmatrix} c_3 \\ 0 \end{bmatrix} \qquad (4.59)$$

式 (4.59) から次式が得られる.

$$c_1 = \frac{1}{T_{12} T_{23}} (e^{j\theta} + R_1 R_2 e^{-j\theta}) c_3 \qquad (4.60)$$

透過係数 T_t は, $T_t = c_3/c_1$ なので

$$T_t = \frac{T_{12}T_{23}}{e^{j\theta} + R_1 R_2 e^{-j\theta}} = \frac{T_{12}T_{23}}{1 + R_1 R_2 e^{-j2\theta}} e^{-j\theta}$$

$$= \frac{\dfrac{2\eta_2}{\eta_2 + \eta_1} \dfrac{2\eta_3}{\eta_3 + \eta_2}}{1 + \dfrac{\eta_2 - \eta_1}{\eta_2 + \eta_1} \dfrac{\eta_3 - \eta_2}{\eta_3 + \eta_2} e^{-j2k_2 l}} e^{-jk_2 l} \tag{4.61}$$

となり式(4.44)と一致する．また，R_t は，$R_t = b_1/c_1$ を計算すれば求められ，式(4.43)に一致する結果が得られる（章末問題 4.14）．このように波動行列法は多層構造に平面波が入射したときの反射係数，透過係数を求めるのに非常に有効な方法である．図 4.5 のように層が増えても式(4.59)における簡単な行列が増えるだけであり，反射係数，透過係数を容易に求めることができる．

図 4.4 の実例として，電波では窓ガラスによる電波の反射/透過量を求める問題，光の領域ではファブリ・ペロー共振器の問題[†1]がある．窓ガラスの場合は媒質IIをガラスとし，媒質IとIIIはともに空気とすればよい．反射を零とするガラス厚の条件は，式(4.43)の絶対値をとり，$|R_t| = 0$ とおき，これを満たす l を求めればよい（章末問題 4.15）．一方，$|R_t|$ を $\theta = 2k_2 l$ の関数とみなし，この関数の極大条件を求めることにより，反射強度が最大となるガラス厚 l' も求めることができる（章末問題 4.16）．図 4.10 はガラス厚の電気長[†2]

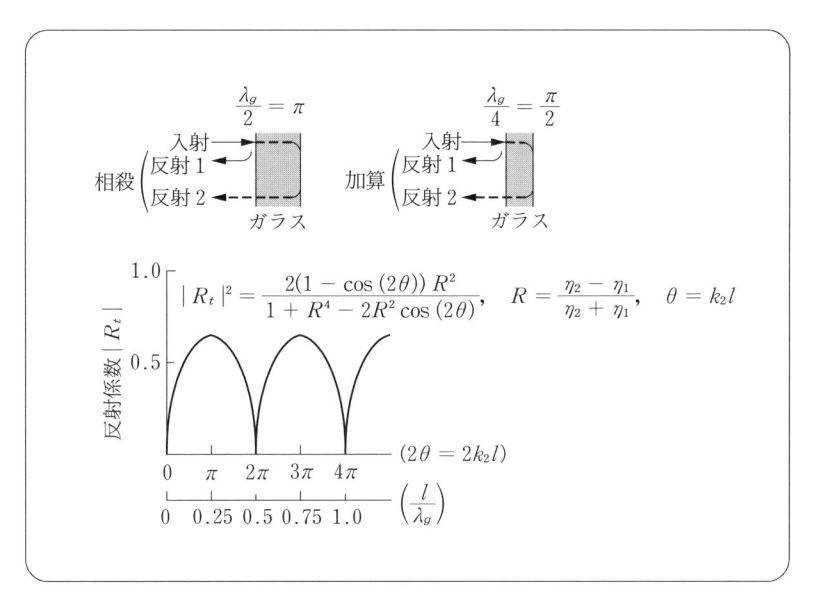

図 4.10 ガラス板による平面波の反射特性

[†1] ファブリ・ペロー共振器も構造的には窓ガラスと同じように，誘電率（屈折率，後出）が異なる 3 層構造で，中央部が共振器となる．窓ガラスと違うのは厚さ l が波長に比べて非常に大きいことである（共振時の m が大きいことに対応）．光の波長が共振条件を満たすとき出力が大きくなる．高分解能分光器，レーザ共振器に用いられる．

[†2] 物理的長さ l に，波数 k（ここでは k_2）を掛けた kl を電気長という．

58   4. 電磁波の反射，屈折，回折

$2k_2 l = \theta$ に対する反射波強度 $|R_t|$ の変化を表したもので，$\theta = 2\pi$ ごとに周期的に変化している．そして $\theta = 2m\pi$ で $|R_t| = 0$，$\theta = (2m-1)\pi\,(m = 1,\,2,\,\cdots)$ で最大となる．これは $m = 1$ のとき，ガラス内での波長（$\lambda_g = \lambda_0/\sqrt{\varepsilon_r}$，$\lambda_0$：真空中の波長）がそれぞれ半波長，1/4 波長に相当する．半波長のときはガラスの二つの端面からの反射波が打ち消しあって 0 となり，1/4 波長のときは同相でたし合わさって最大となることを示している．このように反射強度がガラス厚によって 0（＝最小）になったり，極大（＝最大）になるのは，ガラスの両端の境界面からの反射波の干渉によるもので，2 章で説明した干渉現象は，以上のように定量的に取り扱うことができる．

4.4 媒質境界での反射と透過 —斜め入射—

4.3 節までは平面波が境界面に垂直に入射する特別な場合を考えた．実際には図 4.11(a) のように衛星放送の電波や移動通信の電波がガラス窓を通じて屋内に入るとき，または図 (b) のようにプリズムやレンズに光が入射するときは，平面波の到来方向とガラス面は垂直とはならないのが普通である．ゆえに，このような場合の平面波の反射，透過を定量的に把握するためには，斜め入射の解析法を学習することが必要となる．

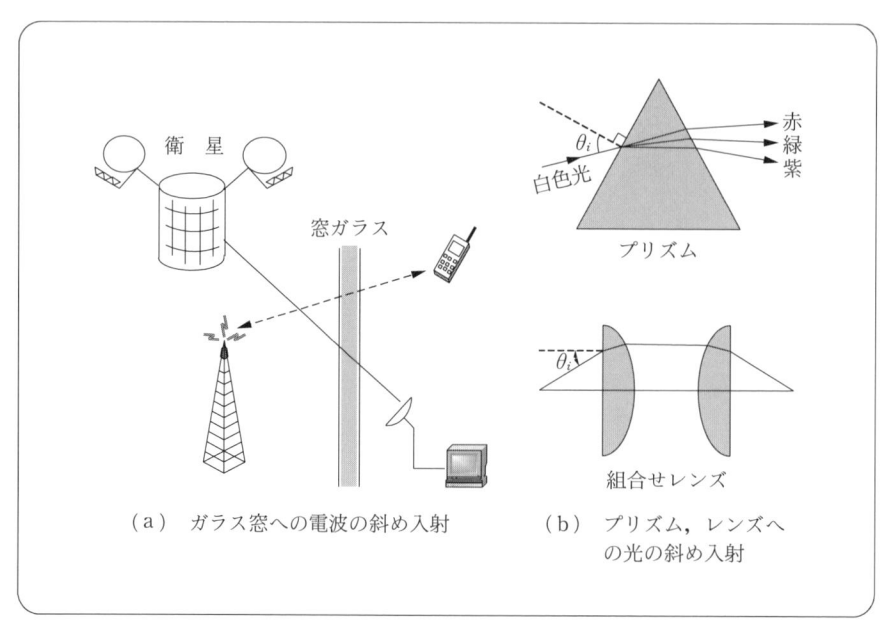

（a）ガラス窓への電波の斜め入射　　（b）プリズム，レンズへの光の斜め入射

図 4.11　多層媒質への平面波の斜め入射の例

4.4 媒質境界での反射と透過 —斜め入射—

平面波が媒質の異なる境界面を通過するときの物理現象は，斜め入射であろうが垂直入射であろうが本質的な違いはない．境界では 4.2 節で述べたように，「境界における電磁界の大原則＝電界，磁界の接線成分は等しい」という性質さえ理解しておけば十分である．しかし解析における数式展開はかなり複雑に感じられる．物理現象，物理法則のポイントを押さえつつ，数式展開に惑わされず，以下，できるだけ垂直入射のときの手順に沿って斜め入射の問題に取り組んでいこう．

斜め入射の解析が垂直入射の場合に比べて複雑になる理由は，平面波を表示するのに都合のよい座標系と媒質境界を表示するのに都合のよい座標系とが一致しないためである．ちなみに垂直入射の場合は両者が一致する．

図 4.12 に示すように，媒質境界面とこれに入射する平面波を考える．

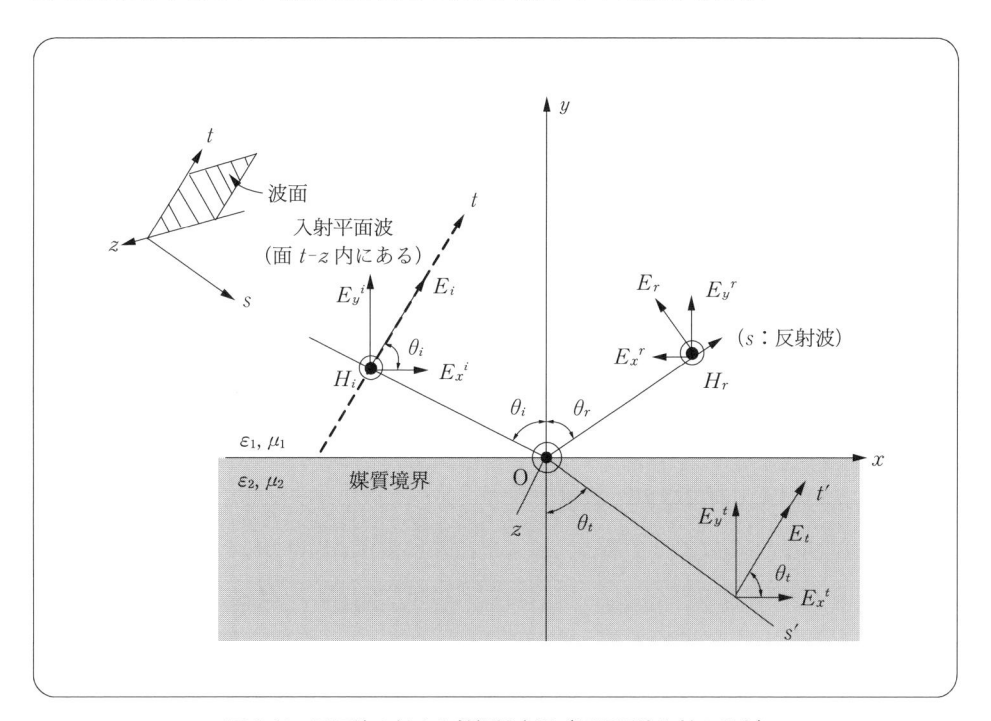

図 4.12 平面波の斜め入射解析座標（平行偏波入射の場合）

① 入射平面波は (s, t, z) 座標で表示するのが便利である．s 軸が電波の到来方向である．いま，入射波の成分を E_t，H_z とすると

$$E_t^i(s) = E_i e^{-jk_1 s} \tag{4.62}$$

$$H_z^i(s) = H_i e^{-jk_1 s} = \frac{E_i}{\eta_1} e^{-jk_1 s} \tag{4.63}$$

ただし，k_1，η_1 は媒質 ε_1，μ_1 の空間における波数及び波動インピーダンスで，$k_1 = \omega\sqrt{\mu_1 \varepsilon_1}$，$\eta_1 = \sqrt{\mu_1/\varepsilon_1}$，時間変化は $e^{j\omega t}$ とし，式(4.62)，式(4.63)からは省略している．

② 媒質境界は(x, y, z)座標で表示するのが便利である．ここで入射波の(E_t, H_z)成分の表示を媒質境界座標(x, y, z)に変換する．z軸を共通軸として回転すれば(s, t, z)を(x, y, z)に変換できる．具体的には，座標系(s, t, z)は座標系(x, y, z)をz軸の周りに角度$(\pi/2 - \theta_i)$だけ回転させたものなので，図 4.13 に示すように

$$s = x\sin\theta_i - y\cos\theta_i \tag{4.64}$$

となる．ゆえに入射波の(x, y, z)座標表示のときの各成分は，図 4.12 の E_i のベクトル分解及び式(4.64)を式(4.62)，式(4.63)に代入することにより次のように求められる．

$$E_x^i(x, y) = E_i \cos\theta_i \, e^{-jk_1(x\sin\theta_i - y\cos\theta_i)} \tag{4.65}$$

$$E_y^i(x, y) = E_i \sin\theta_i \, e^{-jk_1(x\sin\theta_i - y\cos\theta_i)} \tag{4.66}$$

$$H_z^i(x, y) = H_i \, e^{-jk_1(x\sin\theta_i - y\cos\theta_i)} \tag{4.67}$$

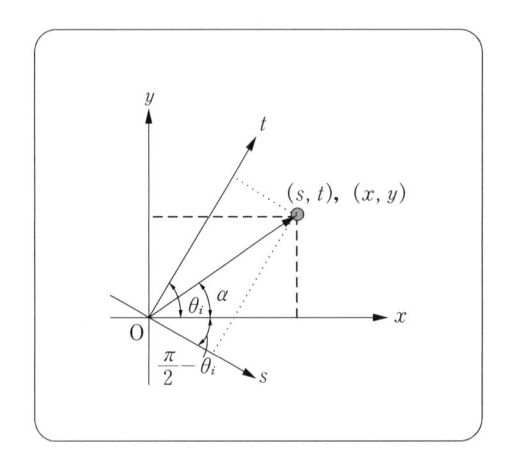

図 4.13 座標軸変換 $\{(s, t) \to (x, y)\}$

ただし，E_i, H_i は入射電磁界の振幅である．また，E_x^i, E_y^i は図 4.12 に示すようにそれぞれ $E_i^i(s)$ の成分 x, 成分 y である．ここで，式(4.65)，式(4.66)の $E_x^i(x, y)$, $E_y^i(x, y)$ は，式(4.64)の座標変換後の H_z^i, すなわち式(4.67)を，$\nabla \times \boldsymbol{H} = j\omega\varepsilon\boldsymbol{E}$ に代入することによっても求めることができる．入射波と同様にして，境界座標に変換後の反射波 $E_x^r(x, y)$, $E_y^r(x, y)$, $H_z^r(x, y)$, 透過波 $E_x^t(x, y)$, $E_y^t(x, y)$, $H_z^t(x, y)$ は，図 4.12 を参照すればそれぞれ次のように求められる．

$$E_x^r(x, y) = -E_r \cos\theta_r \, e^{-jk_1(x\sin\theta_r + y\cos\theta_r)} \tag{4.68}$$

$$E_y^r(x, y) = E_r \sin\theta_r \, e^{-jk_1(x\sin\theta_r + y\cos\theta_r)} \tag{4.69}$$

$$H_z^r(x, y) = H_r \, e^{-jk_1(x\sin\theta_r + y\cos\theta_r)} \tag{4.70}$$

$$E_x^t(x, y) = E_t \cos\theta_t \, e^{-jk_2(x\sin\theta_t - y\cos\theta_t)} \tag{4.71}$$

$$E_y^t(x, y) = E_t \sin\theta_t \, e^{-jk_2(x\sin\theta_t - y\cos\theta_t)} \tag{4.72}$$

$$H_z^t(x, y) = H_t \, e^{-jk_2(x\sin\theta_t - y\cos\theta_t)} \tag{4.73}$$

ここで，E_r, H_r, 及び E_t, H_t はそれぞれ反射電界，磁界，及び透過電界，磁界の振幅

である．

境界面（$y = 0$）では電界，磁界の接線成分は等しいという「電磁界の大原則（境界条件）」から

$$E_x^i(x, 0) + E_x^r(x, 0) = E_x^t(x, 0) \tag{4.74}$$
$$H_z^i(x, 0) + H_z^r(x, 0) = H_z^t(x, 0) \tag{4.75}$$

がすべての x において成り立たなければならない．このことから式(4.65)～式(4.73)で，$y = 0$ と置いたときの指数項が等しくなることが必要となり

$$k_1 \sin \theta_i = k_1 \sin \theta_r = k_2 \sin \theta_t \tag{4.76}$$

が導かれる．更に式(4.76)の第1の等号，及び第2の等号の関係から次の関係式が導かれる．

$$\theta_i = \theta_r \tag{4.77}$$
$$k_1 \sin \theta_i = k_2 \sin \theta_t \tag{4.78}$$

式(4.77)は，反射の法則，すなわち入射角と反射角が等しいことを示しており，式(4.78)は

$$\frac{\sin \theta_i}{\sin \theta_t} = \frac{k_2}{k_1} = \frac{\omega \sqrt{\varepsilon_2 \mu_2}}{\omega \sqrt{\varepsilon_1 \mu_1}} = \frac{\dfrac{\omega}{v_2}}{\dfrac{\omega}{v_1}} = \frac{\dfrac{c}{v_2}}{\dfrac{c}{v_1}} = \frac{n_2}{n_1} = n \tag{4.79 a}$$

または

$$\frac{\sin \theta_i}{\sin \theta_t} = \frac{k_2}{k_1} = \frac{\omega \sqrt{\varepsilon_2 \mu_2}}{\omega \sqrt{\varepsilon_1 \mu_1}} \fallingdotseq \frac{\sqrt{\varepsilon_2 \mu_0}}{\sqrt{\varepsilon_1 \mu_0}} = \frac{\sqrt{\dfrac{\mu_0}{\varepsilon_1}}}{\sqrt{\dfrac{\mu_0}{\varepsilon_2}}} = \frac{\eta_1}{\eta_2} \tag{4.79 b}$$

となり，式(4.79 a)はスネルの法則を表していることが分かる．ただし，c は真空中の光の速度，n_1，n_2 はそれぞれ媒質1，媒質2の真空に対する屈折率，n は媒質1に対する媒質2の屈折率である[†]．式(4.77)，式(4.79)で表される反射，屈折の性質は，2章の「ホイヘンス（Huygens）の原理」から導かれたものと同じ結果となっている．電磁波としての扱いによる別解法によっても同じ結果が得られることは，物理現象を考えるうえで記憶してお

[†] 境界を接した二つの媒質があるとき，媒質1中での光の速度 v_1 と媒質2中での光の速度 v_2 との比，$n_{12} = v_1/v_2$ を媒質1に対する媒質2の屈折率という．特に媒質1が真空のとき，$n = c/v$ を絶対屈折率（真空に対する屈折率）という．媒質の透磁率 μ が真空中の値 μ_0 に等しいとき

$$n = \frac{1/\sqrt{\varepsilon_0 \mu_0}}{1/\sqrt{\varepsilon \mu_0}} = \frac{1/\sqrt{\varepsilon_0 \mu_0}}{1/\sqrt{\varepsilon_0 \varepsilon_r \mu_0}} = \sqrt{\varepsilon_r}$$

となる．3章で述べたように，比誘電率 ε_r は周波数によって変化する．ゆえに同じ媒質でも電波のときの屈折率と光のときでは異なる値となることに注意が必要である．

く必要がある．

一方，式(4.79 b)は，媒質1，2の透磁率がともに真空中の値に等しいとすると，入射角と屈折角の正弦の比は，媒質1と媒質2の波動インピーダンスの比に等しくなることを示している．すなわち式(4.79 a)が光の領域での物理現象を表しているのに対し，式(4.79 b)は電波の領域の物理現象を表しているといえる．

4.2節で定義した反射係数 $R(=E_r/E_i)$，透過係数 $T(=E_t/E_i)$ を求めてみよう．式(4.74)と式(4.75)に，式(4.77)及び

$$\frac{E_i}{H_i} = \frac{E_r}{H_r} = \eta_1 = \sqrt{\frac{\mu_1}{\varepsilon_1}} \tag{4.80}$$

$$\frac{E_t}{H_t} = \eta_2 = \sqrt{\frac{\mu_2}{\varepsilon_2}} \tag{4.81}$$

の関係を用いると，E_i，E_r，E_t の間の関係式が得られる．次にこれから式(4.78)を用いて θ_t を消去すると次式が得られる．

$$R = \frac{n^2\mu_1 \cos\theta_i - \mu_2\sqrt{n^2 - \sin^2\theta_i}}{n^2\mu_1 \cos\theta_i + \mu_2\sqrt{n^2 - \sin^2\theta_i}} \tag{4.82}$$

$$T = \frac{2n\mu_2 \cos\theta_i}{n^2\mu_1 \cos\theta_i + \mu_2\sqrt{n^2 - \sin^2\theta_i}} \tag{4.83}$$

式(4.82)と式(4.83)を導く過程で，θ_i は入射角で通常は既知の値であり，屈折角 θ_t は未知変数である．ゆえに式(4.82)，式(4.83)は，θ_t を含まない式に変形していくことがコツである．

式(4.82)，式(4.83)において $\theta_i = 0$，すなわち垂直入射のとき

$$R = \frac{n^2\mu_1 - n\mu_2}{n^2\mu_1 + n\mu_2} = -\frac{\sqrt{\frac{\mu_2}{\varepsilon_2}} - \sqrt{\frac{\mu_1}{\varepsilon_1}}}{\sqrt{\frac{\mu_2}{\varepsilon_2}} + \sqrt{\frac{\mu_1}{\varepsilon_1}}} = -\frac{\eta_2 - \eta_1}{\eta_2 + \eta_1} \tag{4.84}$$

$$T = \frac{2n\mu_2}{n^2\mu_1 + n\mu_2} = \frac{2\sqrt{\frac{\mu_2}{\varepsilon_2}}}{\sqrt{\frac{\mu_2}{\varepsilon_2}} + \sqrt{\frac{\mu_1}{\varepsilon_1}}} = \frac{2\eta_2}{\eta_2 + \eta_1} \tag{4.85}$$

となり，式(4.27)，式(4.28)に示した媒質1，2の波動インピーダンスで表された垂直入射のときの反射係数，透過係数に対し，反射係数の「－」符号を除き一致する．

平面波が平面境界に入射する場合，図 4.14 に示すように平面波の進行方向ベクトル $\boldsymbol{k}$ と反射面に垂直なベクトル $\boldsymbol{n}$ を含む面を入射面という．そして入射平面波の電界ベクトルが入射面に平行であるときを平行偏波，垂直の場合を直交偏波と呼ぶ[†]．図 4.14 の場合は，電

[†] 光学の分野では，慣習として，平行偏波入射を p 偏光，直交偏波入射を s 偏光と呼ぶ．

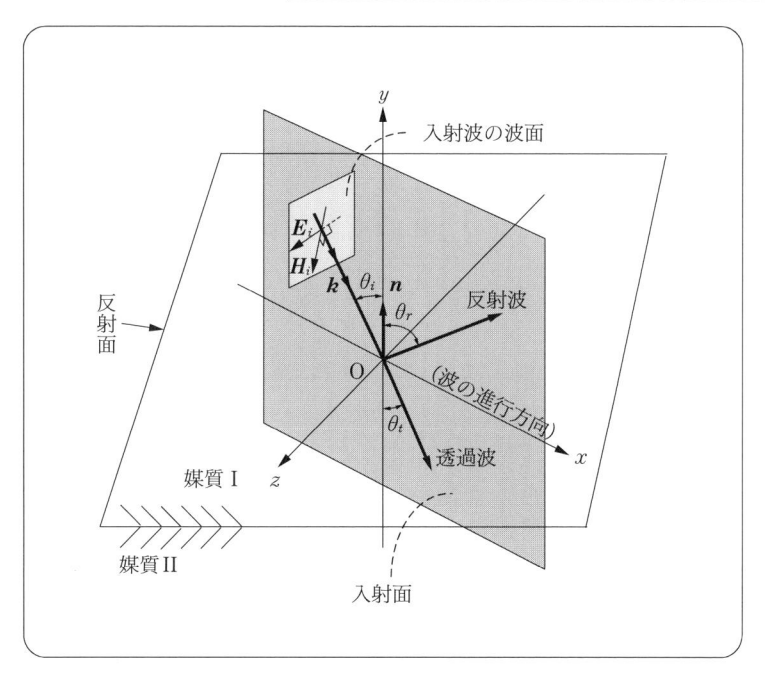

4.4 媒質境界での反射と透過 —斜め入射—

図 4.14 平面波が媒質境界に入射するときの入射面，反射面及び入射波偏波の定義

界ベクトル $\boldsymbol{E}_i$ が入射面に垂直であるので直交偏波入射の場合である．一方，図 4.12 は 2 次元表示となっているが，電界ベクトルが入射面内に存在するので平行偏波入射の場合である．図が 2 次元表示の場合は，入射面の説明を誤って理解しがちなので，図 4.14 を見て定義を確認しておくことがたいせつである．式(4.82)，式(4.83)は平行偏波のときの反射係数，透過係数である．直交偏波のときは境界面の座標 (x, y, z) で表した入射波は，平行偏波のときの式(4.65)，(4.66)，(4.67)と同様の考え方に基づき，電界と磁界が入れ替わり次式のように表される．

$$H_x^i(x, y) = -H_i \cos \theta_i \, e^{-jk_1(x \sin \theta_i - y \cos \theta_i)} \tag{4.86}$$

$$H_y^i(x, y) = -H_i \sin \theta_i \, e^{-jk_1(x \sin \theta_i - y \cos \theta_i)} \tag{4.87}$$

$$E_z^i(x, y) = E_i \, e^{-jk_1(x \sin \theta_i - y \cos \theta_i)} \tag{4.88}$$

反射波，透過波も平行偏波のときの電界成分と磁界成分を入れ替えれば，式(4.68)〜式(4.70)または式(4.71)〜式(4.73)と同様に表される．そしてこのとき反射係数 $R_\perp$，透過係数 $T_\perp$ はそれぞれ次のように表される．

$$R_\perp = \frac{\mu_2 \cos \theta_i - \mu_1 \sqrt{n^2 - \sin^2 \theta_i}}{\mu_2 \cos \theta_i + \mu_1 \sqrt{n^2 - \sin^2 \theta_i}} \tag{4.89}$$

$$T_\perp = \frac{2\mu_2 \cos \theta_i}{\mu_2 \cos \theta_i + \mu_1 \sqrt{n^2 - \sin^2 \theta_i}} \tag{4.90}$$

4. 電磁波の反射，屈折，回折

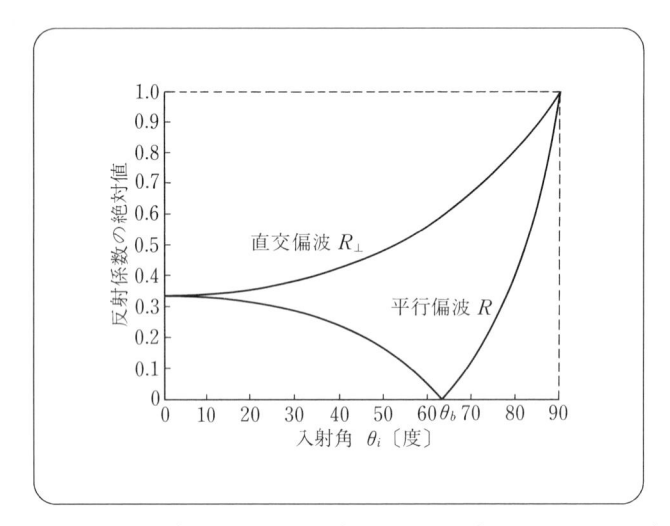

図4.15は，媒質I（$\varepsilon_1 = \varepsilon_0$, $\mu_1 = \mu_0$）から媒質II（$\varepsilon_2 = 4\varepsilon_0$, $\mu_2 = \mu_0$）への入射角θ_iと，それぞれの入射偏波に対する反射係数R, $R_\perp$の関係を表したものである．ここで特徴的なことは，平行偏波入射のときの反射係数Rはθ_iが大きくなると小さくなり，$\theta_i = 63.4°$で零になる．その後は逆に大きくなり$\theta_i = 90°$で1，すなわち媒質境界面に平行に進む平面波は，境界の影響を受けないので明らかに$|R| = 1$となる．これに対し直交偏波入射のときの$|R_\perp|$は，θ_iの増加に対し単調に増加して$\theta_i = 90°$で1となり，平行偏波の場合の値に一致する．図4.15において，$|R| = 0$となる入射角度$\theta_i = \theta_b$をブルースター角（Brewster angle）という．θ_bは式(4.82)において，$\mu_1 = \mu_2 = \mu_0$の条件のもとで$R = 0$とおき，θ_iについて解くことにより

$$\theta_b = \tan^{-1} n = \tan^{-1}\left(\frac{\sqrt{\varepsilon_2}}{\sqrt{\varepsilon_1}}\right) \tag{4.91}$$

と求められる．

図4.15 媒質I（$\varepsilon_1 = \varepsilon_0$, $\mu_1 = \mu_0$）から媒質II（$\varepsilon_2 = 4\varepsilon_0$, $\mu_2 = \mu_0$）への斜め入射のときの反射係数

直交偏波入射のときの反射係数$R_\perp$は式(4.89)のように表され，式(4.82)の平行偏波の場合に似た式となっているが，図4.15から明らかなように，この場合は$|R_\perp| = 0$となる角度は存在しない．

一方，$\mu_1 = \mu_2 = \mu_0$, $\varepsilon_1 = 4\varepsilon_0$, $\varepsilon_2 = \varepsilon_0$, すなわちガラスから空気というように，屈折率の大きい物質から小さい物質に電波が入射する場合を考える．式(4.82)，式(4.89)において，$\varepsilon_2/\varepsilon_1 < 1$であるので根号の中の値

4.4 媒質境界での反射と透過 —斜め入射—

$$n^2 - \sin^2 \theta_i = \frac{\varepsilon_2 \mu_2}{\varepsilon_1 \mu_1} - \sin^2 \theta_i$$

が零または負となる θ_i が存在する．このとき $|R|$ または $|R_\perp|$ は 1 となり，入射波は媒質境界ですべて反射される．これを全反射という．そして反射係数の絶対値が 1 となる最小の入射角 θ_c を臨界角と呼び

$$\theta_c = \sin^{-1} \sqrt{\frac{\varepsilon_2 \mu_2}{\varepsilon_1 \mu_1}} \tag{4.92}$$

で求められる．

図 4.16 に，上記媒質定数のときの反射係数の計算結果を示す．このとき $\theta_c = 30°$ であり，$\theta_i = 30°$ 以上で $|R|$，$|R_\perp|$ とも 1 となっていることが分かる．

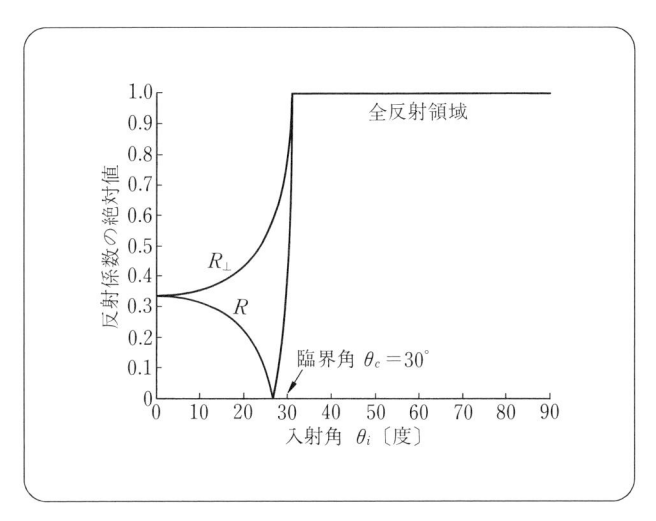

図 4.16 屈折率の大きい媒質から小さい媒質に平面波が入射するときの反射係数

平行偏波入射のときのブルースター角で $|R| = 0$ となり入射波がすべて透過していることや，平行偏波，直交偏波入射のとき臨界角以上では入射波はすべて反射していることをより明確にするためには，3 章で述べた電磁波エネルギーの伝送の理論に基づき，電磁波エネルギーの振舞いを調べることがより深い物理現象の理解の助けになる．更に進んだ学習のための参考書を巻末の引用・参考文献にあげておく．

ところで平行偏波のとき反射/透過係数と，直交偏波のときの反射/透過係数は，式だけをみると大きな違いはないように思われる．しかし，実際に計算してみれば両者には図 4.15 のように大きな違いがあり，平行偏波入射の場合には反射係数が 0 となるブルースター角が存在し，平行偏波入射と直交偏波入射には大きな違いがあるように思われる．このような違いが生じる本質は何かを考えるとともに，境界面に平面波が斜め入射するときの反射係数，

66　　4. 電磁波の反射，屈折，回折

透過係数のより直感的な別の求め方について考える．

図 4.17 のように平行偏波入射の場合，電界 E_i を成分 x の E_x^i と成分 y の E_y^i に分解すると，s 方向に進行する波は，y 軸方向に進む波 (E_x^i, H_z^i) と x 軸方向に沿って進む波 (E_y^i, H_z^i) に分解することができる．(E_x^i, H_z^i) は境界面に垂直に入射する波である．(E_y^i, H_z^i) は境界面に沿って進む波であり，反射は生じない成分である．垂直入射（$\theta_i = 0°$）のときの反射係数，透過係数は，4.2 節で述べたようにそれぞれの媒質の波動インピーダンスを用いて式(4.27)，式(4.28)のように表された．

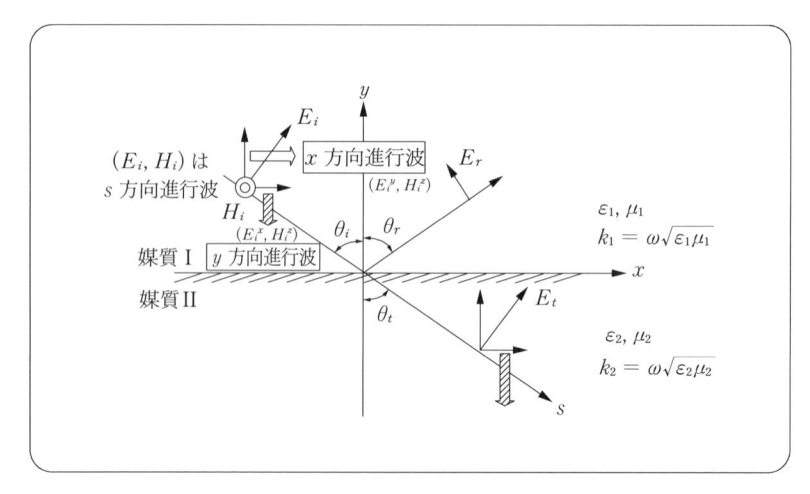

図 4.17　s 方向進行波の分解

媒質Ⅰ，Ⅱにおいて，境界面に入射角 θ_i で入射し，s 方向に進む平面波の境界面に垂直入射する成分，すなわち y 方向に進行する波の波動インピーダンスを $\eta_{i1}(\theta)$ とすると，$\eta_{i1}(\theta)$ は，式(4.65)～式(4.67)及び式(4.80)から

$$\eta_{i1}(\theta) = \frac{E_x^i}{H_z^i} = -\frac{E_i}{H_i}\cos\theta_i = -\eta_1 \cos\theta_i \tag{4.93}$$

となる．同様に透過波の y 方向進行波の波動インピーダンス $\eta_{i2}(\theta)$ は

$$\eta_{i2}(\theta) = \frac{E_x^t}{H_z^t} = -\frac{E_t}{H_t}\cos\theta_t = -\eta_2 \cos\theta_t \tag{4.94}$$

となる．式(4.93)，式(4.94)の「−」符号は，波の進行方向が座標軸 y と逆方向であることを示している．垂直入射のときの反射係数は，式(4.27)で与えられるように媒質1，媒質2のそれぞれの波動インピーダンスで表されるので，これに式(4.93)，式(4.94)を代入すると

4.4 媒質境界での反射と透過 —斜め入射—

$$R(\theta) = \frac{-E^r}{E^i} = \frac{\dfrac{-E_x^{\,r}}{\cos\theta_r}}{\dfrac{E_x^{\,i}}{\cos\theta_i}} = \frac{\eta_{i2}(\theta) - \eta_{i1}(\theta)}{\eta_{i2}(\theta) + \eta_{i1}(\theta)} = \frac{\eta_2 \cos\theta_t - \eta_1 \cos\theta_i}{\eta_2 \cos\theta_t + \eta_1 \cos\theta_i} \tag{4.95}$$

が得られる．

ここで式(4.78)の関係を用いて θ_t を消去すると

$$R(\theta) = -\frac{n^2 \mu_1 \cos\theta_i - \mu_2 \sqrt{n^2 - \sin^2\theta_i}}{n^2 \mu_1 \cos\theta_i + \mu_2 \sqrt{n^2 - \sin^2\theta_i}} \tag{4.96}$$

が得られ，右辺の先頭の「−」符号を除き式(4.82)と同一の式が導かれる．

一方，直交偏波の場合，入射電磁界の各成分は式(4.86)～式(4.88)のように表される．媒質1，媒質2における y 方向進行波の波動インピーダンス $\eta_{i1}^\perp(\theta)$，$\eta_{i2}^\perp(\theta)$ はそれぞれ

$$\eta_{i1}^\perp(\theta) = \frac{E_z^{\,i}}{-H_x^{\,i}} = \frac{-E_i}{H_i \cos\theta_i} = -\frac{\eta_1}{\cos\theta_i} \tag{4.97}$$

$$\eta_{i2}^\perp(\theta) = \frac{E_z^{\,t}}{-H_x^{\,t}} = \frac{-E_t}{H_t \cos\theta_t} = -\frac{\eta_2}{\cos\theta_t} \tag{4.98}$$

となる．式(4.95)の場合と同様に，式(4.97)，式(4.98)を垂直入射のときの反射係数の式(4.27)に代入すれば

$$R_\perp(\theta) = \frac{E^r}{E^i} = \frac{E_z^{\,r}}{E_z^{\,i}} = \frac{\dfrac{\eta_2}{\cos\theta_t} - \dfrac{\eta_1}{\cos\theta_i}}{\dfrac{\eta_2}{\cos\theta_t} + \dfrac{\eta_1}{\cos\theta_i}} \tag{4.99}$$

となる．平行偏波の場合と同様に，スネルの法則を表す式(4.78)を用いて「θ_t」を消去して整理すると，式(4.99)は式(4.89)に等しいことが導かれる．更に透過係数についてもそれぞれ式(4.83)，式(4.90)と同一の式が導かれる．

式(4.95)，式(4.99)による反射係数の表示は，単に反射係数導出の別解法というだけでなく，斜め入射のときの反射係数の物理的性質を考えるうえで有効である．通常の誘電体は $\mu_1 = \mu_2 = \mu_0$ であるので，$\varepsilon_1 < \varepsilon_2$ （例えば空気からガラスへの入射）とすると，$\eta_1 = \sqrt{\mu_1/\varepsilon_1}$，$\eta_2 = \sqrt{\mu_2/\varepsilon_2}$ なので，$\eta_1 > \eta_2$ である．またスネルの法則から $\theta_i > \theta_t$，すなわち $\cos\theta_i < \cos\theta_t$ である．ゆえに平行偏波の場合は，θ_i が $0 \sim \pi/2$ まで変化する間に $\eta_1 \cos\theta_i = \eta_2 \cos\theta_t$ となる可能性がある．このとき反射係数 R は"0"となる．すなわち媒質境界に対する電界，磁界の接線成分の比である接線インピーダンス[†]が等しくなることが，反射を0にする条件である．これは平面波が境界に垂直に入射する場合の条件と同じである．一

[†] y 方向，すなわち媒質に垂直な方向に進行する波の波動インピーダンス $\eta_{i1}(\theta)$，$\eta_{i2}(\theta)$ を，ここでは接線インピーダンスと呼ぶことにする．

方,直交偏波の場合は,$1/\cos\theta_i > 1/\cos\theta_t$ であるので,θ_i が $0\sim\pi/2$ まで変化するとき,常に $\eta_1/\cos\theta_i > \eta_2/\cos\theta_t$ であり,両者の差は θ_i とともに大きくなる.ゆえに $R_\perp(\theta)$ は θ の増加とともに大きくなることが理解できる.すなわち $R(\theta)$,$R_\perp(\theta)$ は θ_i に対して $\eta_1\cos\theta_i$,$\eta_2\cos\theta_t$ または $\eta_1/\cos\theta_i$,$\eta_2/\cos\theta_t$ が,どのように変化するかを知れば定量的な変化を知ることができる.

図 4.18 は,θ_i に対するそれぞれ平行偏波,直交偏波のときの媒質 I,II における接線インピーダンス,すなわち境界面に垂直に入射する電磁界成分の波動インピーダンスを示したものである.図(a)に示すように,平行偏波のとき $\eta_1\cos\theta_i$ と $\eta_2\cos\theta_t$ が交差する θ_i が存在する.この角度がブルースター角である.これに対し図(b)に示すように,直交偏波の場合は両者は交わらない.

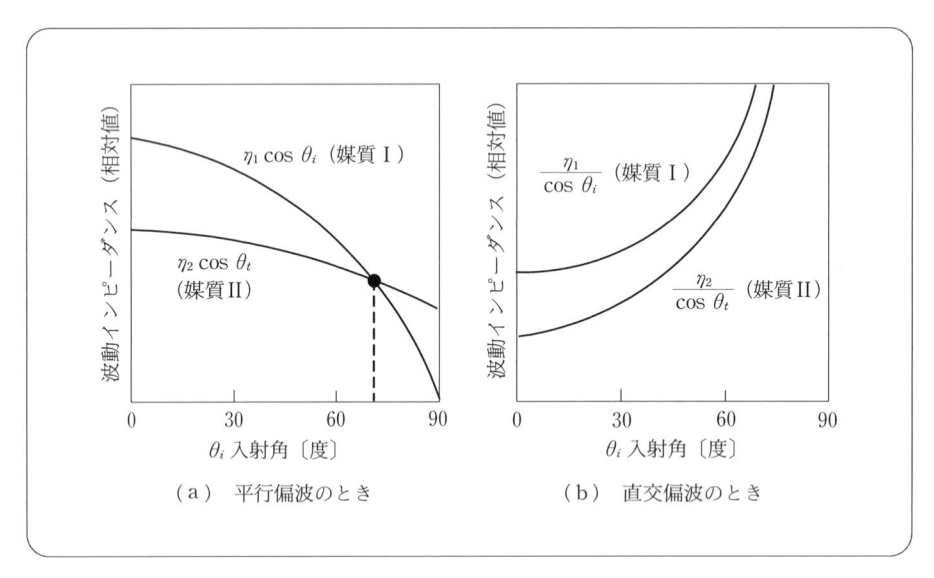

図 4.18 境界面に垂直に入射する成分の波動インピーダンス

以上に述べたように境界面に斜め入射するときも電界,磁界の媒質境界に対する接線成分を用い,媒質の波動インピーダンスを考えれば,境界面に垂直に入射する場合と全く同じに扱うことができる.更にこのときの境界での反射係数 R,透過係数 T を用いれば,4.3 節で述べた多層膜に平面波が垂直入射したときの総合の反射係数,透過係数を求めたのと同様の手法で,波動行列法により多層膜に平面波が斜め入射したときの総合の反射係数,透過係数を求めることができる.このように基礎知識を堅実に積み上げていけば電磁波の世界における実務設計レベルに到達できるのである.

4.5 半無限平板による回折

　高校物理では，光はスリットを通し陰の領域にも伝わり，これを波の回折ということを学んだ．一方，実用的な無線システムの代表である移動通信やテレビ放送においては，基地局や放送局から送出された電波は，受信局との間に存在する地物や建物に反射されたり回折されたりして受信される，ということについて 2.2 節，2.3 節でその概要を述べた．受信局における受信レベルを精度良く推定するためには，物理現象の理解だけでなく，反射波や回折波を定量的に評価することが必要である．反射の計算法については前節までに学んだとおりであり，ここでは回折波の強度を求める考え方と簡単な例について，定量的に評価するための式を導出する．移動通信で道路沿いに高いビルが立ち並んでいるような環境においては，基地局からの電波は移動局（携帯電話機）には直接届かない．図 4.19 は建物の端で電波が回折されて移動局に到達する様子を示したものである．

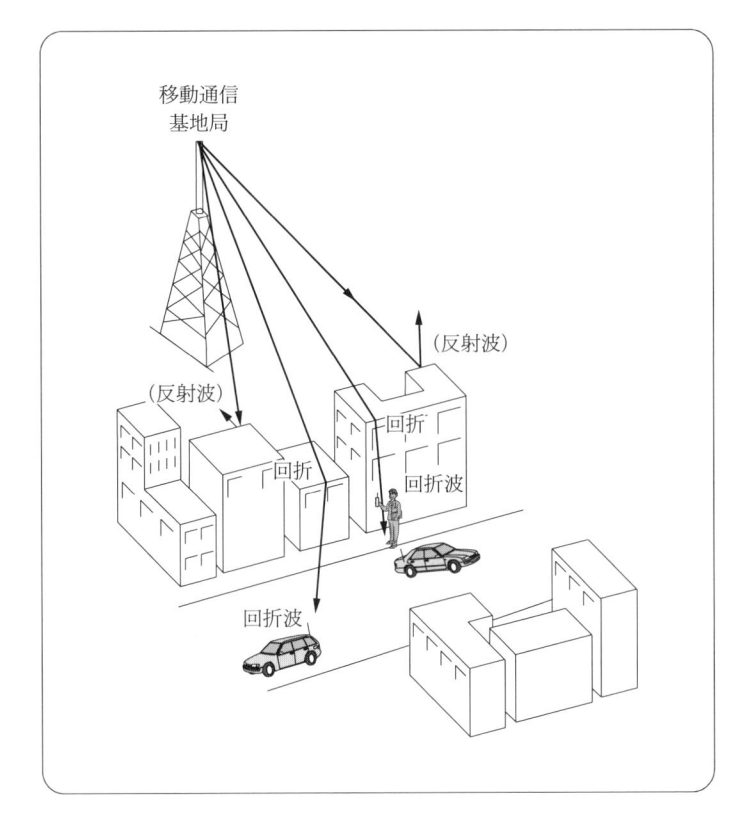

図 4.19　ビルによる電波の回折

4. 電磁波の反射，屈折，回折

　もし電波が直進するのみで光学的に見えないところには電波が届かないとすれば，ビルの谷間では通信できないはずである．しかし，我々は現実に通信できることを知っており，通信できるだけの電波強度があるといえる．ではこのとき移動局で受信される電波の強度はどの程度なのか．回折電波の定量化の基本を学ぶことが目的なので，**図 4.20** に示す簡単な条件で考える．図 4.20 ではビル構造を厚みのない板に近似し，y 方向には一様で無限に長いものとする．この構造を 2 次元ナイフエッジという．平面波はナイフエッジに垂直に入射するものとし，ナイフエッジの先端から x 方向に h 下がった点，P(h, 0, z) の電界を求めることとする（y 方向については一様と仮定している）．

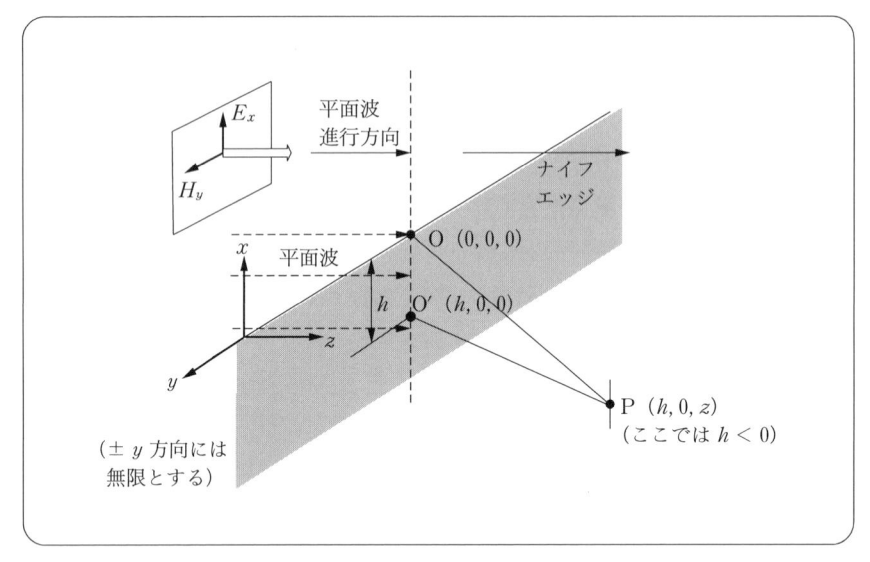

図 4.20　2 次元ナイフエッジによる平面波回折の解析座標

　ナイフエッジで陰になる位置の電界を求めるための定式化を行う前に，なぜ電磁波が陰の部分にも到達するかを定性的に説明する．**図 4.21** はナイフエッジと平面波の波面と，これに対応するホイヘンス波源を示している．ナイフエッジから右側ではナイフエッジにさえぎられない部分のホイヘンス波源のみとなり，それぞれの微小波源から円筒波[†]（y 方向に一様と仮定している）が伝わっていく．ナイフエッジから右側の部分の電界は，すべての微小波源の効果を重ね合わせることにより求めることができる．このとき各微小波源から点 P(h, d) までの距離と，点 P からナイフエッジまでの距離（図 4.21 の場合，d）との差を $\delta(x)$ とすると，$\delta(x)$ は微小波源の位置 x によって異なるため，すべての波源の寄与は必ずしも単純には加算されない．

[†] これまで扱ってきた波は，等位相面（波面）が平面であるので平面波と呼ばれる．これに対し，波の等位相面が円筒側面の形状で，側面の半径が時間の経過とともに広がっていくように伝搬する波のことを円筒波という．

4.5 半無限平板による回折

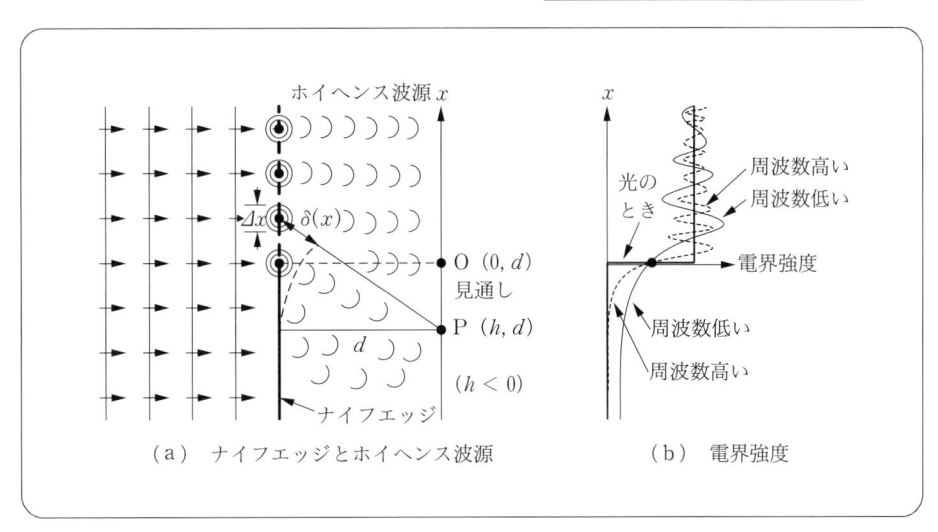

（a）ナイフエッジとホイヘンス波源
（b）電界強度

図 4.21 ナイフエッジによる回折波のホイヘンス波源による説明

いま，微小波源の x 方向の長さを Δx とすると，これにより点 $P(h, d)$ につくられる電界 ΔE は

$$\Delta E(h, d) = \frac{c_1}{\sqrt{d + \delta(x)}} e^{-jk\{d+\delta(x)\}} \Delta x \tag{4.100}$$

となる[†]．c_1 は定数である．

よって，すべての微小波源の寄与を考慮したときの電界 $E(h, d)$ は

$$E(h, d) = \int_0^\infty \frac{c_1}{\sqrt{d + \delta(x)}} e^{-jk\{d+\delta(x)\}} dx \tag{4.101}$$

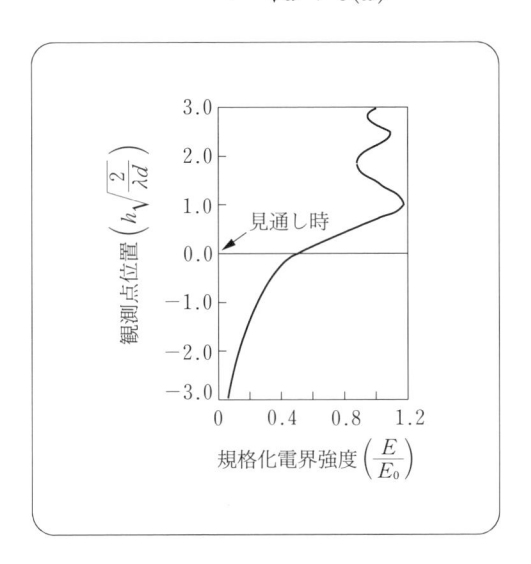

図 4.22 ナイフエッジの陰になる位置での電界強度
（E_0：ナイフエッジがないときの電界強度）

[†] これは一様分布の無限に長い直線波源による電界で，その導出に興味のある人は巻末の引用・参考文献の専門書を参照して欲しい．

となる．式(4.101)の計算結果の一例を示すと図 4.22 のとおりである．この結果より回折波の強度は，ナイフエッジの見通し線上では入射平面波の 1/2 となり，陰に入ると単調に減少していくことが分かる．

4.6　レイトレース法の基礎

レイトレース（ray trace，光線追跡）法は，「光線追跡」の名が示すとおり，もともと光学の分野でレンズ設計の手法として開発された技術である[†]．物体から出射された光線がレンズを通って像面に到達する光線を，① 一様な媒質中では直進する，② 異なる媒質境界では反射・屈折の法則に従って進む，という光の進み方の原理にのっとって追跡し，出射点から像面までの光路長を計算する．物体からのすべての出射光の像面までの光路長が等しければ像面に鮮明な像が得られる．しかし，光路長に差がでてくると像が不鮮明になったりひずみが発生する．レンズ設計ではレンズの曲率半径，屈折率，レンズの組み合わせ方などと光路長差との関係を調べ最も有効なレンズ系を決定する．ここで必要となる光（電磁波）の性質は，3.2 節及び 4.3 節，4.4 節で学習した一様媒質中での直進と物質境界での反射，屈折である．これらは電磁波共通の性質であり，レイトレース法は電波領域においても反射鏡アンテナなどの装置設計や電波伝搬特性解析のための手法として実際の場面で広く使われている．電波伝搬特性解析は，電波の送信点から受信点まで電波が光線として進み，途中に反射物があれば反射の法則に従って進行方向を変えながら，受信点に到達するすべての光線を集めることにより，受信点における電波の強度，時間特性など，電波伝搬特性を推定するための手法である．移動通信や無線 LAN のシステム設計を行うとき，それぞれのサービスエリア空間における電波伝搬特性を知ることは，システム設計のために不可欠の条件である．レイトレース法はこれらの電波伝搬特性を推定する非常に有効な方法である．

図 4.23(a) は市街地，図(b) は屋内において電波伝搬の様子を示したものである．移動通信における市街地の電波伝搬は，基地局 Tx から送信された電波がビルの壁面で反射されたり，ビルの角，端部で回折されて移動局 Rx に到達するというものである．反射回数は 1 回とは限らず複数回の反射を経て移動局に到達する場合，反射と回折を経て到達する場合もある．これらのレイ（光線）をすべて寄せ集め，受信点における電界の強さや受信波の時間

[†] レイトレース（光線追跡）法については，例えば，久保田　広：応用光学（第 2 版），岩波全書 (1982) を参照されたい．

（a）市街地　　　　　　　　　（b）屋内

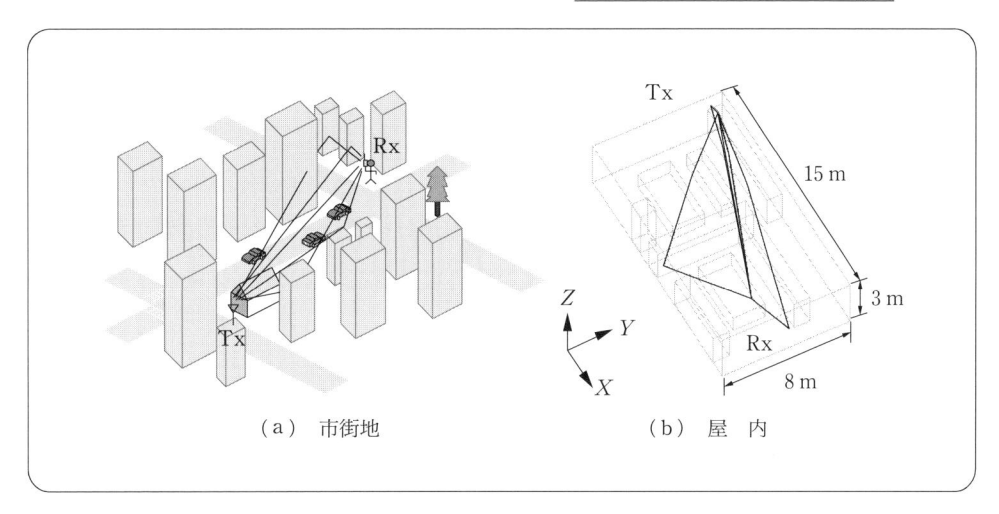

図 4.23　市街地及び屋内における電波伝搬

広がり（遅延特性）などを推定する．無線 LAN は，主として屋内をサービスエリアとする通信システムであるが，原理的に六面が壁や床，天井で囲まれているため，送信局から受信局に到達する光線は直接波だけでなく，1 回反射も複数回反射も含め多くの反射波が存在する．

レイトレース法を使用するうえで重要なのが，前節までに学習した「反射」と「回折」である．レイトレース法自体を習得することは，本書の学習範囲を超えるのでここではその概要を述べるにとどめるが，現在では実際の無線通信システム設計における必要不可欠な道具となっていること，これを構成する要素として最も重要な事項は，「反射」，「透過」と「回折」であることを理解していただきたい．

レイトレース法では

① 建物，壁による反射を考える
② 建物端部による回折を考える
③ 空間では電波は直進する

ということで構成されている．図 4.23 に示した電波伝搬環境において，送信点から受信点に受かる電波は，① 直接波，② 1 回反射波，③ 複数回反射波，④ 回折波が存在する．Tx と Rx の間ではさらに反射を繰り返して受信されるものもあるが，反射を繰り返すごとに電波は弱まり，伝搬距離が長くなると電波は広がるためにさらに弱まり，ある程度の反射回数以上のものは省略することができる．

ここで②，③を算出するためには各壁での反射係数を知る必要があり，④については回折波強度の計算が必要となる．これらはそれぞれ 4.2 節，4.4 節，4.5 節に従って求めることができる．ここでの反射は斜め入射となるので，各壁面での反射係数を求めるためには入

射角度を求めることが必要となる．入射角度は反射点の位置が分かれば送信点と反射点を結べば求められる．ゆえに反射点を求めることが必要となる．例えば1回反射であれば**図4.24**に示すように，鏡像を利用することで幾何学の知識を活用して簡単に求めることができる．結局，電波に関する知識としては，斜め入射のときの反射係数の求め方さえ習得しておけば，これに幾何学などの数学の基礎知識を組み合わせることにより電波強度を求めることができるのである．実際には計算式をプログラムに書いてコンピュータを使って計算することになるが，知識として理解しておくことは反射係数あるいは透過係数の物理的内容，計算式の導出，計算式の意味などである．「レイトレース」プログラムは，現在では実際の移動通信や無線LANの「システム設計」に不可欠のものであるが，その本質は本章で学んだ内容の理解と，コンピュータの知識であり，これを身に付ければ第一線で活躍する技術者と同等のスキルを身に付けたことになる．

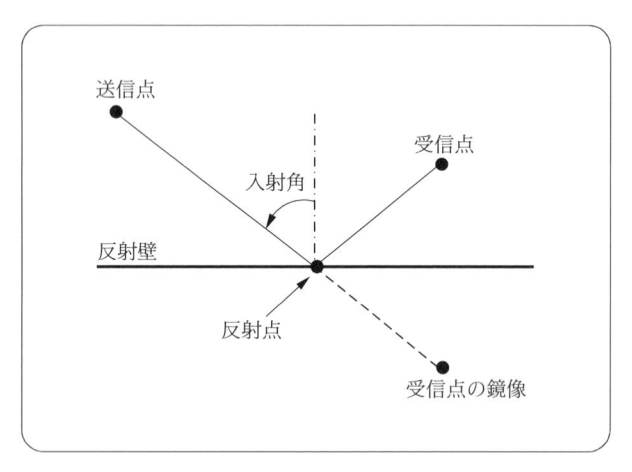

図4.24 送信点と受信点の位置から反射点を求める方法

本章のまとめ

❶ **境界条件**　異なる媒質の境界において，各媒質の電界，磁界の接線成分は互いに等しい（境界における電磁界の大原則）．すなわち，**図4.25**において $E_{\mathrm{I}t} = E_{\mathrm{II}t}$，$H_{\mathrm{I}t} = H_{\mathrm{II}t}$ である．

図4.25

❷ 反射係数 R と透過係数 T

$$R = \frac{\eta_2 - \eta_1}{\eta_2 + \eta_1}, \quad T = \frac{2\eta_2}{\eta_2 + \eta_1} \quad (\Longrightarrow 1 + R = T)$$

η_1，η_2 は媒質 I，II の媒質の波動インピーダンス

電力の関係式

$$R^2 + \frac{\eta_1}{\eta_2} T^2 = 1 \quad (R^2 + T^2 = 1 \text{ ではないことに注意})$$

❸ 多層膜における反射・透過の解析

- 解法 ─┬─ 連立方程式 （3 境界では 6 元連立）
  └─ 波動行列法 （n 境界でも行列掛け算のみ）

❹ 斜め入射

- 解法 $\Longrightarrow$ 垂直入射の物理と座標変換を活用する．
- 入射面 $\Longrightarrow$ 波の進行方向ベクトルと反射面の法線ベクトルを含む面（図 4.14 参照）．
- 平行偏波入射と直交偏波入射 $\Longrightarrow$ 平面波の電界ベクトルが入射面に平行または垂直で区別．
- ブルースター角 $\Longrightarrow$ 平行偏波入射で入射角 $\theta_i = \tan^{-1} n$ のとき反射係数が 0 となる．
- 全反射 $\Longrightarrow$ 屈折率の大きい媒質から小さい媒質へ入射するときには，入射角 $\theta_i = \sin^{-1} n \,(n < 1)$ 以上では全反射する．θ_c を臨界角という．

❺ 半無限平板による回折

- 半無限平板で回折される平面波の強度は，半無限平板先端から観測点までの距離 d に対し，$1/\sqrt{d}$ で減少する．
- 見通し線上では強度は 1/2，電力は 1/4 になる．

❻ レイトレース法（光線追跡法）

　電磁波の反射，透過，回折の物理現象を利用して，空間の電磁波強度分布などを求める方法である．電波伝搬解析の強力な手法として利用されている．

●理解度の確認●

問 4.1 式(4.3)の実数部をとると式(4.1)が得られることを示せ．また，式(4.3)の複素表示で，時間関数 $e^{-j\omega t}$ とした場合はどうか．ただし，このときの場所の関数は e^{jkz} である．また係数 E_1 は実数とする．

問 4.2 真空中 (ε_0, μ_0) の波動インピーダンスの値を求めよ．単位がどうなるかも確認すること．また誘電率が $4\varepsilon_0$ のガラス中での波動インピーダンスはいくらか．

問 4.3 式(4.11)のように，電界が z 軸を「＋」に進む波と「－」に進む波の和で表されるとき，磁界が式(4.12)のように「＋」，「－」方向に進む波の差になることを示せ．

問 4.4 異なる媒質境界面では，電界，磁界の接線成分は連続である．式(4.19)を導出したのと同様の考え方で式(4.21)を導出せよ．

問 4.5 異なる媒質Ⅰ，Ⅱにおいて，電界，磁界がそれぞれ式(4.13)，式(4.14)で表されるとすると，「境界で電界，磁界の接線成分は等しい」という境界条件が成り立たないことを示せ．

問 4.6 誘電率，透磁率が異なる媒質境界では通常反射が生じる．しかし，式(4.27)からは，媒質定数 (ε, μ) が異なるときでも反射が 0 となる場合がある．そのときの条件を求めよ．

問 4.7 式(4.29)，式(4.30)を導出せよ．

問 4.8 媒質Ⅰの誘電率，透磁率を ε_0, μ_0 とし，媒質Ⅱの誘電率，透磁率を $4\varepsilon_0, \mu_0$ とするとき，媒質Ⅰ，Ⅱの境界における反射係数，透過係数を求めよ．

問 4.9 問 4.8 において，媒質Ⅰ，Ⅱにおける電界，磁界の振幅を境界面から1波長の範囲で描け．

問 4.10 金属は波が入射するとその表面近傍に電流が流れる．そして $\nabla \times \boldsymbol{H} = j\omega\varepsilon\boldsymbol{E} + \boldsymbol{J} = j\omega\varepsilon\boldsymbol{E} + \sigma\boldsymbol{E} = (j\omega\varepsilon + \sigma)\boldsymbol{E}$ の関係から，$\varepsilon = \varepsilon - j(\sigma/\omega)$ の複素誘電率を持つ媒質とみなせる．銅は $\sigma = 5.8 \times 10^7$ S/m，鉄は $\sigma = 1.0 \times 10^7$ S/m である．銅や鉄に平面波が垂直に入射したときの反射係数を R とすると，$|R| = 1$ となることを計算により確かめよ．

問 4.11 式(4.43)，式(4.44)を導出せよ．

問 4.12 図 4.5 のように，両面にコーティングをしたガラスに平面波が入射する場合の総合の反射率 R_t を求めたい．左側から空気層（Ⅰ），コーティング層（Ⅱ），ガラス層（Ⅲ），コーティング層（Ⅳ），空気層（Ⅴ）とし，コーティング層の厚さを d_c（両面とも），ガラス層の厚さを d_g とする．このとき R_t を求めるための基本式の導出法を述べよ．

問 4.13　式 (4.53) を導出せよ．またこの式の物理的意味を考察せよ．

問 4.14　波動行列法を用いて，図 4.9 における反射係数 R_t を求め，式 (4.43) に一致することを示せ．

問 4.15　図 4.4 において，媒質 I，III は空気 (ε_0, μ_0) とし，媒質 II は比誘電率 $\varepsilon_r = 4$ ($\varepsilon = 4\varepsilon_0$, $\mu = \mu_0$) のガラスとするとき，反射が 0 となるガラスの厚さはいくらか．ただし，入射平面波の空気中の波長を λ とする．

問 4.16　問 4.15 と同様の条件で，反射が最大になるガラスの厚さ l' を求めよ．

問 4.17　ガラス板の両端面での反射波は，ガラス厚がガラス内波長の 1/2 のとき逆相で打ち消し合い，波長の 1/4 のとき同相でたし合うことになる．しかし，二つの反射波の伝搬路長差は，往復できいてくるので，厚さ 1/2 波長のとき同相，1/4 波長のとき逆相であるはずである．二つの反射波の位相関係を明らかにせよ．

問 4.18　座標変換の式 (4.64) を導け．

問 4.19　(s, t, z) 座標表示の $H_z^i(s) = (E_i/\eta_1)e^{-jk_1 s} = H_i e^{-jk_1 s}$ をもとに，式 (4.64) の座標変換とマクスウェルの方程式 $\nabla \times \boldsymbol{H} = j\omega\varepsilon\boldsymbol{E}$ を利用して，式 (4.65)，式 (4.66) を導出せよ．

問 4.20　式 (4.82)，式 (4.83) を導出せよ．

問 4.21　式 (4.89)，式 (4.90) を導出せよ．

問 4.22　平面波が入射角 30°で空気中から比誘電率 4.0 のガラスに平行偏波入射するとき，反射係数，透過係数を求めよ．

問 4.23　式 (4.91) を導出せよ．

問 4.24　平行偏波入射及び直交偏波入射のときの反射係数である式 (4.82)，式 (4.89) において，$n^2 - \sin^2\theta_i \leq 0$ であれば反射係数の振幅は 1 となることを証明せよ．また，このときの透過係数の振幅は 0 になると予想されるが，そうなるかを確かめよ．

問 4.25　平行偏波入射で，入射角がブルースター角 θ_b に等しいとき，屈折角を θ_t とすると

$$\theta_b + \theta_t = \frac{\pi}{2}$$

となることを示せ．

問 4.26　式 (4.96) を導出せよ．式 (4.96) は式 (4.82) に比べ「−」符号だけ異なるがこの理由を説明せよ．

問 4.27　式 (4.97)，式 (4.98) の y 方向進行波波動インピーダンスを用いて直交偏波斜め入射のときの反射係数を求めよ．式 (4.89) と比較せよ．

4. 電磁波の反射，屈折，回折

問 4.28 式(4.95)，式(4.99)からそれぞれ平行偏波，直交偏波のときの反射係数が 0 になる条件について考察せよ．

問 4.29 図 4.26 のように比誘電率 ε_r，厚さ d のガラス板に平行偏波の平面波が入射角 θ_i で入射する問題を垂直入射 $\theta_i = 0°$ のときの波動行列法を参考に次の手順で解け．

(1) 入射境界における波動行列（式(4.54)に対応）

(2) ガラスを θ_t の角度で進むときの波動行列（式(4.57)に対応）

(3) 出射境界を合わせた全体の波動行列（式(4.59)に対応）

(4) 総合の反射係数を求めよ．また反射が 0 となるガラスの厚さの条件を求めよ．

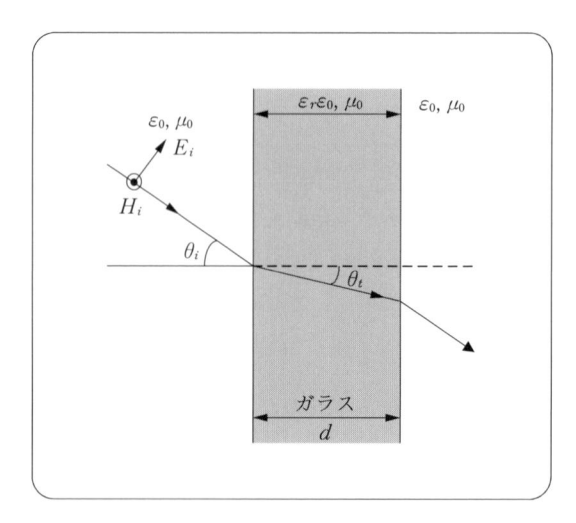

図 4.26 問 4.29 の図

問 4.30 図 4.27(a)，(b)の構造において送信点 Tx から受信点 Rx に到達する光線を作図せよ．

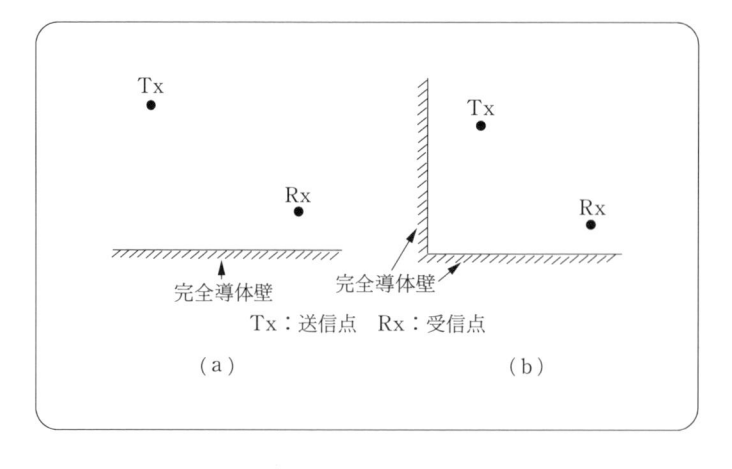

図 4.27 問 4.30 の図

5 伝送路における電磁波伝搬

　平衡2線や同軸線路など従来からの通信線路または LAN 構築によく使われる伝送線路では，電界，磁界ではなく線路に流れ込む電流 I，2線間の電圧 V によって全体の電気特性を把握することができる．これらの伝送線路は直流や低周波交流の集中定数回路に対し分布定数回路と呼ばれる．

　本章では，線路の構造から V, I の基本式（電信方程式）を導くこと，電信方程式の解の性質を利用して線路上の任意の点の V, I の表示式を求めること，更に線路を設計するうえで重要な概念であるインピーダンス，VSWR，反射係数などについて説明し，スミスチャートの利用について述べる．更に分布定数回路とは異なるが，高周波回路の要素として使われる導波管，共振器について基本的事項を説明する．

5.1 分布定数線路の構造と基本式

　図5.1に示すように集中定数回路では，素子が存在しない導体上の2点の電位は等しく，流れる電流も等しい．しかし回路の動作周波数が高くなると，導線上の2点間に電位差が生じ，それぞれの箇所を導線に沿って流れる電流も異なるものとなる．

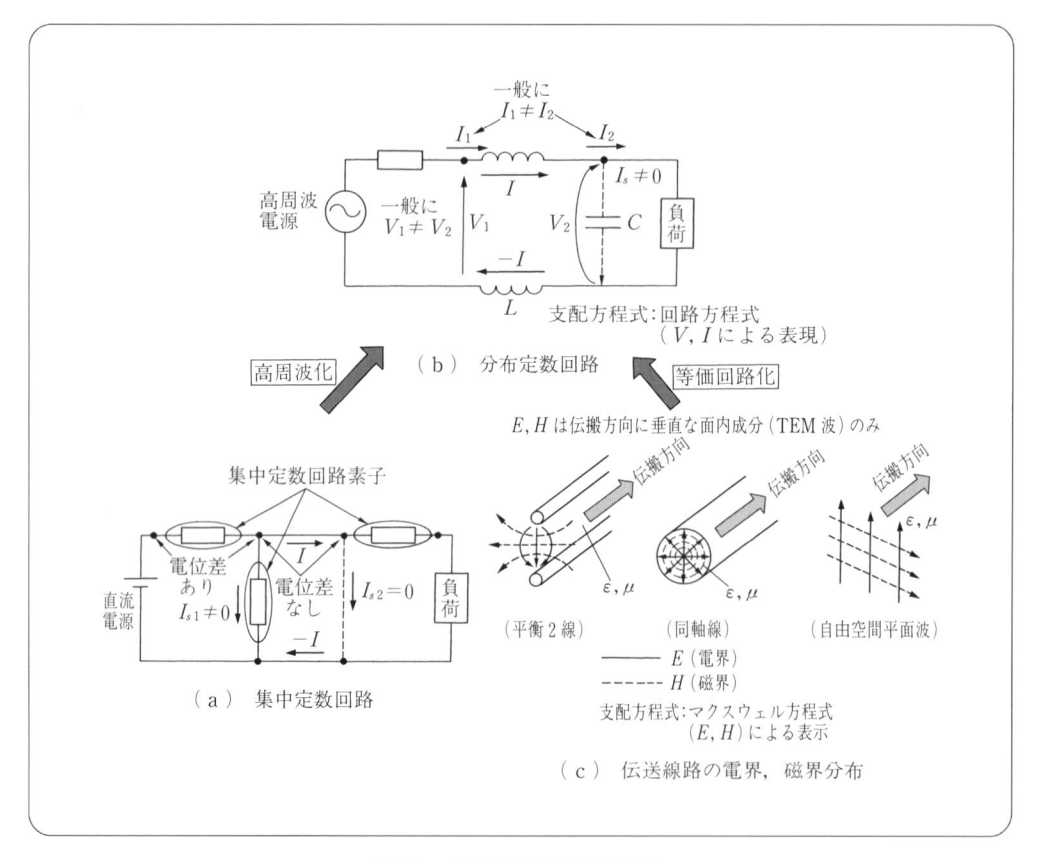

図5.1　分布定数回路の位置付け

　本来，このような電磁気現象は，3〜4章で述べたように電界 E，磁界 H，及び媒質定数 ε, μ によって表現される．しかし図(c)に示すように，平衡2線や同軸線路などの伝送線路では，線路の周囲に存在する線路に沿って進行する電磁波は，自由空間の平面波と同じ

5.1 分布定数線路の構造と基本式

ように，電磁波の進行方向に成分を持たない波となる[†1]．そのため集中定数回路と同じように電圧 V，電流 I 及び静電気，定常電流による容量 C，インダクタンス L を用いた取り扱いが可能になる．このような伝送線路で構成される回路を分布定数回路という．集中定数回路との最大の違いは，集中定数回路では導線上の 2 点における V, I は同一のものとみなせるが，分布定数回路では場所が異なればそれに応じて V, I は異なることである．

図 5.2 に示すように断面構造が一様な平衡 2 線では，導線 A_+ に電流 $i(z, t)$ が流れるとすると，導線 A_- には $i(z, t)$ と同じ大きさの電流が逆向きに流れる．そして導線 A_+-A_- 間には $v(z, t)$ の電圧が存在することになる．

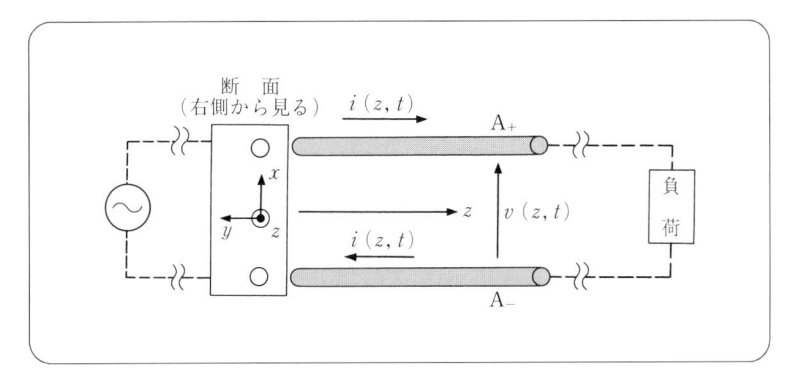

図 5.2 平衡 2 線伝送路

いま，導線 A_+ の単位長さ当りのインダクタンスを L〔H/m〕，A_+ と A_- で構成される単位長さ当りの静電容量を C〔F/m〕とすると，物理的な構造の**図 5.3**(a)は，図(b)の等価回路に置き換えられる[†2]．図(b)の等価回路において，点 A の電流を $i(z, t)$，電圧を $v(z, t)$ とすると，点 B の電圧はインダクタンスの寄与により点 A に比べて Δv 上昇し（ファラデーの電磁誘導の法則），Δv は次式で求められる．

$$\Delta v = -\frac{\partial \Phi}{\partial t} = -\frac{\partial (L dz\, i(z, t))}{\partial t} = -L\frac{\partial i(z, t)}{\partial t} dz \tag{5.1}$$

ここで，Φ は電流 $i(z, t)$ によって導線の周囲に生じる磁束〔Wb〕である．また，電流は Cdz を通じて Δi だけ負側に流れる．

$$\Delta i = \frac{\partial q}{\partial t} = \frac{\partial (Cdz\, v(z, t))}{\partial t} = C\frac{\partial v(z, t)}{\partial t} dz \tag{5.2}$$

ここで図(b)の等価回路でキルヒホッフの法則を使うと

[†1] このような波を TEM 波（transverse electromagnetic wave）と呼ぶ．5.5.1 項参照．
[†2] 厳密には線路に沿って単位長当り抵抗 R〔Ω/m〕，線間に単位長当りのコンダクタンス G〔S/m〕が存在するが，通常の高周波線路では $R \ll \omega L$, $G \ll \omega C$ である．

5. 伝送路における電磁波伝搬

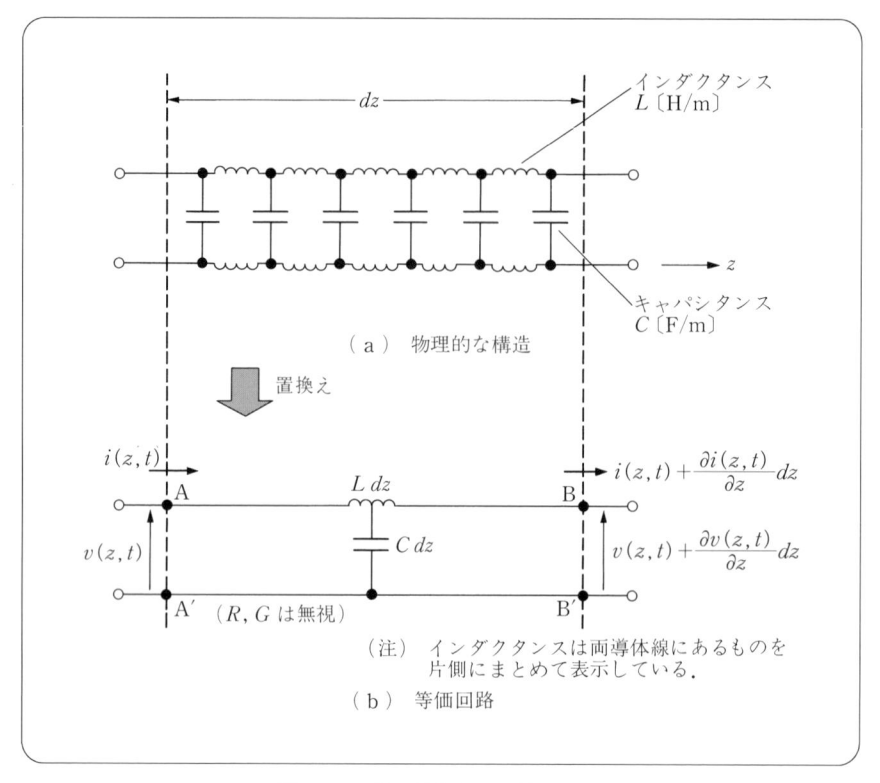

図5.3 平衡2線伝送路の等価回路

(a) 物理的な構造
インダクタンス L [H/m]
キャパシタンス C [F/m]

置換え

(b) 等価回路
(R, G は無視)
(注) インダクタンスは両導体線にあるものを片側にまとめて表示している．

$$i(z,\ t) = C\frac{\partial v(z,\ t)}{\partial t}\,dz + \left(i(z,\ t) + \frac{\partial i(z,\ t)}{\partial z}\,dz\right) \tag{5.3 a}$$

$$v(z,\ t) = L\frac{\partial i(z,\ t)}{\partial t}\,dz + \left(v(z,\ t) + \frac{\partial v(z,\ t)}{\partial z}\,dz\right) \tag{5.3 b}$$

が導かれる．式(5.3)を整理すると線路上の電流 $i(z,\ t)$，電圧 $v(z,\ t)$ に関する次の微分方程式が導かれる．

$$\frac{\partial i(z,\ t)}{\partial z} + C\frac{\partial v(z,\ t)}{\partial t} = 0 \tag{5.4 a}$$

$$\frac{\partial v(z,\ t)}{\partial z} + L\frac{\partial i(z,\ t)}{\partial t} = 0 \tag{5.4 b}$$

式(5.4)は $v \to E_x$，$i \to B_y$，$L \to \mu_0$，$C \to \varepsilon_0$ と置き換えれば，x-y 面内において電磁界が一様な自由空間における電磁界 E_x，B_y に関する連立偏微分方程式(3.16)，式(3.20)と同形になっている．ゆえに，この方程式の解 $v(z,\ t)$ は[†]，電界 $E_x(z,\ t)$ の場合と同様に

[†] 3章では，式(3.27)で $\cos(\omega t - kz)$，$\cos(\omega t + kz)$ の線形和で表した．式(5.5)は $\cos(x)$ の代わりに，e^{jx} で表している．どちらの関数を使うかは取り扱う問題によって都合のよいものを選べばよい．空間の平面波の場合でも，4章では e^{jx} を用いている．ただし，関数の選び方によって E_1，V_+ などの係数は異なったものとなる．

$$v(z, t) = V_+ e^{j(\omega t - kz)} + V_- e^{j(\omega t + kz)} \tag{5.5}$$

と求められる．ただし，V_+，V_- は未定係数，ω は角周波数，k は伝搬定数（または波数）である†．v〔m/s〕を伝送路に沿って進む波の速度とすると

$$\frac{\omega}{k} = v = \frac{1}{\sqrt{LC}} \tag{5.6}$$

の関係がある．更に導線周囲の空間媒質の透磁率，誘電率を μ，ε とすれば，$1/\sqrt{LC} = 1/\sqrt{\mu\varepsilon}$〔m/s〕となり，分布定数線路に沿って進む波の速度は，空間中を進む平面波の速度と等しいことがいえる（章末問題 5.2）．

$i(z, t)$ は式(5.5)を式(5.4 b)に代入し

$$i(z, t) = \frac{1}{Z_0}(V_+ e^{j(\omega t - kz)} - V_- e^{j(\omega t + kz)}) \tag{5.7}$$

と求められる．ただし，ここで Z_0 は，V_+/I_+ または V_-/I_- の比で表され，線路の特性インピーダンスと呼ばれるもので

$$Z_0 = \frac{V_+}{I_+} = \frac{V_-}{I_-} = \sqrt{\frac{L}{C}} \quad〔\Omega〕 \tag{5.8}$$

と定義される．式(5.8)に現れる L，C は，先に述べた単位長当りの L，C で，線路の構造によってどういう値になるかが詳しく調べられている．**表 5.1** に代表的な伝送線路の L，C を示す．なお，図 5.3 では線路の L，C だけを考慮し，導線の単位長当りの抵抗 R〔Ω/

表 5.1 代表的な伝送線路の特性

伝送線路	同軸	平衡 2 線	平行平板
構造 （断面図）	(図：r_i, r_o)	(図：s, d)	(図：a, b)
インダクタンス L〔H/m〕	$\dfrac{\mu}{2\pi}\ln\left(\dfrac{r_o}{r_i}\right)$	$\dfrac{\mu}{\pi}\cosh^{-1}\left(\dfrac{s}{d}\right)$	$\mu\dfrac{a}{b}$
容量 C〔F/m〕	$\dfrac{2\pi\varepsilon}{\ln\left(\dfrac{r_o}{r_i}\right)}$	$\dfrac{\pi\varepsilon}{\cosh^{-1}\left(\dfrac{s}{d}\right)}$	$\dfrac{\varepsilon b}{a}$
特性インピーダンス Z_0〔Ω〕	$\dfrac{\eta}{2\pi}\ln\left(\dfrac{r_o}{r_i}\right)$	$\dfrac{\eta}{\pi}\cosh^{-1}\left(\dfrac{s}{d}\right)$	$\eta\dfrac{a}{b}$

（注）$\eta = \sqrt{\dfrac{\mu}{\varepsilon}}$，媒質が空気のとき $\eta = \eta_0 = \sqrt{\dfrac{\mu_0}{\varepsilon_0}} \fallingdotseq 120\pi$〔$\Omega$〕

---

† 分布定数回路の解析では，k は一般に伝搬定数と呼ばれるので，本章では波数に代えて伝搬定数と呼ぶことにする．

m〕，導線間の単位長当りのコンダクタンス G 〔S/m〕を無視したが，R，G が無視できない場合は図(b)の等価回路で R が L に直列に，G が C に並列に追加され，電信方程式(5.4)は，それぞれ次のように修正される．

$$\frac{\partial v(z,\,t)}{\partial z} + Ri(z,\,t) + L\frac{\partial i(z,\,t)}{\partial t} = 0 \tag{5.9a}$$

$$\frac{\partial i(z,\,t)}{\partial z} + Gv(z,\,t) + C\frac{\partial v(z,\,t)}{\partial t} = 0 \tag{5.9b}$$

5.2 電圧，電流の表現式

図5.4に示すように，分布定数線路の送信端は通常何らかの電源であり，受信端は負荷である．電源と負荷を結ぶ分布定数線路の理論によれば，線路の任意の点 z における電圧 $V(z)$，電流 $I(z)$ は式(5.5)，式(5.7)で与えられる．

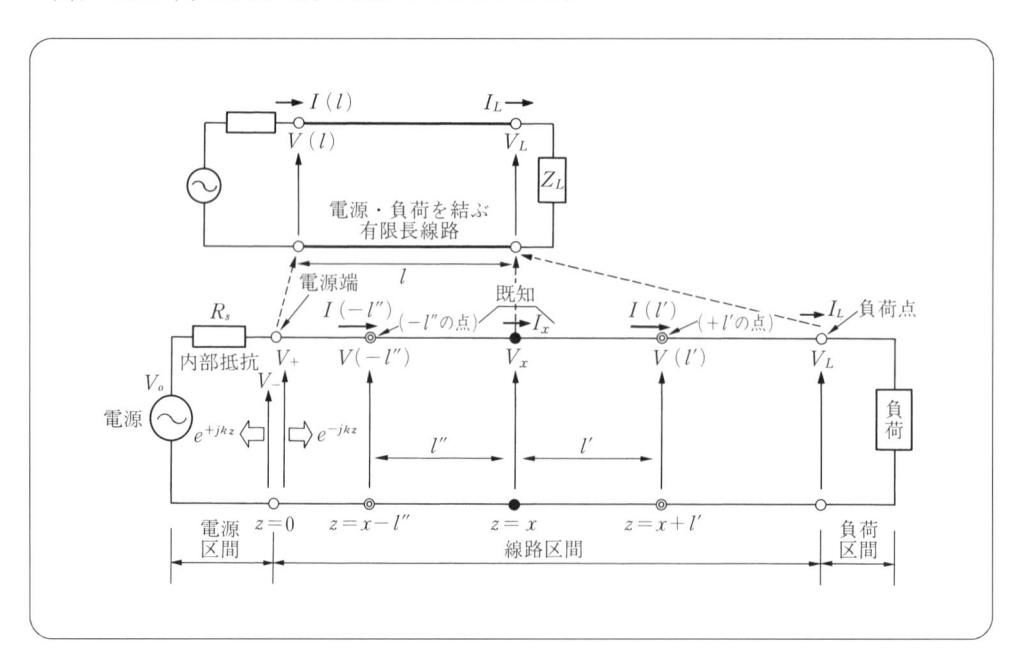

図5.4 分布定数線路の座標系

式(5.5)，式(5.7)で $e^{j\omega t}$ を省略し，場所 z のみに依存する電圧，電流をそれぞれ $V(z)$，$I(z)$ とすると，式(5.5)，式(5.7)は式(5.10 a, b)のように表される．

$$V(z) = V_+ e^{-jkz} + V_- e^{jkz} \tag{5.10 a}$$

$$\begin{aligned} I(z) &= \frac{1}{Z_0}(V_+ e^{-jkz} - V_- e^{jkz}) \\ &= I_+ e^{-jkz} - I_- e^{jkz} \end{aligned} \tag{5.10 b}$$

式(5.10)には，合わせて2個の未定係数 V_+，V_-（または I_+，I_-）があり，これらは図5.4の分布定数線路の境界条件が与えられれば決定できる．

例えば，$z = 0$（送信端）において，進行波（$+z$方向に進む）の電圧振幅 V_+，及び反射波（$-z$方向に進む）の電圧振幅 V_- が測定などにより既知であるとすると，式(5.10)の V_+，V_- は決定値となり，線路上のすべての点における電圧，電流は，式(5.10)に知りたい点の z の値を代入すれば求めることができる．

一方，任意の点 $z = x$ の電圧 V_x，I_x が分かっているとすると

$$V_x = V_+ e^{-jkx} + V_- e^{jkx} \tag{5.11 a}$$

$$I_x = \frac{1}{Z_0}(V_+ e^{-jkx} - V_- e^{jkx}) \tag{5.11 b}$$

となる．これから V_+，V_- の未定係数が決まり次式のようになる．

$$V_+ = \frac{V_x e^{jkx} + Z_0 I_x e^{jkx}}{2} \tag{5.12}$$

$$V_- = \frac{V_x e^{-jkx} - Z_0 I_x e^{-jkx}}{2} \tag{5.13}$$

これを式(5.10)に代入すると次式が得られる．

$$V(z) = V_x \cos\{k(z-x)\} - jZ_0 I_x \sin\{k(z-x)\} \tag{5.14 a}$$

$$I(z) = \frac{V_x}{jZ_0}\sin\{k(z-x)\} + I_x \cos\{k(z-x)\} \tag{5.14 b}$$

$z = x + l'\,(l' > 0)$，すなわち電圧，電流が既知の点から z 軸に沿って l' だけ進んだ点の電圧 $V(z)$，電流 $I(z)$ を

$$V(z) = V(x + l') = V(+l')$$

$$I(z) = I(x + l') = I(+l')$$

と表すと

$$V(+l') = V_x \cos kl' - jZ_0 I_x \sin kl' \tag{5.15 a}$$

$$I(+l') = \frac{V_x}{jZ_0}\sin kl' + I_x \cos kl' \tag{5.15 b}$$

となる．行列表示すると式(5.16)のようになる．

$$\begin{bmatrix} V(+l') \\ I(+l') \end{bmatrix} = \begin{bmatrix} \cos kl' & -jZ_0 \sin kl' \\ \dfrac{1}{jZ_0} \sin kl' & \cos kl' \end{bmatrix} \begin{bmatrix} V_x \\ I_x \end{bmatrix} \tag{5.16}$$

これは $z=x$ の点の電圧，電流の組 (V_x, I_x) が 1 次変換を受けて，$z=x+l'$ では $\{V(+l'), I(+l')\}$ になることを意味している．

一方，$z = x - l''\ (l'' > 0)$，すなわち電圧，電流が既知の点から z 軸に沿って l'' だけ戻った点の電圧 $V(z)$，電流 $I(z)$ を

$$V(z) = V(x-l'') = V(-l'')$$
$$I(z) = I(x-l'') = I(-l'')$$

と表すと

$$V(-l'') = V_x \cos kl'' + jZ_0 I_x \sin kl'' \tag{5.17 a}$$

$$I(-l'') = \dfrac{jV_x}{Z_0} \sin kl'' + I_x \cos kl'' \tag{5.17 b}$$

となる．行列表示すると

$$\begin{bmatrix} V(-l'') \\ I(-l'') \end{bmatrix} = \begin{bmatrix} \cos kl'' & jZ_0 \sin kl'' \\ \dfrac{j}{Z_0} \sin kl'' & \cos kl'' \end{bmatrix} \begin{bmatrix} V_x \\ I_x \end{bmatrix} \tag{5.18}$$

となる．式(5.16)と式(5.18)を比較すると，行列の反対角要素の正負の符号が逆になっており，式(5.16)で，$l' = -l''$ を代入すれば式(5.18)が得られる．すなわち l' を正負両方取り得る変数と考えれば，式(5.18)は式(5.16)に含まれることになる．しかし，伝送線路の設計や解析では l' の正負に応じて，式(5.16)，式(5.18)を使い分けることが多い．

いま，既知の電圧，電流を負荷点の電圧 V_L，電流 I_L とすると，負荷点からの距離 l の点の電圧，電流は，式(5.18)で，$V_x = V_L$，$I_x = I_L$，$l'' = l$ とおき，次式で求められる．

$$\begin{bmatrix} V(-l) \\ I(-l) \end{bmatrix} = \begin{bmatrix} \cos kl & jZ_0 \sin kl \\ \dfrac{j}{Z_0} \sin kl & \cos kl \end{bmatrix} \begin{bmatrix} V_L \\ I_L \end{bmatrix} \tag{5.19}$$

ここで，改めて負荷点から距離 l の点の電圧，電流をそれぞれ $V(l)$，$I(l)$ と表すことにすると，$V(l)$，$I(l)$ は V_L，I_L を既知として次式で求めることができる．

$$\begin{bmatrix} V(l) \\ I(l) \end{bmatrix} = \begin{bmatrix} \cos kl & jZ_0 \sin kl \\ \dfrac{j}{Z_0} \sin kl & \cos kl \end{bmatrix} \begin{bmatrix} V_L \\ I_L \end{bmatrix} \tag{5.20}$$

いま，線路の長さを l とすると，式(5.20)は負荷点の電圧 V_L，電流 I_L を既知として，電源端の電圧 $V(l)$，電流 $I(l)$ を表すとことになる．

以上のように，式(5.10)による表現，式(5.16)または式(5.18)，式(5.20)による表現な

ど，分布定数回路の電圧，電流の表し方にはいろいろあり，混乱する原因となる．たいせつな点は

① 分布定数回路の電圧，電流は電信方程式という連立方程式で表される，
② その一般解は二つの未定係数を含んだ形で表現される，
③ 二つの未定係数を決めるには二つの条件が必要である，

ということである．具体的条件を与えて電圧，電流を表現したのが上記の各例で，この他にも負荷点での進行波電圧，後進波電圧を与えて表現する場合もある．注意しなければならない点は，図 5.4 に示す各点の進行波，後進波電圧振幅の組 (V_+, V_-)，または電圧，電流の組 (V_x, I_x) のどれを既知（境界条件）として式を立てるかを明確にしておくことである．

5.3 インピーダンス，反射係数，電圧定在波比（VSWR）

5.2 節で求めた線路の電圧，電流の表示をもとに線路の任意の点におけるインピーダンス，電圧定在波比 VSWR (voltage standing wave ratio)，反射係数を求めることができる．

負荷点から l の点において，負荷側を見込んだインピーダンス $Z(l)$ は，その点における電圧 $V(l)$，電流 $I(l)$ の比で定義される．式(5.20)より

$$Z(l) = \frac{V(l)}{I(l)} = \frac{V_L \cos kl + jZ_0 I_L \sin kl}{\dfrac{jV_L}{Z_0}\sin kl + I_L \cos kl} \tag{5.21}$$

ここで，線路の負荷を Z_L とすると，$V_L = Z_L I_L$ となるので

$$Z(l) = \frac{Z_L \cos kl + jZ_0 \sin kl}{\dfrac{jZ_L}{Z_0}\sin kl + \cos kl} \tag{5.22}$$

と表され，$Z(l)$ は負荷インピーダンス Z_L と線路の長さ l，伝搬定数 k 及び特性インピーダンス Z_0 のみで表される．いま，線路の長さを l とすれば，式(5.22)は負荷点にインピーダンス Z_L を接続したとき，電源端子から見込んだ入力インピーダンスを表すことになる．

一方，反射係数 $\Gamma(z)$ は進行波成分と反射波成分の比で定義される．式(5.10)より

$$\Gamma(z) = \frac{V_- e^{jkz}}{V_+ e^{-jkz}} = \frac{V_-}{V_+} e^{j2kz} \tag{5.23}$$

となる．また反射係数 Γ は式(5.20)の場合と同じように，負荷側を原点とした座標 l を用いて表すと

$$\Gamma(l) = \frac{V_-}{V_+} e^{-j2kl} \tag{5.24}$$

となる．VSWR は，図5.5 に示すように電圧の極大値と極小値の比として定義される．

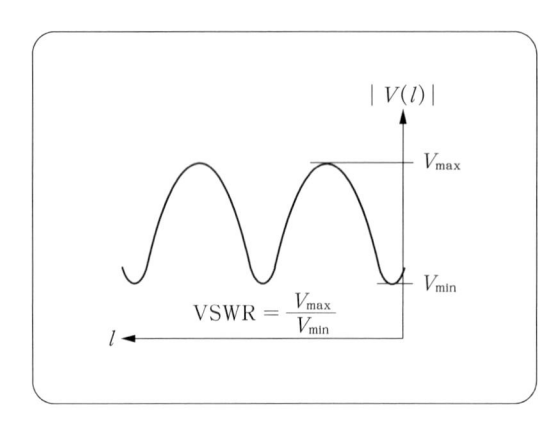

図5.5 電圧定在波比（VSWR）の定義

$$\text{VSWR} = \frac{V_{\max}}{V_{\min}} = \frac{V_+ + V_-}{V_+ - V_-} = \frac{1 + |\Gamma|}{1 - |\Gamma|} \tag{5.25}$$

式(5.25)から，VSWR と $|\Gamma|$ は，片方が分かればもう一方が分かる関係にある．更に，$Z(l)$ と $\Gamma(l)$ の関係は

$$\Gamma(l) = \frac{Z(l) - Z_0}{Z(l) + Z_0} \tag{5.26}$$

となることが導かれる．図5.6 は，線路終端（$l=0$）にいろいろな負荷インピーダンス $Z(l)=Z_L$ を接続したときの電圧，電流の定在波分布で，そのときの VSWR 及び反射係数の絶対値も併わせて示している．ここで伝送線路の特性は電圧，電流で直接示されるが，実際に重要になるのは，伝送線路上をスムーズにエネルギーが運ばれるか否かであり，これを把握する物理量として反射係数，VSWR が便利である．すなわち $\Gamma=0$，VSWR=1 は反射波成分がないことを意味し，スムーズにエネルギーが運ばれることを示している．最下段の Z_L が jZ_0 の場合は，負荷の大きさは線路の特性インピーダンスと等しいのに，「j」が付いていることにより反射係数の大きさは 1 になることに注意が必要である．

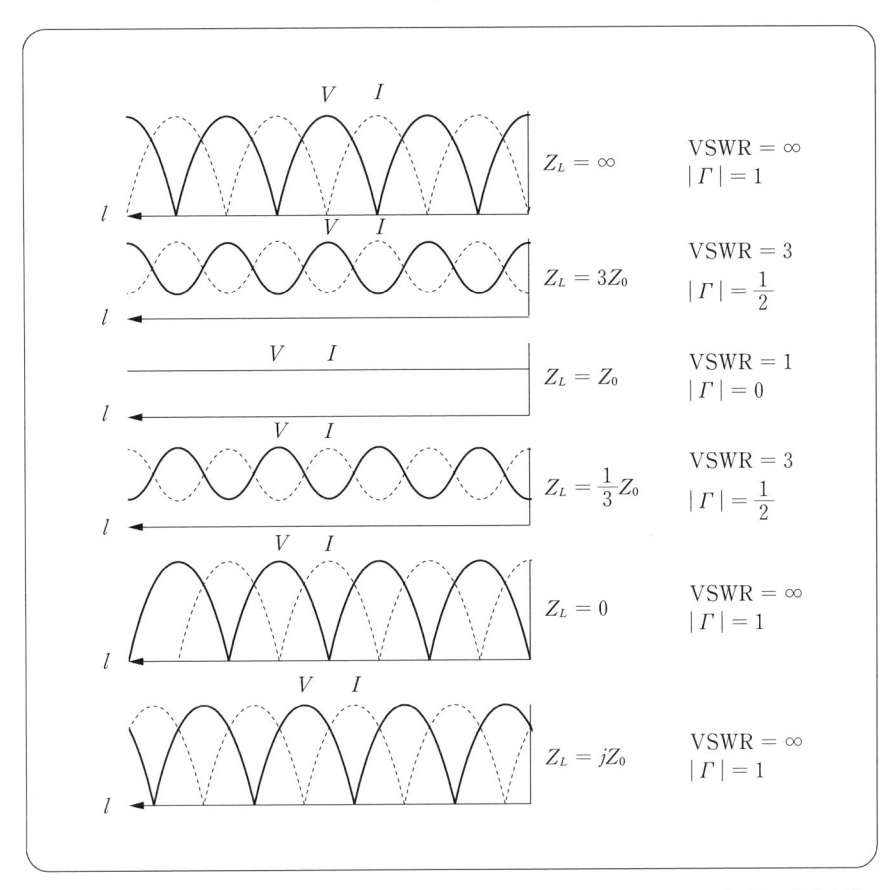

図 5.6　負荷インピーダンスを変えたときの電圧，電流分布と，VSWR 及び反射係数絶対値

5.4　伝送路の整合とスミスチャート

　伝送線路の第一の役割は，電源側の電力をできる限り損失を少なく負荷側に運ぶことである．伝送線路における伝送損失は，伝送路の導体損失（ジュール熱として消費される）と，伝送線路と負荷の接続点における反射による損失が主なものである．伝送線路の導体損失の具体例については付録 6 にまとめて示す．

　式 (5.26) から分かるように伝送路における反射は，負荷と線路の特性インピーダンスが異なるとき，あるいは異なる特性インピーダンスの線路を接続するときに生じる．伝送線路の特性インピーダンスは，$Z_0 = 50\,\Omega$，$75\,\Omega$，$300\,\Omega$ など数種類に規格化されており，システ

90　5. 伝送路における電磁波伝搬

ムごとに個別にいろいろな値の特性インピーダンスの線路を用意するということはない．一方，負荷には通常いろいろな値のインピーダンスのものが接続される．ゆえに電源からのエネルギーを負荷に効率よく伝達するためには，接続点での反射を0にする「整合」が必要となる．図5.7に線路においてよく用いられる整合回路の例を示す．図(a)は，1/4波長整合回路と呼ばれるもので，負荷インピーダンス Z_L が純抵抗 R_L のときに整合をとることができる．その動作原理は次のとおりである．

（a）1/4波長整合回路　　（b）2段1/4波長整合回路

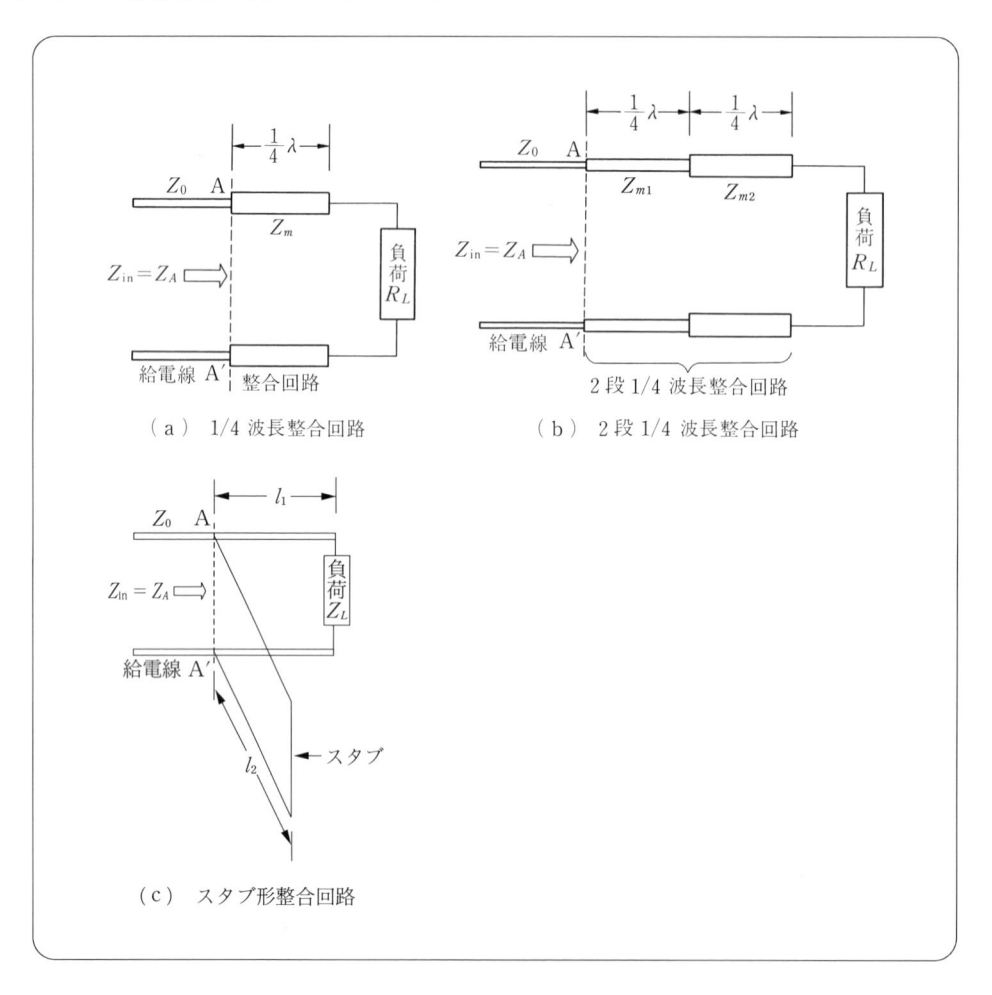

（c）スタブ形整合回路

図5.7　いろいろな整合回路

1/4波長整合回路の特性インピーダンスを Z_m とすると，その入力端 A-A′ から負荷側を見込んだ入力インピーダンス Z_A は，式(5.22)の Z_L に R_L を，l に $\lambda/4$ を代入し，次式となる．

$$Z_A = \frac{Z_m^2}{R_L} \tag{5.27}$$

これが特性インピーダンス Z_0 の給電線と整合するためには，$Z_A = Z_0$ とならなければならない．ゆえに 1/4 波長整合回路の特性インピーダンス Z_m を

$$Z_m = \sqrt{R_L Z_0} \tag{5.28}$$

と選べば，給電線と負荷の整合をとることができる．1/4 波長整合回路は構造が簡単であるが，周波数（波長）が変われば線路長が 1/4 波長からずれてしまうので，整合特性が急激に劣化する．

周波数変化に対して急激な整合特性劣化を防ぐ方法として，図(b)の 2 段 1/4 波長整合回路がある．2 段 1/4 波長整合回路の二つの 1/4 波長線路の特性インピーダンス Z_{m1}, Z_{m2} は，中心周波数 f_0 で完全整合となる条件と，周波数変化に対し反射係数の変化ができるだけ小さくなるように，周波数 f_0 において反射係数の微係数を 0 とする条件から求められ，それぞれ次式で与えられる．

$$Z_{m1} = Z_0 \left(\frac{R_L}{Z_0}\right)^{1/4} \tag{5.29}$$

$$Z_{m2} = Z_0 \left(\frac{R_L}{Z_0}\right)^{3/4} \tag{5.30}$$

一方，図(c)の整合回路はスタブ形整合回路と呼ばれ，アンテナと給電線路の整合によく用いられるものである．図(c)の整合回路設計，すなわちスタブの位置 l_1，長さ l_2 を数式から求めることはかなり複雑で，かつ非線形方程式を解くことになりコンピュータを必要とする．このような場合，スミスチャートを利用すると作図による整合回路設計が可能となる．次にスミスチャートの原理と応用例について述べる．

スミスチャートは，反射係数 Γ の実部 u を横軸，虚部 v を縦軸とし

$$|\Gamma|^2 = (u^2 + v^2) \leq 1$$

の範囲を有効領域とするチャートである．伝送路の任意の位置から負荷側を見た入力インピーダンスと反射係数との関係から，入力インピーダンスまたは入力アドミタンスを直読できるように工夫されている．

式(5.26)において，負荷から l の点で負荷を見た入力インピーダンス $Z(l)$ を特性インピーダンス Z_0 で規格化したものを $z = r + jx$ とおき，反射係数 Γ の実数部を u，虚数部を v とすると次式が成り立つ．

$$\boxed{\Gamma = u + jv = \frac{z-1}{z+1} = \frac{r-1+jx}{r+1+jx}} \tag{5.31}$$

更に整理して

$$\left.\begin{array}{r}(u-1)r - vx = -(u+1) \\ vr + (u-1)x = -v\end{array}\right\} \tag{5.32}$$

を得る．式(5.32)から x または r を消去するとそれぞれ次式となる．

$$\left(u - \frac{r}{r+1}\right)^2 + v^2 = \frac{1}{(r+1)^2} \tag{5.33}$$

$$(u-1)^2 + \left(v - \frac{1}{x}\right)^2 = \frac{1}{x^2} \tag{5.34}$$

式(5.33)，式(5.34)はそれぞれ規格化インピーダンスの抵抗分 r，リアクタンス分 x をパラメータとする円を表しており，式(5.33)は

円の中心が $\left(\dfrac{r}{r+1},\ 0\right)$ で，半径が $\dfrac{1}{r+1}$ の円

式(5.34)は

円の中心が $\left(1,\ \dfrac{1}{x}\right)$ で，半径が $\dfrac{1}{x}$ の円

となる．もちろん $|\Gamma| = |u+jv| \leq 1$ であるから，式(5.33)，式(5.34)の円のうち有効なのは (u, v) 座標において単位円内（$u^2 + v^2 \leq 1$）である．r, x をパラメータとして式(5.33)，式(5.34)を図示したものが図5.8で，これをスミスチャートという．(u, v) 座標

(a) 実部を表す円

(b) 虚部を表す円

(c) (a), (b)の合成結果であるスミスチャート

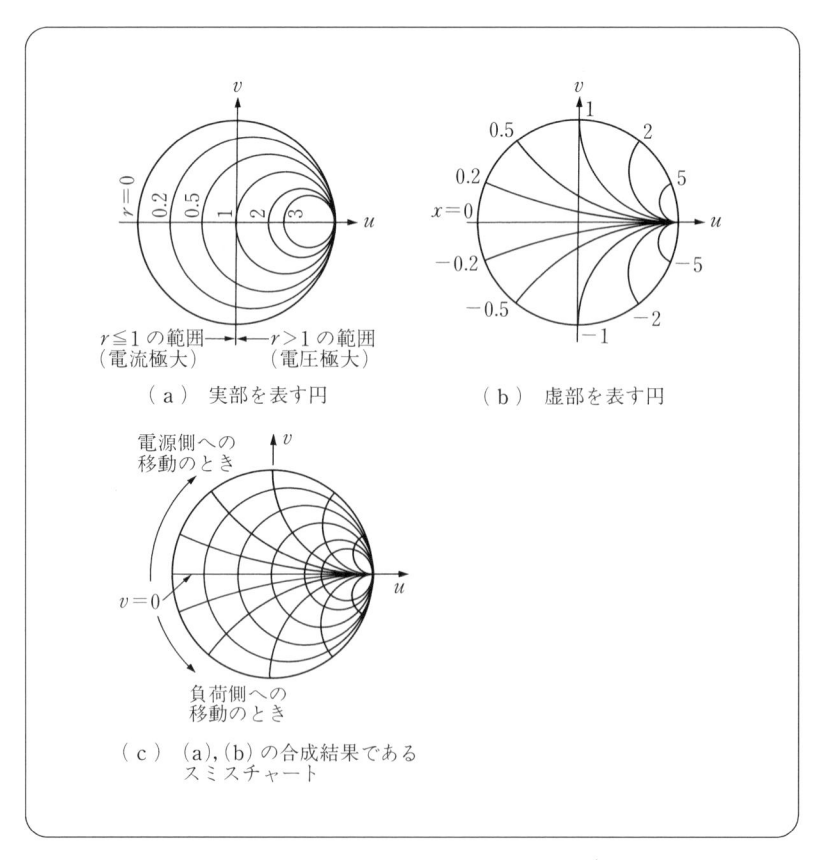

図5.8 反射係数の単位円の中に変換された規格化インピーダンスの実部，虚部を表す円の集合とスミスチャート

の原点を中心とする円は $|\varGamma|$ 一定の軌跡を表している．式(5.24)より $\varGamma(l) = |\varGamma|e^{-j2kl}$ なので，線路上で負荷側から電源に移動すると，l が増加するので $\varGamma(l)$ の偏角は減少し，スミスチャート上では時計回りの移動となる．逆に線路上で電源側から負荷側への移動は，スミスチャート上では反時計回りとなる．また，l が $\lambda/2$ 変化すると $\varGamma(l)$ の偏角は 2π 変化し，スミスチャート上では1回転することになる．逆にスミスチャート上での1回転は分布定数回路上で半波長移動することに対応する．スミスチャートの $x = 0$（一定）の線，すなわち $v = 0$ の線は，分布定数線路における電圧，電流が極値をとる位置を表し，電圧極大値は $r \geqq 1$ の範囲である．また式(5.31)において $x = 0$ とし，r について解くと

$$r = \frac{1+\varGamma}{1-\varGamma} \tag{5.35}$$

となり，r は式(5.25)のVSWR（$\geqq 1$）に対応する．すなわち線路のVSWRは電圧極大点の規格化インピーダンス（抵抗）を表していることになる．図(c)のスミスチャートはインピーダンス目盛となっているが，インピーダンスの逆数のアドミタンス目盛としたチャートもあり，これについては図5.11（後出）で説明する．**図5.9**は線路上の電圧定在波及び入力インピーダンスとスミスチャート上の対応関係を示したものである．

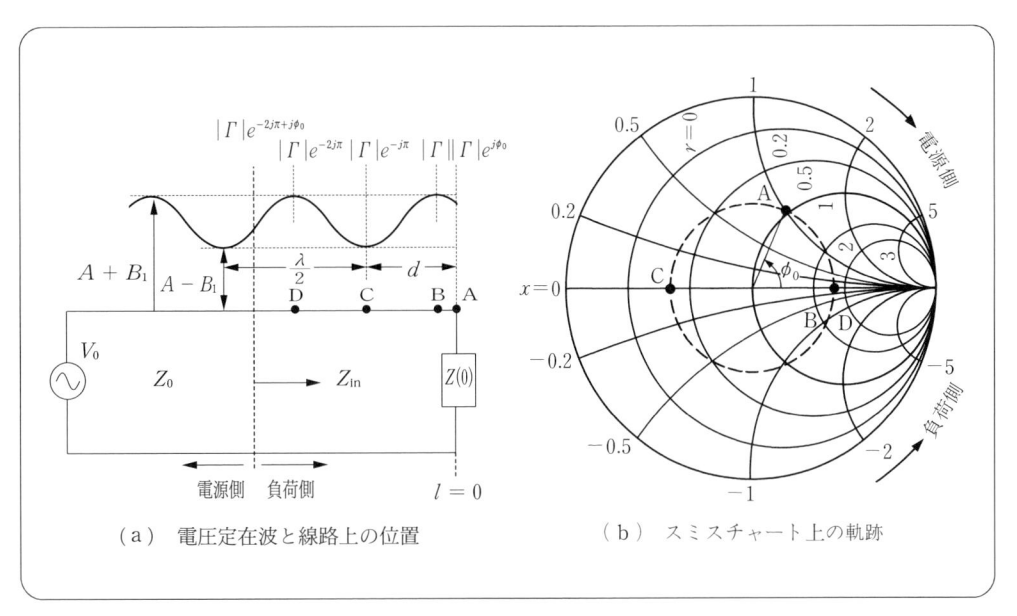

（a）電圧定在波と線路上の位置　　　　（b）スミスチャート上の軌跡

図5.9　反射係数の単位円の中に変換された規格化インピーダンスの実部，虚部を表す円の集合とスミスチャート

このようにスミスチャートは，線路上では反射係数の振幅は一定で位相だけが変わるという性質を，規格化インピーダンスをパラメータとして $u^2 + v^2 \leqq 1$ の円に表現したもので，線路上の任意の点のインピーダンスから他の位置におけるインピーダンスを求めるのに便利

な図表である．最も典型的な利用は，線路の任意の位置での入力インピーダンス $Z(l)$ を知り，スミスチャート上で反射係数一定の円を負荷側に線路長だけ回転し，その点の負荷インピーダンスを求めることである．これはネットワークアナライザによるアンテナを含めたマイクロ波回路素子における入力インピーダンス測定の原理である．このときの負荷インピーダンス決定の手順を**図5.10**に示す．すなわち伝送線路の終端に，$Z(0) = Z_L$ の負荷インピーダンスが接続されているとする．これを線路長 l を含めて測定した結果が点 A として表示される（$Z(l)/Z_0$）．次にスミスチャートの中心を中心として，点 A を線路長 l に相当する角度 $2(2\pi/\lambda)l$〔rad〕だけ負荷側に回転し点 B を求める．この点 B の位置から負荷インピーダンス Z_L/Z_0 を読み取る．この操作は l をあらかじめ知り，$Z(l)$ を測定し，式(5.22)を用いて計算により Z_L を求めることに相当する．

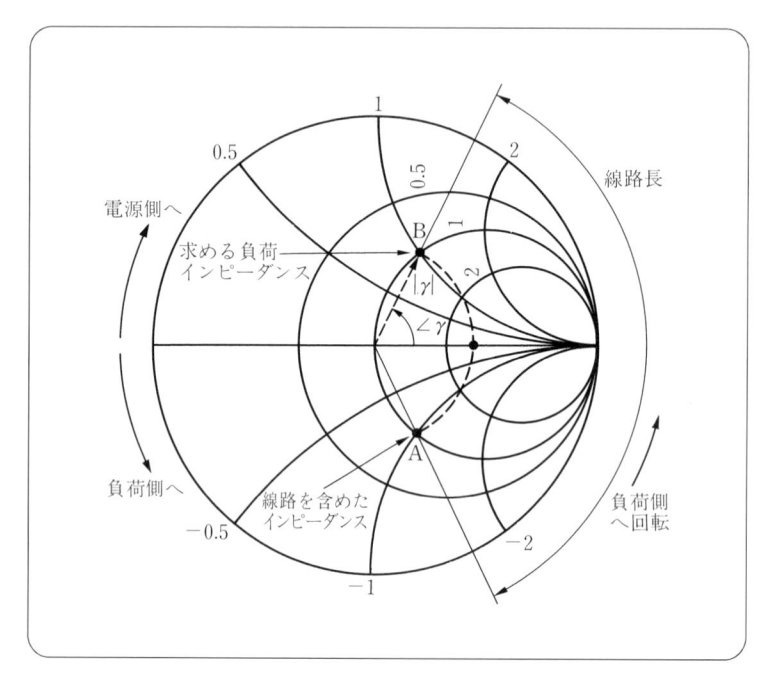

図5.10　線路に接続した負荷インピーダンスを求める手順

更に図5.7(c)のスタブ形整合回路の設計もスミスチャートを用いれば**図5.11**に示すように，所望の l_1, l_2 を作図により求めることができる．なお，スタブ形整合回路は，インピーダンスの並列接続を用いているため，インピーダンス目盛よりアドミタンス目盛のほうが有利で，図5.11のチャートはアドミタンス目盛となっている．

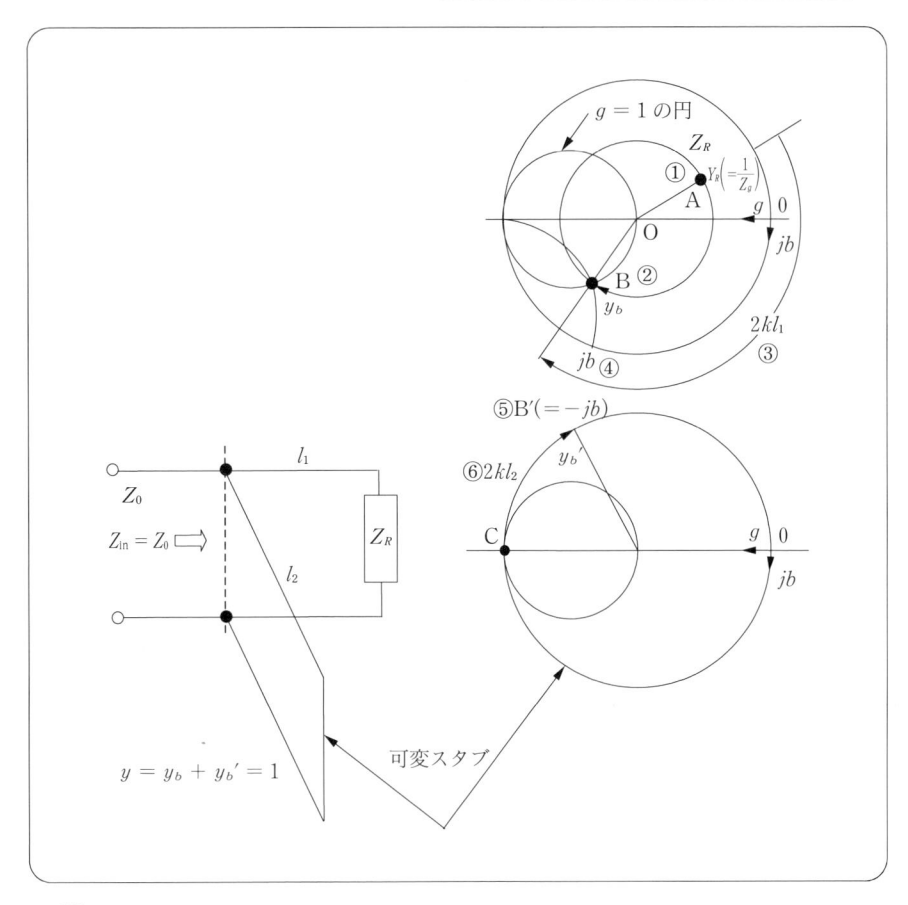

5.4 伝送路の整合とスミスチャート

〈手順〉

① 負荷インピーダンス Z_R をアドミタンス表示 Y_R に変換し，アドミタンスチャート上に表示する．この点を A とする．Z_R のインピーダンスチャート上の表示位置と Y_R のアドミタンスチャート上の表示位置は同一点．
② O–A を半径とする円を描き（反射係数一定），サセプタンス b が正の領域（円の下半分）で，$g=1$ と交わる点を点 B とする．
③ このとき $2kl_1$，すなわち l_1 をチャートの円周辺目盛から読み取る．
④ 点 B のサセプタンス値 b を読み取る．
⑤ サセプタンスが $-b$ の点 B′ を求める．
⑥ C から B′ までの長さ l_2 をチャートの円周辺目盛から読み取る．
⑦ ③，⑥の l_1，l_2 が求める長さである．ただし，$l_2 \leq \lambda/4$ とした．

〈注〉
アドミタンスチャートはインピーダンスチャートを点 O を中心に時計回りに 180°回転したもの

図 5.11 スタブ形整合回路の設計手順

5.5 導波管と共振器

5.5.1 導波管

いままでは2本の線でエネルギーを運ぶ伝送路について述べてきた．これはあたかも直流や低周波交流の電気回路と同じような考え方にも思える．しかし，既に4章では空間でも電磁波エネルギーを運ぶことができることを学んだ．ここでは，図5.12に示すように二つの線に分離されていない一体構造の金属によっても電磁波エネルギーが運ばれることについて概略を説明する．図5.12の構造は一般に導波管と呼ばれ，断面が矩形である場合，矩形導波管という．エネルギーを運ぶことができるかどうかは，マクスウェルの方程式を満たす E, H が存在し，$\mathrm{Re}(E \times H^*)$ が0でない値を持つかどうかで判断できる．

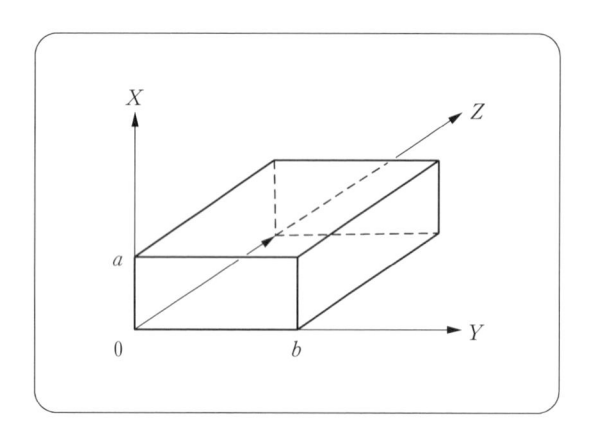

図5.12 矩形導波管の構造と解析の座標系

4章の平面波のときと同じように電界は x 成分のみとし，電界，磁界は x 方向の変化はないものと仮定する．また，時間変化は $e^{j\omega t}$ とし，矩形金属管の内部の誘電率，透磁率はそれぞれ ε, μ とする．これらの条件を直角座標を用いた波源のないマクスウェルの方程式に代入すると

$$\frac{\partial E_x}{\partial z} = -j\omega\mu H_y \tag{5.36}$$

$$\frac{\partial E_x}{\partial y} = j\omega\mu H_z \tag{5.37}$$

$$\frac{\partial H_z}{\partial y} - \frac{\partial H_y}{\partial z} = j\omega\varepsilon E_x \tag{5.38}$$

となる．式(5.36)〜式(5.38)から H_y, H_z を消去すると，$E_x(y, z)$ に関するヘルムホルツの方程式が得られる．

$$\frac{\partial^2 E_x(y, z)}{\partial y^2} + \frac{\partial^2 E_x(y, z)}{\partial z^2} + k^2 E_x(y, z) = 0 \tag{5.39}$$

この偏微分方程式は変数分離法で解くことができ，一般解は次のように表される．

$$E_x(y, z) = (A_1 \sin k_y y + A_2 \cos k_y y)(B_1 e^{-jk_z z} + B_2 e^{jk_z z}) \tag{5.40}$$

ここに，k_y, k_z はそれぞれ y 方向，z 方向の伝搬定数で，空間の伝搬定数 k と次の関係がある．

$$\boxed{k_y^2 + k_z^2 = k^2} \tag{5.41}$$

式(5.40)の右辺の第1の（ ）内は y 方向の変化を表し，第2の（ ）内は z 方向の変化を表している．いま，導波管の管軸は z 方向で無限に長いと仮定すると，電磁波は進行波のみとなり，$B_2 = 0$ となる．また，金属管壁の表面での電界の接線成分は0でなければならないから†，$y = 0$, $y = b$ においては

$$E_x(0, z) = E_x(b, z) = 0 \tag{5.42}$$

が必要である．これより $A_2 = 0$ となり

$$k_y = \frac{n\pi}{b} \quad (n = 1, 2, \cdots) \tag{5.43}$$

が得られる．結局 $E_x(y, z)$ は

$$\boxed{E_x(y, z) = E_0 \sin\left(\frac{n\pi}{b} y\right) e^{-jk_z z}} \tag{5.44}$$

と表される．

式(5.44)を式(5.36)と式(5.37)に代入すると $H_y(y, z)$, $H_z(y, z)$ が得られ，それぞれ次式のようになる．

$$\boxed{H_y(y, z) = \frac{1}{\eta} \frac{k_z}{k} E_0 \sin\left(\frac{n\pi}{b} y\right) e^{-jk_z z} \tag{5.45}}$$

$$\boxed{H_z(y, z) = \frac{1}{j\eta} \frac{k_y}{k} E_0 \cos\left(\frac{n\pi}{b} y\right) e^{-jk_z z} \tag{5.46}}$$

---

† 媒質境界では，一般に電界の接線成分は連続である（4.2節）．すなわち $E_{\mathrm{I}t} = E_{\mathrm{II}t}$ である．いま，媒質IIを金属（$\sigma \to \infty$）とすると $E_{\mathrm{II}t} = 0$ となり，その結果，媒質Iの金属表面の電界 $E_{\mathrm{I}t}$ も0となる．

ここに $\eta = \sqrt{\mu/\varepsilon}$ で，媒質の波動インピーダンスである．

図 5.12 に示した金属管の内部には，マクスウェルの方程式を満足する電界，磁界が存在し，存在可能な界の例として式 (5.44)〜式 (5.46) で与えられることが分かった．管内における電磁界の分布を示すと**図 5.13** のようになる．これはある時刻 t における瞬時の分布で，式 (5.44)〜式 (5.46) の実部（Re(·)）を取ったものである．図 5.13 の電磁界は，x 方向での変化はなく，y 方向の変化は式 (5.44) で $n = 1$ と置いた場合に相当する．波の進行方向に電界成分がない分布なので，TE_{01} (transverse electric) モードと呼ばれる．モードについては後で詳しく述べる．管内の電磁界分布は式 (5.44)〜式 (5.46) または図 5.13 のように求まったが，電磁界のエネルギーはどのように管内を伝わるのであろう．これを知るためにはポインティングベクトルを求めればよい．複素ポインティングベクトルの実部 P_r がどのようになるかを調べる．式 (5.44)〜式 (5.46) から

$$P_r = \frac{1}{2}\iint_S \mathrm{Re}(\boldsymbol{E} \times \boldsymbol{H}^*) \, dS = \frac{1}{2}\iint_S \mathrm{Re}(E_x H_y{}^* + E_x H_z{}^*) \, dS \tag{5.47}$$

となる．積分領域の S は**図 5.14** のとおりである．被積分関数の第 1 項は管軸に垂直な面 S_c を通過する電力である．第 2 項は側面 S_b を通過する電力であるが，式 (5.44) と式 (5.46)

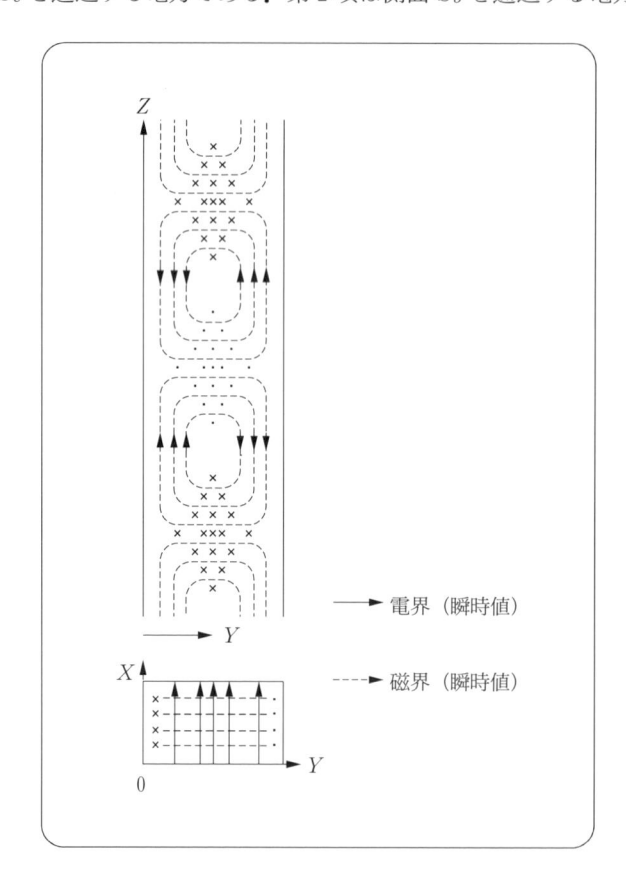

図 5.13　矩形導波管内の電磁界分布（TE_{01} モード）

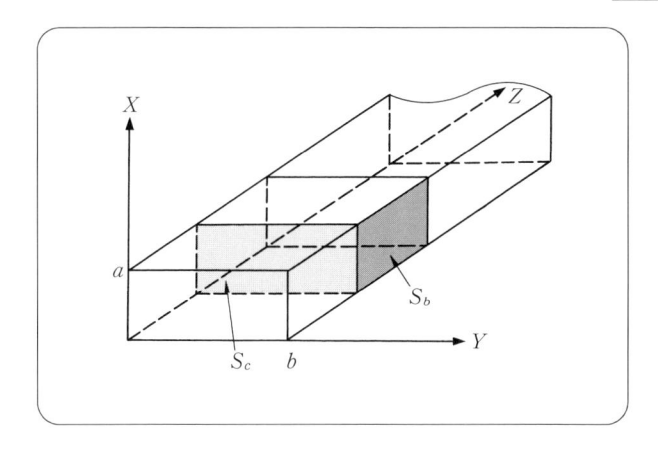

図5.14 ポインティングベクトルの積分面 S

からこの項は純虚数となり，$\mathrm{Re}(E_x H_z{}^*) = 0$ となる．ゆえに実際に電磁エネルギーの伝達に寄与するのは第1項のみであり

$$P_r = \frac{1}{2}\int_0^b \int_0^a \mathrm{Re}(E_x H_y{}^*)\, dx\, dy = \frac{ab}{4}\frac{|E_0|^2}{\eta}\mathrm{Re}\left(\frac{k_z{}^*}{k}\right) \tag{5.48}$$

となる．ここで k 及び η はともに実数（ただし ε, μ とも実数と仮定している）である．$k_z{}^*$ は k_z の複素共役であり，k_z は式(5.41)から次式で与えられる．

$$k_z = \sqrt{k^2 - \left(\frac{n\pi}{b}\right)^2} = \sqrt{\left(\frac{2\pi}{\lambda}\right)^2 - \left(\frac{n\pi}{b}\right)^2} \qquad \left(\lambda < \frac{2b}{n}\right) \text{のとき} \tag{5.49 a}$$

$$= -j\sqrt{\left(\frac{n\pi}{b}\right)^2 - k^2} = -j\sqrt{\left(\frac{n\pi}{b}\right)^2 - \left(\frac{2\pi}{\lambda}\right)^2} \qquad \left(\lambda \geqq \frac{2b}{n}\right) \text{のとき} \tag{5.49 b}$$

式(5.49 b)で，複号 $\pm j$ のうち「$-j$」を選んだのは，$z \to \infty$ のとき電磁界が無限大にならないように決めている．式(5.49)は波長 λ が導波管断面の横幅 b に関し，$2b/n$ より小さい（周波数が高い）とき k_z は実数になり，電界，磁界は z の正方向に伝搬する界を表す．また，式(5.48)の複素ポインティングベクトルの実部（これはある面を単位時間内に通過する平均電力を表す）も正となり，管軸の正方向に電磁エネルギーが伝わることが理解できる．一方，$\lambda > 2b/n$ のときは k_z は純虚数となり，E_x, H_y は z 方向に進行すると急激に減衰する．また，複素ポインティングベクトルも純虚数となり，式(5.48)より $P_r = 0$ で電磁波エネルギーは伝搬しない．

$\lambda < 2b/n$ のときの電磁界を伝搬モード，$\lambda > 2b/n$ のときを非伝搬モード（またはエバネッセンモード）という．伝搬モードと非伝搬モードの境目の波長を λ_c とすると

$$\lambda_c = \frac{2b}{n} \tag{5.50}$$

となる．λ_c に相当する周波数 f_c を遮断周波数といい，式(5.51)で求められる．

$$f_c = \frac{n}{2b\sqrt{\varepsilon\mu}} \tag{5.51}$$

式(5.44)～式(5.46)における z 方向の伝搬定数 k_z に対応する波長 $\lambda_g = 2\pi/k_z$ を管内波長といい，式(5.49)を用いると次式のように表される．

$$\lambda_g = \frac{\lambda}{\sqrt{1-\left(\frac{n\lambda}{2b}\right)^2}} = \frac{\lambda}{\sqrt{1-\left(\frac{\lambda}{\lambda_c}\right)^2}} \tag{5.52}$$

伝搬モードでは $\lambda < \lambda_c$ なので，式(5.52)から管内波長 λ_g は真空中の波長 λ より常に長いことが分かる．

導波管内の電磁波モードは電界または磁界が z 成分を持つかどうかで分けられる．式(5.44)～式(5.46)は $E_z = 0$ で，このようなモードを TE (transverse electric) モードという．また，$H_z = 0$ とするモードも存在可能で，これを TM (transverse magnetic) モードという．導波管の内部の電磁界は，励振点や構造の不連続点の近傍を除き，TE モードまたは TM モードのいずれかで表される．また，式(5.44)の電界は x 方向の変化はなく（変化 0），y 方向の変化は $\sin\{(n\pi/b)y\}$ である．このような電磁界分布となるモードを TE$_{0n}$ モードといい，$n = 1$ のとき基本モード，$n \geqq 2$ のモードを高次モードという．導波管を伝送路として使用するときは，使用周波数帯において通常，基本モードだけを通すように管幅が決められる．

図 5.15 に導波管設計の一例を示す．基本モードに対しては余裕を持って通過する管幅で，第 2 高調波に対しては十分に遮断波長以下の寸法となるように設計される．なお，3 章で述べたように，電界も磁界も進行方向の成分を持たないモードを TEM (transverse electromagnetic) モードと呼ぶ．

式(5.44)～式(5.46)の界は y 方向には定在波分布となっているが，二つの進行波の和の形に表現できる．例えば E_x は次のように表される．

$$E_x(y, z) = j\frac{E_0}{2}(e^{-j\frac{n\pi}{b}y} - e^{j\frac{n\pi}{b}y})e^{-jk_z z} \tag{5.53}$$

ここで

$$\left.\begin{array}{l} \dfrac{n\pi}{b} = k\sin\xi \\ k_z = k\cos\xi \\ \left(\dfrac{n\pi}{b}\right)^2 + k_z^2 = k^2 \end{array}\right\} \tag{5.54}$$

とおくと，$E_x(y, z)$ は

5.5 導波管と共振器

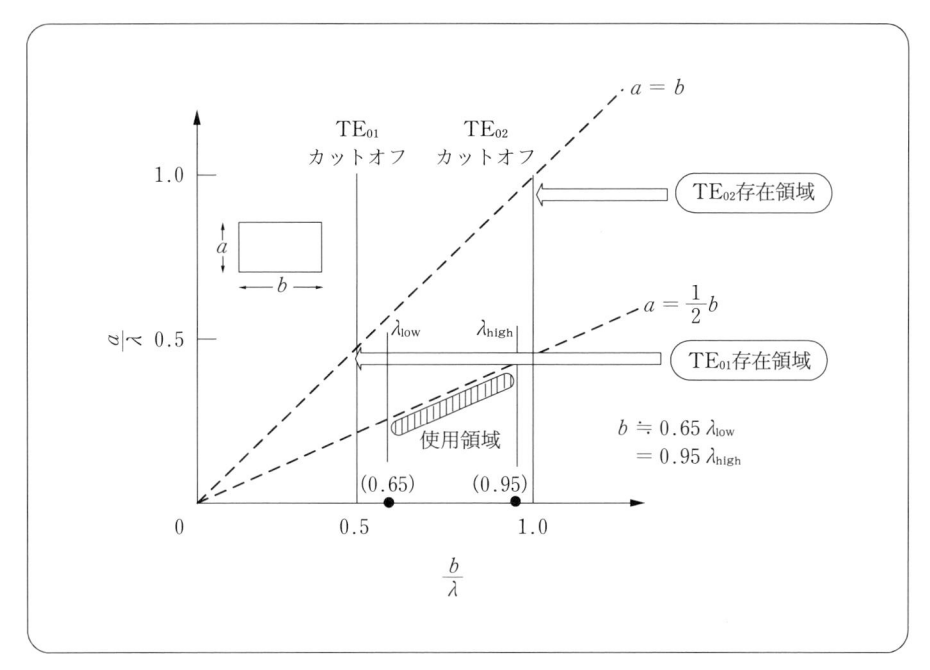

図 5.15 導波管の設計例

$$E_x(y, z) = j\frac{E_0}{2}(e^{-jk\sin\xi \cdot y} - e^{jk\sin\xi \cdot y})e^{-jk\cos\xi \cdot z}$$

$$= j\frac{E_0}{2}(e^{-jk(y\sin\xi + z\cos\xi)} - e^{-jk(-y\sin\xi + z\cos\xi)}) \tag{5.55}$$

となる.図 5.16 に示す座標で管軸（z 軸）から $\xi(-\xi)$ 回転した軸を $z'(-z')$ 軸とすると

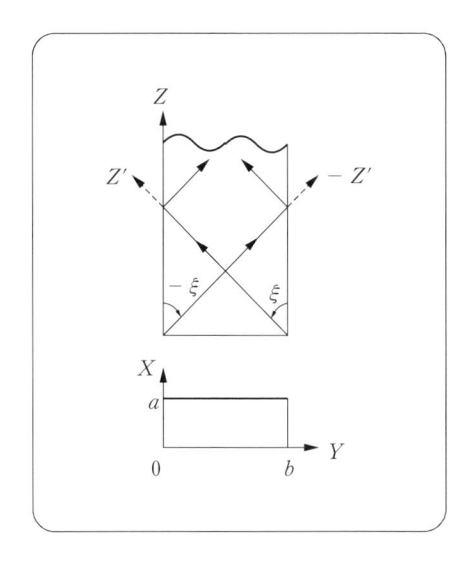

$$\begin{aligned} z' &= z\cos\xi + y\sin\xi \\ -z' &= z\cos\xi - y\sin\xi \end{aligned} \tag{5.56}$$

図 5.16 導波管解析の座標系

となるので，$E_x(z, y)$ は

$$E_x(z, y) = E_x(z') = j\frac{E_0}{2}(e^{-jkz'} - e^{jkz'}) \tag{5.57}$$

と表される．$H_y(y, z)$，$H_z(y, z)$ も同様に変形でき，両成分を合成したものを $H_{y'}(z')$ とすると

$$H_{y'}(z') = j\frac{E_0}{2\eta}(e^{-jkz'} - e^{jkz'}) \tag{5.58}$$

と表される．すなわち式(5.57)と式(5.58)は，z' 方向，$-z'$ 方向に伝搬する二つの平面波から構成されており，電磁波エネルギーはこの二つの平面波の形で，$y = 0$，$y = b$ の二つの側面で反射されながら全体として管軸方向に伝わっていくことが分かる．また式(5.54)から

$$\sin \xi = \frac{n\pi}{kb} = \frac{n\lambda}{2b} \leq 1 \tag{5.59}$$

であり，等号が成り立つのは $\xi = \pi/2$ のときである．このとき電磁波は y 方向にだけ行ったり来たりするだけで，z 方向には伝搬しないことが図5.16から容易に理解できる．

5.1節で述べた平衡2線のようにTEM線路では，電磁波は伝送線路の構造の軸に垂直に波面が伝わるのに対し，導波管では管軸に垂直な面から $\pm(\pi/2 - \xi)$ だけ傾いた波面を有する2つの平面波によってエネルギーが伝達されるといえる．

5.5.2　共　振　器

導波管の z 軸に垂直な二つの面に金属のふたをしたものを金属共振器という．マイクロ波回路の基本素子として，各種の通信システムやその他の無線システムで使用される重要なものである．図5.17のように，$z = 0$ と $z = c$ の二つの面を金属で覆うと，この面上では $E_x(z, y) = 0$ となる．ゆえに式(5.40)から境界条件を満たすように未定係数を決めると式(5.60)が得られる．

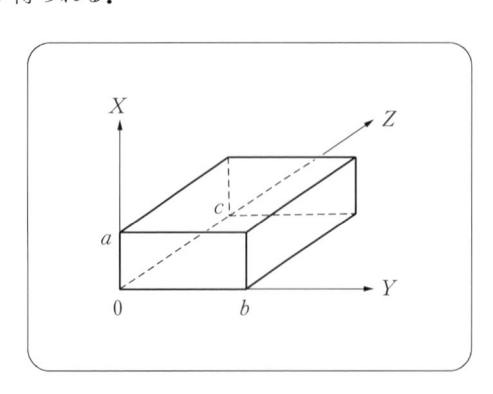

図5.17　金属共振器の構造と解析の座標系

$$E_x(z, y) = E_0 \sin\left(\frac{n\pi}{b}y\right)\sin\left(\frac{m\pi}{c}z\right) \tag{5.60}$$

また，H_y，H_z についても導波管の場合と同じように式(5.60)を式(5.36)，式(5.37)に代入すると次式が得られる．

$$H_y(y, z) = j\frac{E_0}{\eta}\frac{\left(\frac{m\pi}{c}\right)}{k}\sin\left(\frac{n\pi}{b}y\right)\cos\left(\frac{m\pi}{c}z\right) \tag{5.61}$$

$$H_z(y, z) = -j\frac{E_0}{\eta}\frac{\left(\frac{n\pi}{b}\right)}{k}\cos\left(\frac{n\pi}{b}y\right)\sin\left(\frac{m\pi}{c}z\right) \tag{5.62}$$

式(5.60)～式(5.62)において，$n=1$，$m=1$ としたときの電磁界分布を図 **5.18** に示す．一般に共振器の共振モードは n，m に対し，TE$_{0nm}$ と表記される．また導波管の TM モードに対して TM$_{0nm}$ モードも存在する．

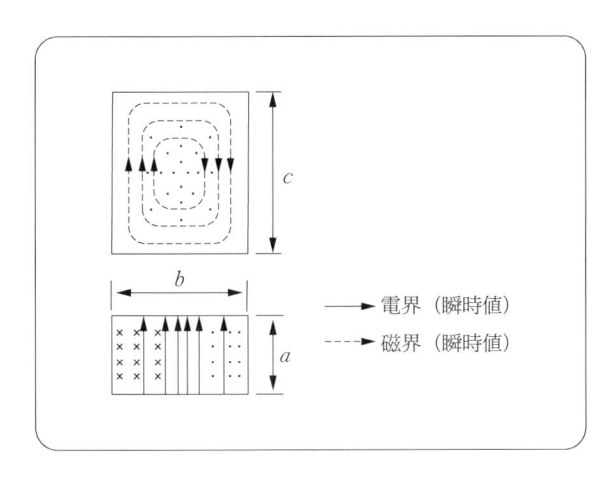

図5.18 金属共振器内部の電磁界分布

共振器の電磁界に関しても式(5.41)の関係は必要で，この場合

$$\left(\frac{n\pi}{b}\right)^2 + \left(\frac{m\pi}{c}\right)^2 = k^2 \tag{5.63}$$

となる．これより縦，横がそれぞれ b，c である共振器の波長（共振波長 λ_r）は次式で与えられる．

$$\lambda_r = \frac{1}{\sqrt{\left(\frac{n}{2b}\right)^2 + \left(\frac{m}{2c}\right)^2}} \tag{5.64}$$

共振周波数 f_r は，$f_r \lambda_r = 1/\sqrt{\mu\varepsilon}$ から

5. 伝送路における電磁波伝搬

$$f_r = \frac{\sqrt{\left(\frac{n}{2b}\right)^2 + \left(\frac{m}{2c}\right)^2}}{\sqrt{\mu\varepsilon}} \tag{5.65}$$

と求められる．式(5.64)または式(5.65)は，金属箱の寸法が決まるとそれに対応した特定の周波数でのみ電磁波の共振が起こることを示しており，この性質を利用して金属共振器は各種のフィルタに応用されている†．

導波管でみたように，共振器における電磁界も二つの平面波の重ね合わせ伝搬とみることができる．

式(5.63)に対応して

$$\left.\begin{array}{l}\left(\dfrac{n\pi}{b}\right) = k\sin\xi \\[2mm] \left(\dfrac{m\pi}{c}\right) = k\cos\xi\end{array}\right\} \tag{5.66}$$

とおくと，式(5.60)の定在波の電磁界は次式で示す二つの進行波の和によって表すことができる．

$$E_x(y, z) = j\frac{E_0}{2}(e^{-jkz'} - e^{jkz'}) \tag{5.67}$$

ただし，z' は図5.19のように取り，1回の反射で z' と $(-z')$ が入れ替わる．$l, -l$ が平面波の伝搬経路である．導波管の場合と異なるのは，$z = c$ または $z = 0$ の面で反射されるとき，伝搬経路 l は $-l$（ただし，伝搬方向は l' とは逆方向なので $-l'$ と表記）に，$-l$ は l に入れ替わる．すなわち一つの平面波は $l \sim -l$ または $-l \sim l$ と共振器の中を

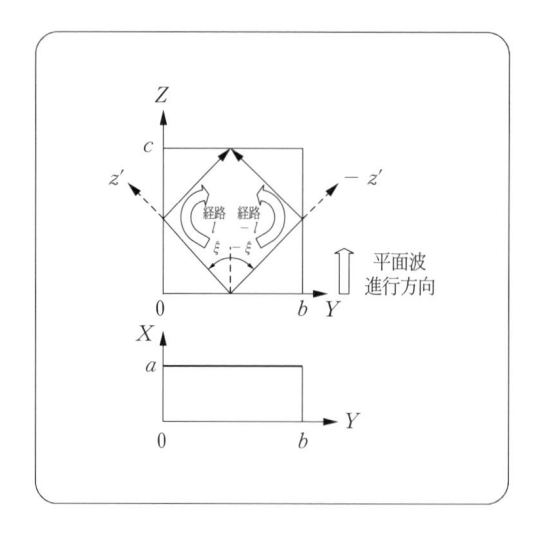

図5.19 金属共振器解析の座標系

---

† 金属共振器に入力，出力端子を設け（例えば同軸線路を小孔を通して結合させる），共振器を励振し，共振した周波数の電磁界を出力端子から取り出すことにより，所望の周波数のみを通過させるフィルタが実現される．

ぐるぐる回転していることになる．このように幾何学的にちょうどぐるぐる回転できる条件のとき共振するのである．

z軸に対して $\pm \xi$ の傾きを持つ伝搬経路を有する二つの平面波が，ぐるぐる回転できる条件を満足するとき，式(5.66)が成り立つ．これから

$$\sin \xi = \frac{1}{k}\frac{n\pi}{b} = \frac{n\lambda}{2b} \tag{5.68}$$

$$\cos \xi = \frac{1}{k}\frac{m\pi}{c} = \frac{m\lambda}{2c} \tag{5.69}$$

となる．$\sin^2 \xi + \cos^2 \xi = 1$ を利用すると，共振波長 λ_r を求めることができ

$$\lambda_r = \frac{1}{\sqrt{\left(\frac{n}{2b}\right)^2 + \left(\frac{m}{2c}\right)^2}} \tag{5.70}$$

となり，式(5.64)と一致する結果が得られる．

本章のまとめ

❶ **分布定数線路の基本方程式**（電信方程式と呼ばれる）

$$\frac{\partial I(z)}{\partial z} + C\frac{\partial V(z)}{\partial t} = 0$$

$$\frac{\partial V(z)}{\partial z} + L\frac{\partial I(z)}{\partial t} = 0$$

☆この連立方程式は1変数消去して解く．2階の微分方程式となり，<u>一般解は二つの未定係数を含む</u>．

❷ **分布定数線路の電圧，電流の表示**（時間関数は $e^{j\omega t}$ とする）

・未定係数として V_+，V_-（送端における進行波，後進波の振幅）が既知のとき

$$V(z) = V_+ e^{-jkz} + V_- e^{jkz}$$

$$I(z) = \frac{1}{Z_0}(V_+ e^{-jkz} - V_- e^{jkz}) = I_+ e^{-jkz} - I_- e^{jkz}$$

・未定係数として V_x，I_x が既知のとき

$$V(z) = V_x \cos\{k(z-x)\} - jZ_0 I_x \sin\{k(z-x)\}$$

$$I(z) = \frac{V_x}{jZ_0}\sin\{k(z-x)\} + I_x \cos\{k(z-x)\}$$

☆線路上の電圧，電流は，<u>境界条件から二つの未定係数を決定し</u>，正弦波関数の和として表される．いろいろな表現がある．❶，❷の下線部の原則を理解すること．

❸ **反射係数 Γ，電圧定在波比 VSWR，インピーダンス $Z(l)$**

$$\Gamma(z) = \frac{V_- e^{jkz}}{V_+ e^{-jkz}} = \frac{V_-}{V_+}e^{j2kz} = |\Gamma|e^{j2kz}, \quad \Gamma(l) = \frac{Z(l) - Z_0}{Z(l) + Z_0}$$

5. 伝送路における電磁波伝搬

$$\text{VSWR} = \frac{V_{\max}}{V_{\min}} = \frac{V_+ + V_-}{V_+ - V_-} = \frac{1+|\Gamma|}{1-|\Gamma|}$$

$$Z(l) = \frac{V(l)}{I(l)}$$

負荷インピーダンスが Z_L のとき，$Z(l) = \dfrac{Z_L \cos kl + jZ_0 \sin kl}{\dfrac{jZ_L}{Z_0}\sin kl + \cos kl}$

z：送端からの長さ，l：負荷点からの長さ

❹ 伝送線路の整合とスミスチャート

［分布定数整合回路の例］

・1/4 波長整合回路
・2 段 1/4 波長整合回路
・スタブ形整合回路

スミスチャート：反射係数が半径 1 の円内に存在すること，反射係数とインピーダンスの関係式（式(5.26)）を利用し，線路上の任意の点のインピーダンスを作図的に求める．スタブ形整合回路の設計に有効．

❺ 導波管

断面が $a \times b$ のパイプ内に電磁波を閉じ込めて伝送する．$\lambda < \lambda_c = 2b/n$ の波長，または $f > f_c = n/(2b\sqrt{\varepsilon\mu})$ の周波数の波だけが伝搬可能（n：正の整数）．

❻ 共振器

金属直方体（$a \times b \times c$）内では

$$f_r = \frac{1}{\sqrt{\varepsilon\mu}}\sqrt{\left(\frac{n}{2b}\right)^2 + \left(\frac{m}{2c}\right)^2}$$

の周波数の波だけが存在し（これを共振という），他の周波数の波は存在しない．共振状態では互いに逆回転の二つの平面波が 1 回転して元に戻る構造となっている．

●理解度の確認●

問 5.1　図 5.3(b) において，Ldz に直列に Rdz の抵抗が，Cdz に並列に Gdz のコンダクタンスが存在する損失のある平衡 2 線伝送路において，伝送路の電圧 $V(z,t)$，電流 $I(z,t)$ に関して式(5.9)の方程式が成り立つことを示せ．

問 5.2　平衡 2 線，及同軸線路において，導線間を空気とするとき，線路に沿って進む波の速度は，真空中の電磁波の速度と等しいことを示せ．

問 5.3　平衡 2 線伝送路において，$z = x$ の位置における線間電圧 V_x，線路に流れる電流

I_x が測定によって分かったとする．伝送路の任意の位置 z における電圧 $V(z)$，電流 $I(z)$ を求めよ．

問 5.4 平衡 2 線伝送路において，線路に沿って電源側から負荷方向に $+z$ 軸を設定する．$z = x$ における電圧，電流がそれぞれ V_x, I_x と測定されたとする．$z = x$ から負荷側に l 進んだ点での進行波電圧の振幅を求めよ．また電源側に l' 戻った点での進行波電圧振幅と後進波電圧振幅の比を求めよ．

問 5.5 式 (5.25) を導出せよ．

問 5.6 式 (5.26) を導出せよ．

問 5.7 伝送路の終端に次の負荷を接続したときの反射係数，反射係数の絶対値及び VSWR を求めよ．
（1） $Z_L = Z_0$（特性インピーダンスに等しい実数負荷）
（2） $Z_L = jZ_0$（絶対値が特性インピーダンスに等しい純リアクタンス負荷）
（3） $Z_L = 0$（終端短絡）
（4） $Z_L = 3Z_0$（絶対値が特性インピーダンスの 3 倍の実数負荷）
（5） $Z_L = j3Z_0$（絶対値が特性インピーダンスの 3 倍の純リアクタンス負荷）

問 5.8 式 (5.27) を導出せよ．いま，伝送路の終端に入力インピーダンス $300\,\Omega$ のアンテナが接続されている．これを特性インピーダンス $75\,\Omega$ の給電線に接続するとき，1/4 波長整合回路の特性インピーダンスは何 Ω にすればよいか．

問 5.9 スミスチャートにおいて，規格化インピーダンス $z = 0.5 + ja$（a：任意の実数）の円を描け．次に規格化リアクタンス $x = j \cdot 1$ の円を描け．更に規格化インピーダンス $z = 0.5 + j \cdot 1$ の点をプロットせよ．

問 5.10 線路上の電圧をプローブを用いて測定した．負荷の位置から $2.5\,\mathrm{cm}$ のところで電圧は最大となり，最大値は $3.0\,\mathrm{V}$，また $7.5\,\mathrm{cm}$ のところで最小となり，最小値は $2.0\,\mathrm{V}$ であった．ただし線路の特性インピーダンスは $50\,\Omega$ とする．
（1） この伝送路の周波数はいくらか．
（2） VSWR はいくらか．
（3） 反射係数の絶対値はいくらか．
（4） 負荷から $7.5\,\mathrm{cm}$ の点で負荷側を見たインピーダンスはいくらか．
（5） 負荷インピーダンスはいくらか．

問 5.11 マクスウェルの方程式，式 (3.8)，式 (3.9) から式 (5.36)〜式 (5.37) を導け．

問 5.12 TE_{0n} モードの電界 E_x は x-y 面内で y に対してのみ変化する．$n = 1$, $n = 2$ について $E_x(y)$ を図示せよ．

問 5.13 図 5.12 の導波管の断面の Y 方向寸法が $3\,\mathrm{cm}$ のとき TE_{01} モード，TE_{02} モードの

遮断波長，遮断周波数を求めよ．ただし導波管の内部は空気とする．

問 5.14 導波管断面の寸法を 1.5 cm×3 cm とするとき，基本モードのみを伝送させるためには使用周波数はどの範囲となるか．ただし，基本モードの遮断及び高次モード発生に対し，図 5.15 の余裕をとるものとする．

問 5.15 導波管内の波の伝わり方として

$$E_x(y, z) = E_0 \sin\left(\frac{n\pi}{b}y\right) e^{-jk_z z + j\omega t}$$

と表すと

$$E_0 \sin\left(\frac{n\pi}{b}y\right) \text{の分布が } v = \frac{\omega}{k_z} \text{ の速度}$$

で進むと考えられる．これに対し図 5.16 に示されるように，角度 $\pm\xi$ の二つの平面波に分かれて進むと解釈することもできる．このとき，遮断波長 ($2b$) の 80％，60％の波長の波の伝わり方を図示せよ（ξ を求めよ）．また，二つの波が z 方向に同じ距離進むのに必要とする時間の差を求めよ（比率で示せ）．

問 5.16 式(5.60)を導出せよ．

問 5.17 直方体の金属箱の寸法を 3 cm×4 cm×1.5 cm とするとき，基本モードの共振周波数を求めよ．ただし直方体の内部は空気とする．

問 5.18 問 5.17 において直方体の内部を比誘電率 2.4 の誘電体で満たすと共振周波数はいくらになるか．

問 5.19 基本モード共振器において平面波の回転の様子を図示せよ．共振しないときの平面波の動きはどうなるか．図を用いて説明せよ．

6 光ファイバと光回路

　光ファイバ，光導波路及び代表的な光回路素子を取り上げ，動作原理の概要を説明するとともに，光・電磁波の物理現象との関係について学習する．本章で取り上げるのは，光ファイバや光導波路，あるいは受光素子としての光回路素子で，レーザダイオードやフォトダイオードまたは半導体レーザ増幅器など能動素子は含んでいない．また，ここで取り扱う物理は，電波と共通した線形物理現象の範囲に限っている．光は波長が短いので，通常の装置において，電力密度が$1\,\mathrm{GW/cm^2}$という高い状態も比較的簡単に実現できる．その結果，光ファイバや結晶材料の中で非線形現象が観測されることになる．そしてソリトン波やフェムト秒パルスの発生など，光の非線形現象を利用した装置，システムの実現に向けた研究・開発が活発に進められている．光の能動素子及び非線形に関する技術は，光エレクトロニクスの分野において重要な地位を占めているが，これらについては巻末の引用・参考文献の参考書をもとに学習していただきたい．

6.1 光ファイバにおける伝送特性

光通信はそれまでの電気通信に変えて1980年代後半から徐々に導入されるようになり，1990年代になって，通信の基幹回線に本格的に導入され始めた．そして1990年代終わりには，インターネットのバックボーン回線を支える伝送路として発展し，更に現在はバックボーン回線とユーザの間を結ぶ支線にも高速な伝送路として導入されつつある．

図6.1は光通信の主要な構成要素を示したもので，光を発振するレーザダイオード（laser diode；LD），LDからの光を受信点まで効率よく伝送する光ファイバ，そしてこれを受信するフォトダイオード（photo diode；PD）から成る．通常LDから放射される光ビームは広い角度に広がるので，これをレンズで集束し光ファイバに入射させる．光ファイバは誘電率がわずかに違うコアとクラッドから成り，同心円筒の構造をなしている．光ファイバに入射された光は，コアとクラッドの境界面で全反射を繰り返しながら受信端まで伝送される．受信端では光ファイバから出射された光は，PDの受光面に効率よく当たるようにレンズで集束されPDで受光される．

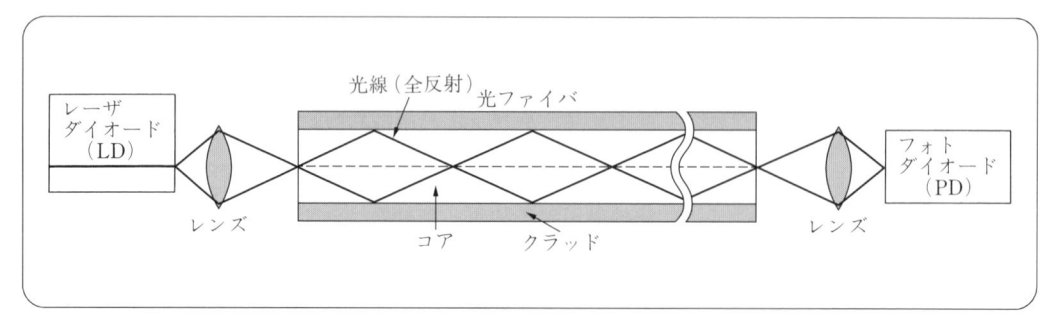

図6.1 光通信の主要構成要素と光ファイバ内での光の伝搬

光が外部に漏れることなく光ファイバの中を効率よく伝わる理由は，「平面波は誘電率の大きい媒質から小さい媒質に入射する場合，臨界角以上では全反射する」現象を利用しているためである．全反射の原理については4.4節で学習した．では，光ファイバの中で具体的にどのように全反射が起きているのか，もう少し詳しく調べてみよう．

図6.2は光ファイバの断面図である．ここでコアの半径をa，誘電率をε_1，クラッドの誘電率をε_2とし，透磁率はいずれもμ_0とする．いま，コアとクラッドの境界面に，光は臨界

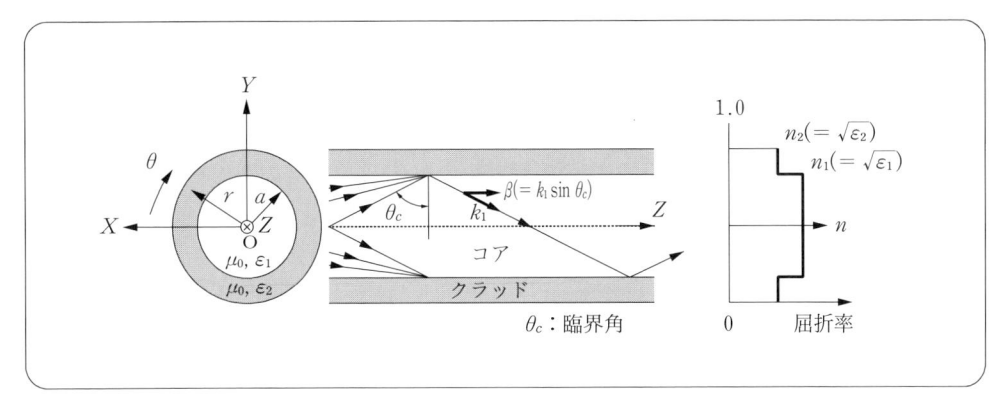

図 6.2 光ファイバの解析座標系

角 θ_c 以上の入射角で入射し全反射しているとする．4.4 節に説明した臨界角 θ_c は，反射面が平面のときのものであるが，同筒ファイバの場合も微小部分については平面とみなすことができ，4.4 節の臨界角の定義を利用できる．いま，光の角周波数を ω，ファイバの軸方向の伝搬定数を β_1 または β_2 とし，時間振動の部分 $e^{j\omega t}$ を省略すると，ファイバ中を伝わる波は次のように表される．

$$E_1(r, \theta, z) = F_1(u_1 r)\, G_1(\theta)\, e^{-j\beta_1 z} \qquad (r \leq a) \tag{6.1}$$

$$E_2(r, \theta, z) = F_2(u_2 r)\, G_2(\theta)\, e^{-j\beta_2 z} \qquad (r > a) \tag{6.2}$$

ここでコアとクラッドの境界では，境界条件「境界における電界と磁界の接線成分は等しい」という条件から，$\beta_1 = \beta_2 (= \beta)$，$G_1(\theta) = G_2(\theta)$ が導かれる．更に周方向には周期 2π の周期構造であるので，$G_1(\theta) = G_2(\theta) = e^{jm\theta}$ となる．関数 F_1，F_2 の中の u_1，u_2 は，それぞれコア，クラッド中の半径方向（r 方向）の伝搬定数であり，考え方は 5.5 節で学んだ導波管における y 方向の伝搬定数と同様である[†]．

z 方向の伝搬定数 β とコアにおける媒質固有の伝搬定数 $k_1 = \omega\sqrt{\mu_0 \varepsilon_1}$ は，図 6.2 に示した関係にあり

$$\beta = k_1 \sin\theta = \omega\sqrt{\mu_0 \varepsilon_1} \sin\theta \tag{6.3}$$

となる．ただし入射角 θ は臨界角 θ_c に対し，$\theta \geq \theta_c$ の範囲をとる．ここで，臨界角 θ_c の定義から次の関係式が成り立つ．

$$\sin\theta \geq \sin\theta_c = \frac{n_2}{n_1} = \sqrt{\frac{\varepsilon_2}{\varepsilon_1}} \tag{6.4}$$

$\sin\theta < 1\,(\theta \neq \pi/2)$ であるから，$\sqrt{\varepsilon_1} > \sqrt{\varepsilon_1}\sin\theta \geq \sqrt{\varepsilon_2}$ となり，各辺に $\omega\sqrt{\mu_0}$ を掛けると

[†] 光ファイバ中の電磁界の波動的取り扱いは，円筒座標，円筒関数を用いて行うことができる．例えば榛葉 実：光ファイバ通信概論，東京電機大学出版局（1999）に解析手順が分かりやすく記述されている．章末問題 6.2 は解析の第 1 ステップの部分に相当する．

$$\omega\sqrt{\mu_0\varepsilon_1} = k_1 > \omega\sqrt{\mu_0\varepsilon_1}\sin\theta = \beta \geqq \omega\sqrt{\mu_0\varepsilon_2} = k_2 \tag{6.5}$$

すなわち，$k_1 > \beta \geqq k_2$ が成り立つ．コアとクラッドの媒質固有の伝搬定数 k_1, k_2 と z 方向の伝搬定数 β のベクトル差が r 方向の伝搬定数であり，式(6.5)の関係を利用すると

$$k_1{}^2 - \beta^2 = u_1{}^2 > 0 \quad (\text{コア内}) \tag{6.6}$$
$$k_2{}^2 - \beta^2 = (ju_2)^2 \leqq 0 \quad (\text{クラッド内}) \tag{6.7}$$

の関係が導かれる．これより式(6.4)または式(6.5)の条件，すなわちコアとクラッドの境界で全反射するという条件のとき，クラッド内では光は半径方向に指数関数的に減少するモードであり，コア内に光のエネルギーが閉じ込められて伝達されることがファイバ内のモードの考察からも理解できる．

いままでの説明は，光をスカラとして扱った．しかし光にも偏波があり，4.4節で議論したように異なる誘電率の媒質境界に平面波が入射する場合，平行偏波入射と直交偏波入射がある．図 6.3 は LD から出射された光が x 軸方向の偏波（E_x）を有し，ファイバに入射する場合の構造を示している．これより x-z 面が入射面になるときは平行偏波入射（電界（E_x）が入射面にある）となり，y-z 面が入射面となるときは直交偏波入射（電界（E_x）が入射面に直交している）となる．更に x-z 面と y-z 面の中間の面に入射する光については

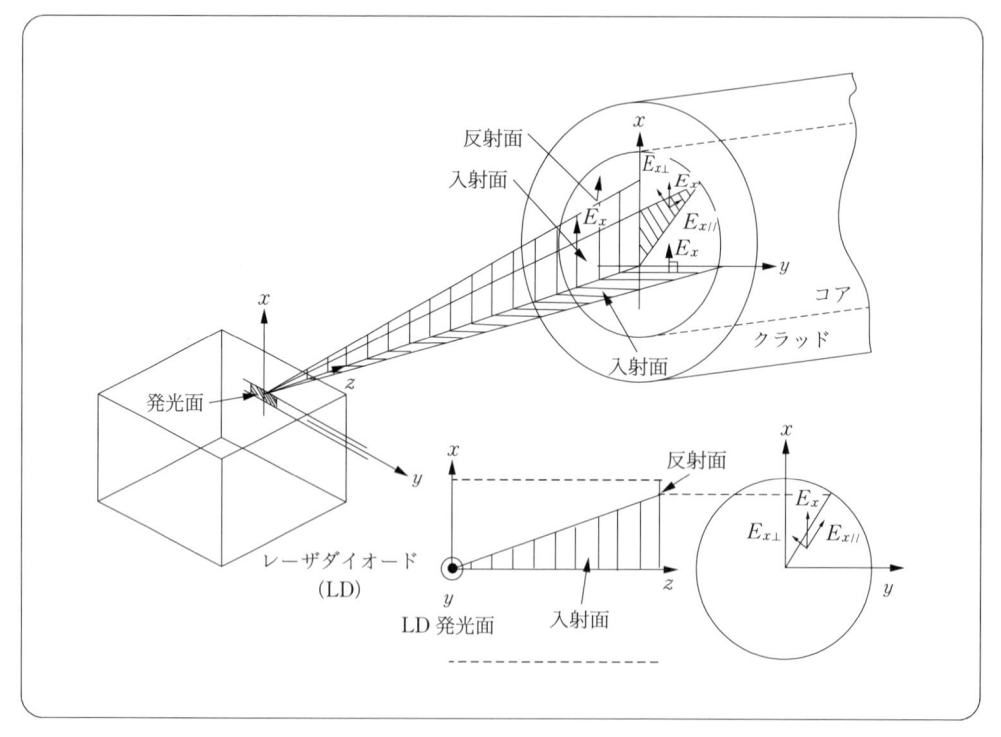

図 6.3 光ファイバへの入射光の入射面の説明図

平行偏波成分 $E_{x/\!/}$ と直交偏波成分 $E_{x\perp}$ に分けて考えることができる．ところで臨界角 θ_c の条件は 4.4 節の式 (4.92) に示したとおり，平行偏波入射と直交偏波入射で同じになる．よって LD から出射された光は，光ファイバの周方向のすべての面で反射されるが，このときの全反射条件，すなわち臨界角は入射偏波によらず同一であり，光は一様に全反射を繰り返しながら受信端に到達する．

ところで，LD から出射された光をファイバ内に結合させる場合，LD からの光線は図 6.4 に示すようにある広がりを持つ．広がりの大きい光線はファイバ端面への入射角 θ_i が大きくなり，コアとクラッドの境界に入射する角度 θ_j が小さくなる．θ_j が θ_c より小さくなると全反射とはならず，光がファイバ外にもれ出てしまう．ゆえにファイバ端面での入射角 θ_i はある値より小さくならなければならない．これを制御するのがレンズであるが，入射角 θ_i の条件について考えてみよう．

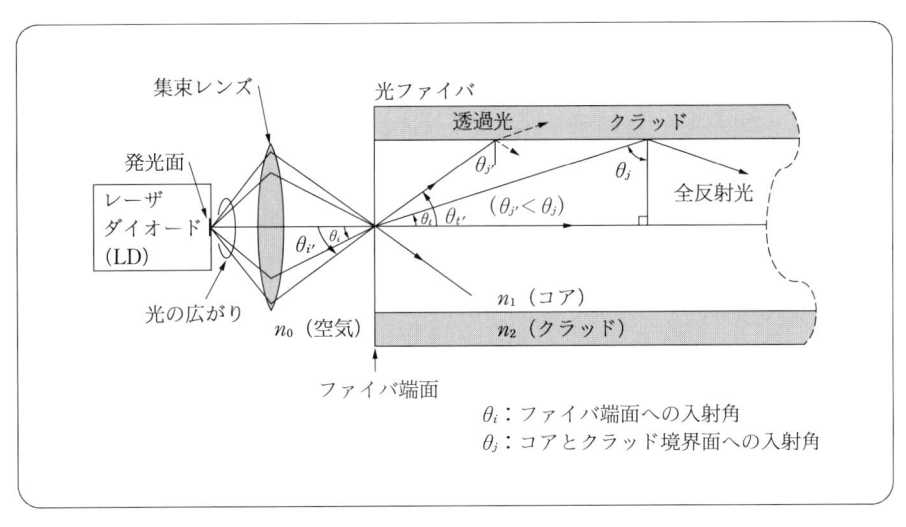

図 6.4 ファイバ端面での入射角 θ_i と全反射条件の関係

図 6.4 に示すように，ファイバ端面への入射角を θ_i，屈折角を θ_t とすると，スネルの法則により

$$n_0 \sin \theta_i = n_1 \sin \theta_t \tag{6.8}$$

が成り立つ（4.4 節参照）．ただし，光線はレンズとファイバ端面の間の空気層を通過してファイバに入射するものとし，空気及びコアの屈折率をそれぞれ n_0, n_1 とする．図 6.4 から分かるように $\theta_t + \theta_j = \pi/2$ なので，$\sin \theta_j = \cos \theta_t$ となる．更に全反射する条件から

$$\cos \theta_t = \sin \theta_j \geqq \sin \theta_c = \frac{n_2}{n_1} \tag{6.9}$$

となる．ここで n_2 はクラッドの屈折率である．空気中の屈折率 $n_0 = 1$ であり，$\sin^2 \theta_t + \cos^2 \theta_t = 1$，及び式(6.8)，式(6.9)から次式が求められる．

$$\sin \theta_i \leqq \sin \theta_{\max} = \sqrt{n_1^2 - n_2^2} \tag{6.10}$$

ここで，式(6.10)の条件を満たす最大の入射角 $\theta_i = \theta_{\max}$ を光ファイバの最大受光角，$\sin \theta_{\max}$ を開口数という．式(6.10)から，ファイバ端面への入射角が $0°$（垂直入射）から $\theta_{\max}$ までは，コアとクラッド境界で全反射が生じ，光エネルギーはコア内に閉じ込められたまま伝送されることになる．ゆえに LD とファイバの間のレンズはファイバへの入射角が $\theta_{\max}$ 以下となるような屈折率を有するものを選ぶことが必要となる．

例えば，$n_1 = 1.50$，$n_2 = 1.49$ とすると最大受光角 $\theta_{\max}$ は

$$\theta_{\max} = \sin^{-1} \sqrt{n_1^2 - n_2^2} = 9.96°$$

となり臨界角 θ_c は $83.4°$ となる．

図 6.5(a)に示すように，通常いろいろな入射角度に対応した多くの光線がファイバの中を伝搬する．これを多モード（マルチモード）ファイバという．ただし光の波長（または周波数）を固定して考えたとき，ファイバ中を伝搬できる光は，入射角が $\theta_{\max}$ 以下であれば連続的に存在するのかといえばそうではなく，5.5 節で述べた導波管の場合と同じようにとびとびの入射角度のものだけが伝搬し，その他の角度で入射したものは伝搬できない．これを求めるためには幾何光学の理論ではなく，マクスウェルの方程式に基づいた波動解析が必要となり，固有値を求める問題となる．

ここでは固有値問題についてはふれないが，固有値を一つだけしか持たないようなファイ

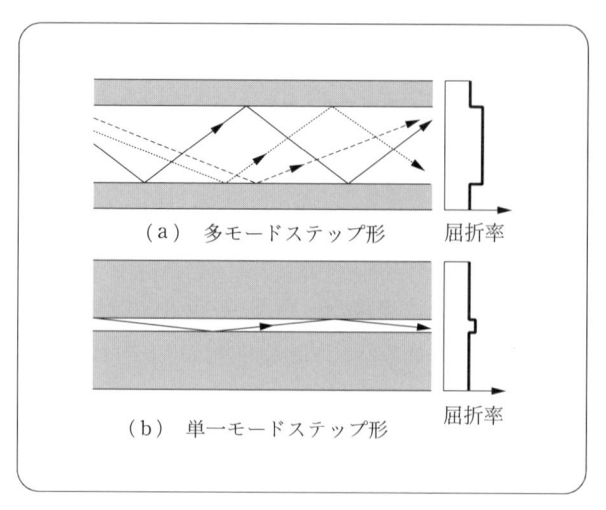

（a）多モードステップ形　　屈折率

（b）単一モードステップ形　　屈折率

図 6.5 光ファイバの種類と光の伝搬経路

バも構成できる．これは図(b)に示すように全反射の角度は一つだけとなり，単一モード（シングルモード）ファイバと呼ばれる．単一モードファイバは多モードファイバに対し，コアの直径を小さくしたり，コアとクラッドの屈折率差を小さくすることによって実現される．単一モードファイバは多モードファイバに比べて製造が難しかったので，光ファイバの登場初期にはほとんど多モードファイバであった．しかし，単一モードファイバのほうが伝送特性に優れているので，現在ではほとんど単一モードファイバが使われるようになっている．

6.2 光導波路

図6.6は光導波路構造の一例である．これは誘電体または半導体基板上に薄膜の線路を付加したもので，基板上の光素子を接続する役割を持っている．これにより基板上に複数の光素子を形成し，これらを光導波路によって接続することにより，光集積回路を実現することができる．

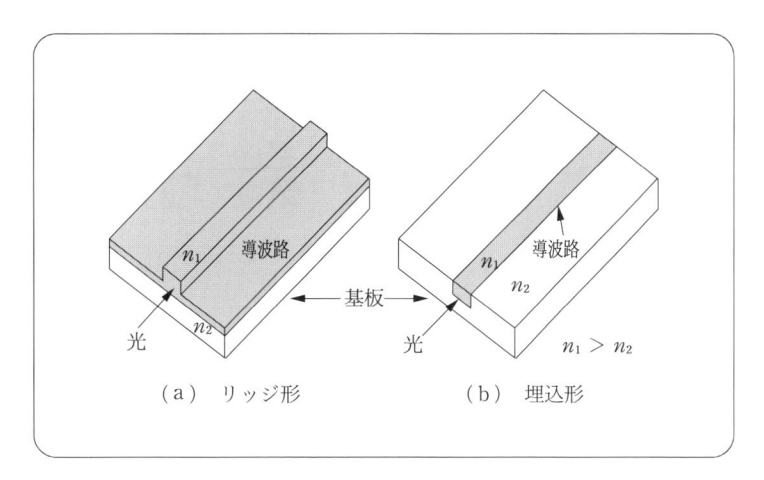

図6.6 光導波路の例

構造は同じ誘電率の誘電体で導波路の部分のみを高くしたリッジ形のもの，ファイバのコアと同じように周囲より屈折率を高くした埋込形のものが代表的である．以下には図(b)の埋込形の導波路について簡単に動作について述べる．図6.7(a)は2次元構造，図(b)は3次元構造に関し，光導波路における波の伝搬の様子を示したものである．図(a)の2次元構造の場合，導波路の部分が屈折率が高く，その外側の基板と空気の部分は屈折率は異なる

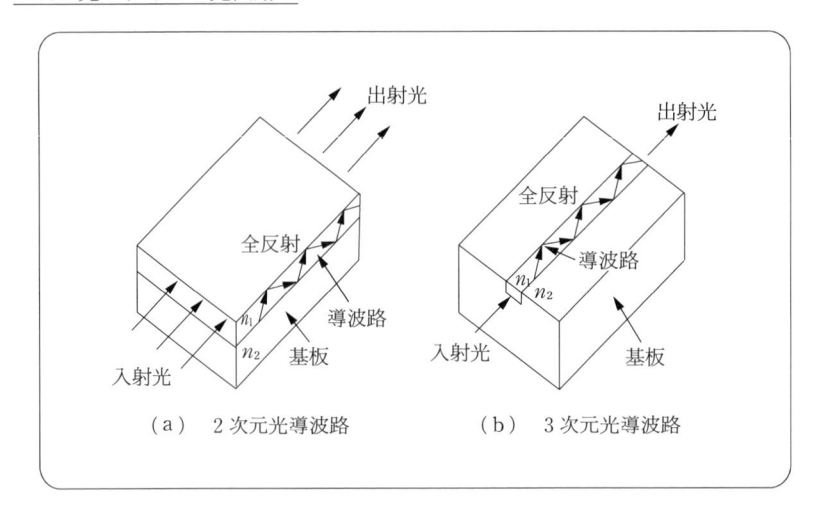

図 6.7 光導波路における光の伝搬の様子

が，いずれも導波路部分より屈折率は低く，全反射の可能性はある．この場合は空気と導波路と基板の三つの構造全体で伝搬可能なモードが決まり全反射時の角度が決まる．

一方，図(b)の3次元構造の場合は，円筒形の光ファイバの構造に近いが，導波路の一つの面は空気に接することになる．この構造は，導波路の周囲が光ファイバの場合と異なり，同一の屈折率に接していないので単純ではないが，この場合も全反射の条件は存在する．光は全反射の条件を満たす角度で境界に入射しながら伝搬することになる．

6.3 光回路素子

光通信や光応用装置には，光エネルギーの伝達やスイッチなどの制御のための各種の回路素子が有効に活用されている．ここではそれぞれの回路素子の機能や特性の詳細にはふれず，それぞれの素子が2章で述べた反射，屈折，干渉，回折など光や電磁波のどのような物理現象，性質を利用して作られているかについて調べ，これら物理現象の基本事項の重要性を改めて示す．

図 6.8 は主に光回路素子について，機能の概要とそれを実現するための光の物理現象の対応を示したものであるす．まずハーフミラー，プリズム，レンズは，光の反射，透過，屈折を利用したものである．ハーフミラーは多層膜への斜め入射の理論を用いて設計できる．プリズムは屈折率を利用するものであるが，屈折角度が周波数によって違うことを利用してい

6.3 光回路素子

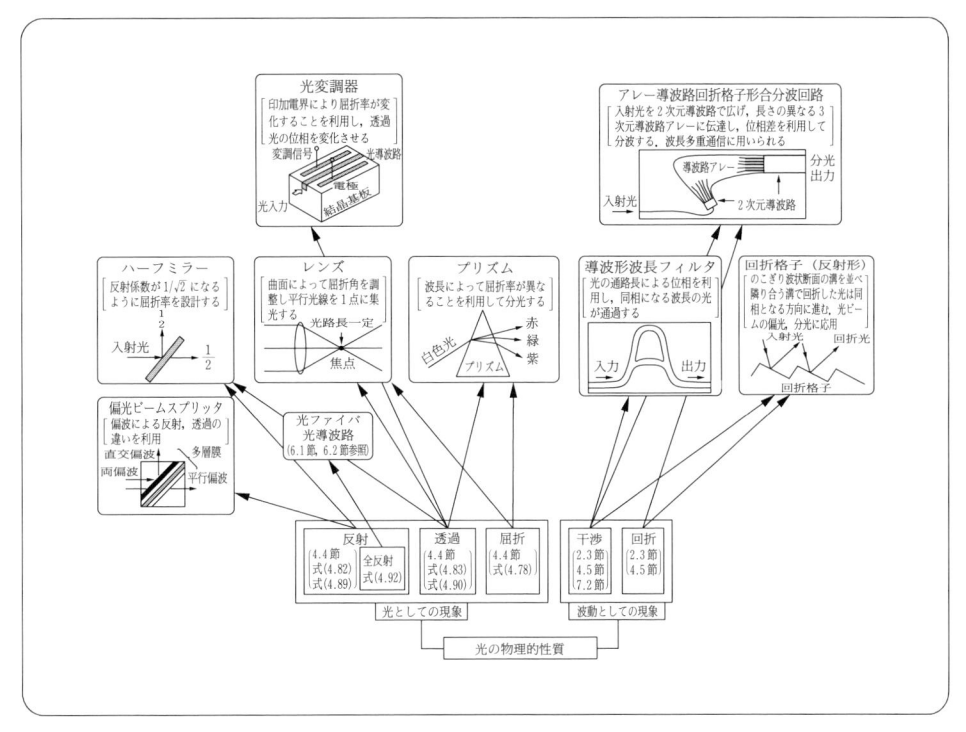

図6.8 光の物理的性質と光素子の関係

る．またレンズはやはり屈折を利用しているのであるが，平行に入った光線に対し，レンズ通過長さを適切に設計し，ある点（焦点）で光路長が等しくなるようにしている．さらに6.1節，6.2節で学んだ光ファイバや光導波路では，媒質境界での全反射が利用されている．これらはすべて光線の考え方で物の動作を理解できる．ただし，反射係数，透過係数のように定量的なものは，幾何光学の範囲ではあるが波の位相の概念が必要となる．これらの基本事項は4章で学習した．

次に，回折格子，波長フィルタがある．回折格子は光の波動現象応用の典型であり，波動的な扱いが必要となる．回折格子は，誘電体表面に周期的にのこぎり波状の溝を並べたり，光学材料中に誘電率の異なる部分を形成することで実現される．その動作の基本は2章の図2.6(b)のヤングの実験と同様である．**図6.9**に回折格子の構造を示す．図(a)は図6.8の反射形回折格子そのもの，図(b)は透過形回折格子，図(c)は透過形回折格子の一種であるが，立体回折格子と呼ばれるものである．

回折格子面に入射した光は，周期的に並んだ格子により散乱される．各格子によって散乱された光のうち特定の方向で同相（位相差が波長の整数倍）となるものは互いに強め合い，その他の方向では相殺し出力されない．入射角をα，回折角をβ，格子の周期をdとすると，同相となる条件は

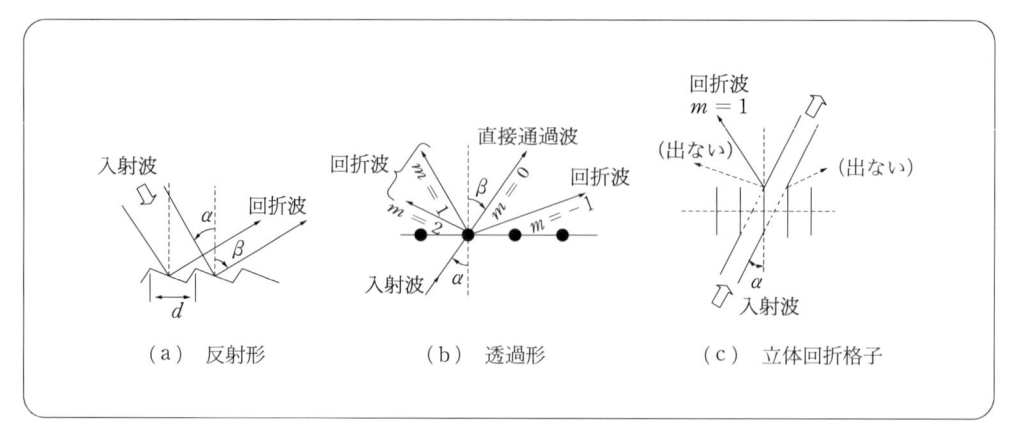

図 6.9　回折格子の構造と動作

$$d(\sin \alpha - \sin \beta) = m\lambda \quad (m = 0, \pm 1, \pm 2, \cdots) \tag{6.11}$$

となる．ただし，入射角 α，回折角 β の取り方は，反射形，透過形に対し，図 (a)，(b) のとおりである．式 (6.11) から回折角を求めると

$$\beta = \sin^{-1}\left(\sin \alpha - \frac{m\lambda}{d}\right) \tag{6.12}$$

となる．$m = 0$ のときは $\beta = \alpha$ となり，平面による反射方向と同じ，または回折格子を素通りする波となる．格子間隔 d は光の波長 λ に比べ十分大きいので，m の値に応じて入射波はいろいろな角度方向に回折される．$m = 0$，1 以外の回折波を高次の回折波という．立体回折格子は高次の回折波を抑圧する目的のもので，$m = 1$ の回折波だけを取り出すことができる[†]．

　図 6.8 の右上部に示すアレー導波路回折格子形合分波回路は，導波路アレー部分で，隣接する導波路の通路長が ΔL だけ異なっており，立体回折格子に斜め入射したときの位相差を実現している．これにより出力側では出力位置が波長に応じて異なることになり，分波が可能となる．

[†] 立体回折格子では，式 (6.12) で決まる格子の周期性に依存する回折波と立体格子幅 (位相も含む) に依存する回折波の積が総合の回折波となり，$m = 1$ の回折波のみとなる．

本章のまとめ

❶ **ファイバ中の光の伝搬**
- コア，クラッドの屈折率を n_1，n_2 とすると
  - コアとクラッド境界での臨界角 $\theta_c = \sin^{-1}\left(\dfrac{n_2}{n_1}\right)$
  - 最大受光角 $\theta_{\max} = \sin^{-1}\sqrt{n_1^2 - n_2^2}$
  - $\sin\theta_{\max}$ を開口数という．
- 多モードファイバと単一モードファイバ

❷ **光導波路**　　媒質境界での全反射を利用
- リッジ形
- 埋込形 ─── 2次元光導波路
  　　　　└─ 3次元光導波路

❸ **光回路素子**
各種回路素子に応用されている電磁波の物理 ⟹ 図6.8参照

● 理解度の確認 ●

問 6.1 光ファイバではコアとクラッドの境界面では図6.1に示すように全反射が生じ，エネルギーはコア中のみを伝搬していくと説明される．しかし式(6.1)，式(6.2)によれば，電磁界はコア内だけでなくクラッドにも分布していることになり，両者に矛盾があるように思われる．この矛盾について考察せよ．

問 6.2 ファイバ中の電界，磁界の z 方向の変化が $e^{-j\beta z}$ と表されるとき，同筒座標における電界，磁界の他の成分 E_r，E_θ，H_r，H_θ は，軸方向成分 E_z，H_z により表されることを示せ（図6.2参照）．

問 6.3 光ファイバのコア，クラッドの屈折率 n_1，n_2 がそれぞれ $n_1 = 1.445$，$n_2 = 1.440$ とするとき，全反射角 θ_c はいくらになるか．またそれぞれの比誘電率 ε_{r1}，ε_{r2} はいくらか．ただし，透磁率はいずれも真空中と同じ μ_0 とする．

問 6.4 図6.3において，レーザダイオードの偏波が y 方向（E_y が存在）のとき，ファイバの各断面における入射偏波を示せ．

問 6.5 4章の式(4.95)からブルースター角を求めたのと同様に，式(4.95)，式(4.99)を基に全反射角 θ_c を求めよ．

問 6.6 多モードファイバでは全反射角 θ_c 以上の入射角で複数の光線が伝搬する．いま θ_c

の他に $\theta_c + \delta$ の入射角の光線が存在するとすると，ファイバ中の軸方向に l 伝搬するまでに二つの光線の光路長はどれだけの差となるか．またコアの屈折率を n とすると位相差はいくらになるか．

問 6.7 光変調器の動作原理を調査し，概要を箇条書きにせよ．

問 6.8 アレー導波路回折格子形分波回路の動作原理を調査し，概要を箇条書きにせよ．

7 電磁波の放射と受信

　前章までは主として光・電磁波が空間や伝送路をどのように伝搬するかについて学習した．本章では電波伝搬の両端に相当する電磁波の放射と受信について述べる．

　本章で扱うのは電波領域の電磁波の放射と受信で，具体的にはアンテナからの電波の放射，アンテナによる電波の受信について，基本事項を学習する．また指向性や利得など，アンテナ特性の定義，求め方について学習する．更に電磁波放射の理論の学習を通して，電子機器からの不要電波放射についても基本事項を学ぶ．

　光領域では発光・受光など言葉だけでなく物理現象も電波領域とは異なる．一部は6章でも概要を示しているが，本格的な学習のためには，巻末の引用・参考文献を参考に取り組んでいただきたい．

7.1 電磁波放射の基本式

図7.1(a)は半波長ダイポールアンテナ，図(b)はテレビ受信に広く用いられている3素子八木・宇田アンテナの放射の様子を，マクスウェルの方程式を直接数値計算し[†]，その電界強度を示したものである．同図でアンテナの電界強度が周期的に強弱を繰り返していること，八木・宇田アンテナでは片方向に強く，かつ電界の強い範囲が半波長ダイポールアンテナよりも狭くなっている様子が分かる．

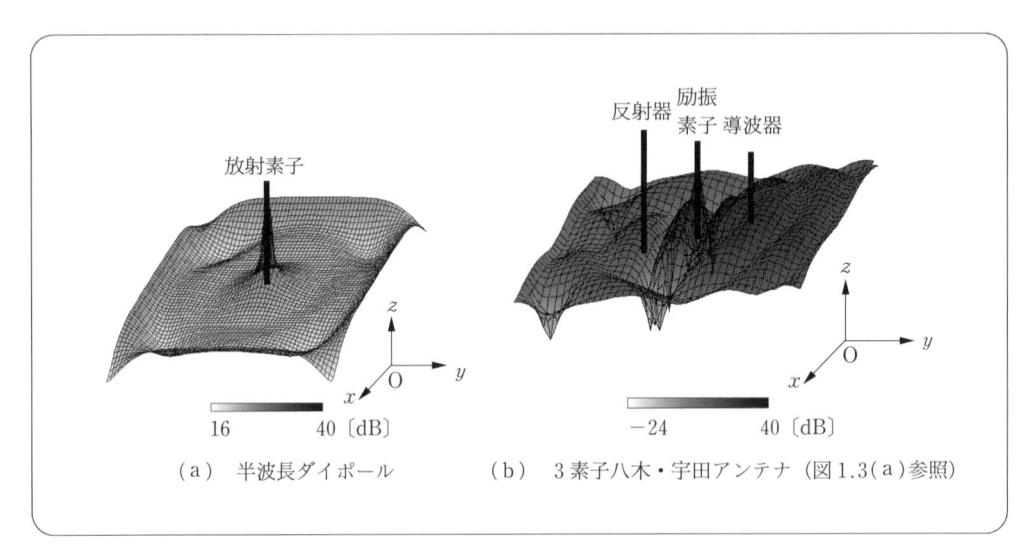

図7.1 アンテナからの電磁波放射による空間の電界強度分布

図7.2は，アンテナに平面波が入射したときのアンテナ周囲の電磁波エネルギーの流れを示したもので，図(a)は，アンテナに整合負荷が接続されたとき，図(b)は接続されていないときで，アンテナの寸法はいずれも1/10波長と通常よく使われる半波長ダイポールアンテナよりも短い．整合負荷が接続された場合は，アンテナの周囲の電磁波エネルギーの流れがアンテナに向かい，エネルギーがアンテナに吸い込まれようとしていることが想像できる．一方，図(b)の整合負荷が接続されていない場合は，もともとの平面波のエネルギーの流れに対し，アンテナ周囲でわずかな変化があるだけでほとんどアンテナがない状態と同じ

[†] 時間領域有限差分法（finite difference time domain method；FDTD法）を用いた計算である．これはマクスウェルの方程式に出てくる微分演算を差分化し，未知関数 E, H を数値的に解析する方法．

7.1 電磁波放射の基本式

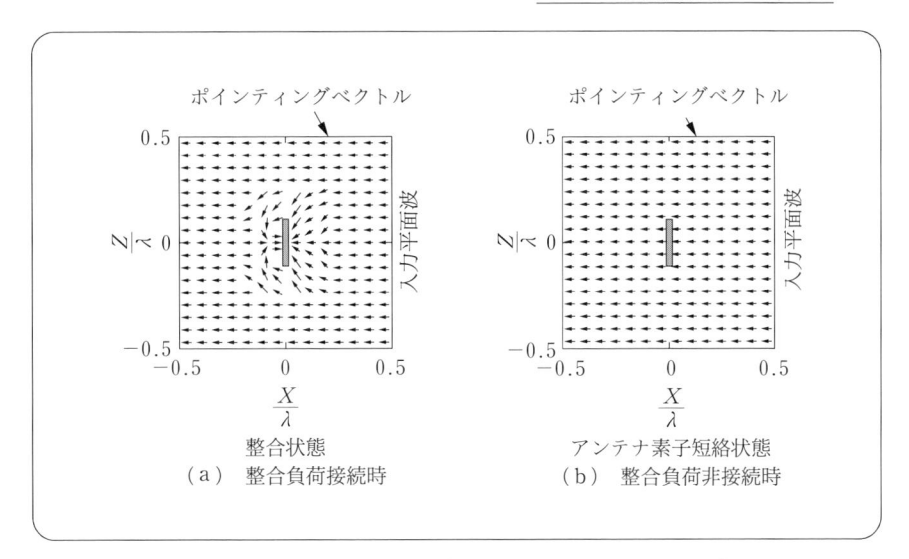

図7.2 受信アンテナ（長さ0.1波長）近傍における電磁波エネルギーの流れ
(石曽根孝之：アンテナの利得は寸法と比例するか，電子情報通信学会
論文誌B, Vol.J 71-B, No. 11, p.1266, 1988)

である．このようにアンテナで電磁波エネルギーを受けるためには，「整合負荷」が重要な鍵となる．

　また，送信のときのアンテナ特性と受信のときのアンテナ特性の間の関係を理解しておくことは有益である．これらについては，7.4節の「アンテナの受信特性」において学習する．放射の解析を行う場合，波源のあるマクスウェルの方程式を解かなければならない．これは3章で学んだ波源のない場合に比べかなり複雑になる．直接に電界 E，磁界 H を求めるのではなく，ベクトルポテンシャル，スカラポテンシャルを導入し，これらと波源の関係を方程式に表してこれを解き，次に E, H を求める2段階方式が有効である．図7.3に示す無限の空間に時間変化 $e^{j\omega t}$ の電流波源 J がある場合を考える．このとき，空間の電界 E，磁界 H が満足すべき方程式は式(7.1)，(7.2)のようになる．

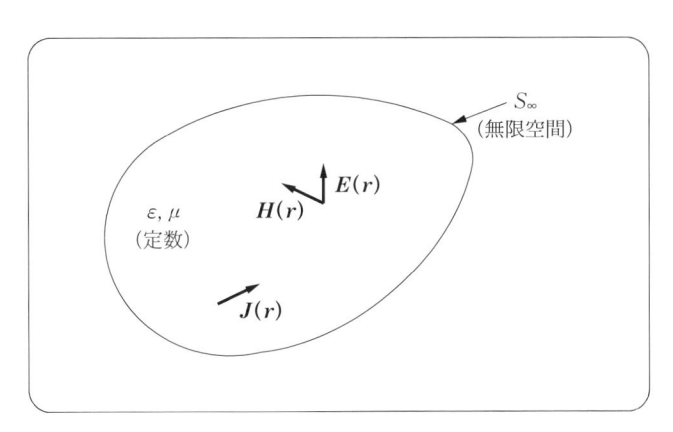

図7.3 波源 J による電界と磁界

$$\nabla \times \boldsymbol{E}(\boldsymbol{r}) = -j\omega\mu \boldsymbol{H}(\boldsymbol{r}) \tag{7.1}$$

$$\nabla \times \boldsymbol{H}(\boldsymbol{r}) = j\omega\varepsilon \boldsymbol{E}(\boldsymbol{r}) + \boldsymbol{J}(\boldsymbol{r}) \tag{7.2}$$

ここで，ε，μ は空間の誘電率，透磁率で定数とする．また時間関数 $e^{j\omega t}$ は波源だけでなく電界，磁界についても共通なので，式(7.1)，式(7.2) の $\boldsymbol{E}$，$\boldsymbol{H}$，$\boldsymbol{J}$ は場所のみの関数となる．ここで式(7.1) の両辺に $\nabla\cdot$（発散）の操作をし，μ が定数であることを考慮すると次式が得られる．

$$\nabla \cdot \boldsymbol{H}(\boldsymbol{r}) = 0 \tag{7.3}$$

ベクトル公式から，発散が 0 になるベクトルは，あるベクトルの $\nabla\times$（回転）で表すことができる．ゆえに

$$\boldsymbol{H}(\boldsymbol{r}) = \nabla \times \boldsymbol{A}(\boldsymbol{r}) \tag{7.4}$$

と表すことができる．$\boldsymbol{A}(\boldsymbol{r})$ は磁気的ベクトルポテンシャルと呼ばれるものである．ここで式(7.4) を式(7.1) に代入すると

$$\nabla \times (\boldsymbol{E}(\boldsymbol{r}) + j\omega\mu \boldsymbol{A}(\boldsymbol{r})) = 0 \tag{7.5}$$

が得られる．更にベクトル解析の知識により，回転が 0 となるベクトルは，あるスカラ関数の ∇（勾配）で表されるので，式(7.5) の（ ）内のベクトルは次式のように表される．

$$\boldsymbol{E}(\boldsymbol{r}) + j\omega\mu \boldsymbol{A}(\boldsymbol{r}) = -\nabla \varPhi(\boldsymbol{r}) \tag{7.6}$$

$\varPhi(\boldsymbol{r})$ は電気的スカラポテンシャルと呼ばれるものである．式(7.4) と式(7.6) を式(7.2) に代入し，$\nabla\cdot \boldsymbol{A}(\boldsymbol{r}) + j\omega\varepsilon\varPhi(\boldsymbol{r}) = 0$ の付加条件（ローレンツ条件）を加えると，ベクトルポテンシャル $\boldsymbol{A}(\boldsymbol{r})$ に関するヘルムホルツの方程式が得られる．

$$\nabla^2 \boldsymbol{A}(\boldsymbol{r}) + k^2 \boldsymbol{A}(\boldsymbol{r}) = -\boldsymbol{J}(\boldsymbol{r}) \tag{7.7}$$

ただし，$k^2 = \omega^2\mu\varepsilon$ である．式(7.7) は，直角座標 (x, y, z) においては，求める関数 $\boldsymbol{A}(\boldsymbol{r})$ と波源 $\boldsymbol{J}(\boldsymbol{r})$ のベクトル成分どうしが対応しているところに特徴がある．いま，波源のある方程式(7.7) を解いてベクトルポテンシャル $\boldsymbol{A}(\boldsymbol{r})$ が求まったとする．最終的に知りたい $\boldsymbol{E}(\boldsymbol{r})$，$\boldsymbol{H}(\boldsymbol{r})$ はそれぞれ次式から求まる．

$$\boldsymbol{E}(\boldsymbol{r}) = -j\omega\mu \boldsymbol{A}(\boldsymbol{r}) + \frac{1}{j\omega\varepsilon}\nabla\{\nabla\cdot \boldsymbol{A}(\boldsymbol{r})\} \tag{7.8}$$

$$\boldsymbol{H}(\boldsymbol{r}) = \nabla \times \boldsymbol{A}(\boldsymbol{r}) \tag{7.9}$$

電流源からの放射の具体例として，図7.4 の振幅 I，長さ l の微小電流源を考える．成分は z 成分，すなわち

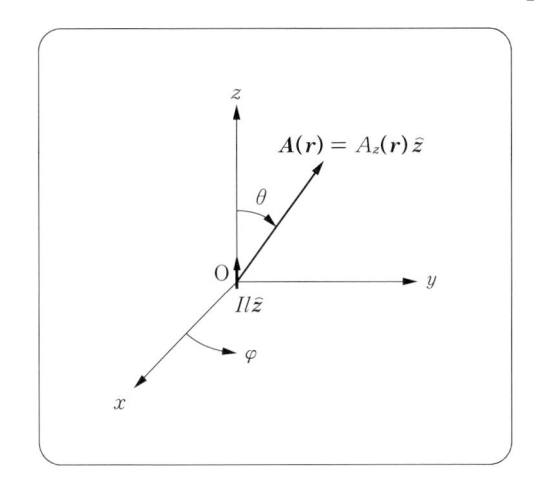

図7.4 z 方向成分のみを有する微小電流波源によるベクトルポテンシャルの解析座標系

$$J(\boldsymbol{r}) = Il\hat{z} \tag{7.10}$$

とする．式(7.7)から $\boldsymbol{A}(\boldsymbol{r})$ も z 成分だけとなり，$\boldsymbol{A}(\boldsymbol{r}) = A_z(\boldsymbol{r})\hat{z}$ とおくと

$$\nabla^2 A_z(\boldsymbol{r}) + k^2 A_z(\boldsymbol{r}) = -Il\delta(\boldsymbol{r}) \tag{7.11}$$

が成り立つ．ここで，$\delta(\boldsymbol{r})$ はデルタ関数と呼ばれるもので，$\boldsymbol{r}=0$ すなわち原点でのみ値を持ち，$\int_V \delta(\boldsymbol{r})d\boldsymbol{r} = 1$ で定義される関数である．ベクトルポテンシャル $A_z(\boldsymbol{r})$ は，原点にある波源のみによって形成される場であるので原点に関して点対称であり，球座標 (r, θ, ϕ) で表せば，r のみの関数 $A_z(r)$ となる．そこで式(7.11)を球座標で表すと，原点を除いたすべての空間で次式が成立する[†]．

$$\frac{1}{r^2}\frac{d}{dr}\left\{r^2 \frac{dA_z(r)}{dr}\right\} + k^2 A_z(r) = 0 \tag{7.12}$$

式(7.12)において，A_z は r の1変数のみの関数であるので，偏微分ではなく常微分方程式となることに注意してほしい．ここで式(7.12)は2階の微分方程式であり，二つの独立な解が存在し

$$A_z(r) = c_1 \frac{e^{-jkr}}{r} + c_2 \frac{e^{jkr}}{r} \tag{7.13}$$

と求められる．ここで空間の媒質がわずかながらでも損失があり，透磁率を $\mu = \mu_0$，誘電率を $\varepsilon = \varepsilon_r - j\varepsilon_i$ ($\varepsilon_r \gg \varepsilon_i$) とすると，空間の伝搬定数 k は次式のとおりとなる．

$$k = \omega\sqrt{\varepsilon\mu} = \omega\sqrt{\mu_0(\varepsilon_r - j\varepsilon_i)} = \omega\sqrt{\mu_0\varepsilon_r}\sqrt{1 - j\frac{\varepsilon_i}{\varepsilon_r}}$$

$$\approx \omega\sqrt{\mu_0\varepsilon_r}\left(1 - j\frac{\varepsilon_i}{2\varepsilon_r}\right) = k' - jk'' \tag{7.14}$$

ここで $r \to \infty$ とすると，式(7.13)の第2項は無限に大きくなり，物理的に存在しない解

[†] 波動方程式の球座標による表現は付録7を参照．

であることが分かる．ゆえに

$$A_z(r) = c_1 \frac{e^{-jkr}}{r} \tag{7.15}$$

となる．更に $k \to 0$ のとき，式(7.12)は静電界のポアソンの方程式と等価になり，静電気学の知識によれば，その解は $Il/4\pi r$ である．ゆえに式(7.15)で $k \to 0$ としたときの A_z は

$$A_z(r) = \frac{c_1}{r} = \frac{Il}{4\pi r} \tag{7.16}$$

となる．これから $c_1 = Il/4\pi$ が求められ，結局

$$A_z(r) = \frac{Il}{4\pi r} e^{-jkr} \tag{7.17}$$

が導かれる．

式(7.17)を式(7.8)，式(7.9)に代入すると，原点 $r=0$ に存在する z 方向の成分を有する点波源，$\boldsymbol{J}(\boldsymbol{r}) = Il\bar{z}$ による電界 $\boldsymbol{E}(\boldsymbol{r})$，磁界 $\boldsymbol{H}(\boldsymbol{r})$ を求めることができ，極座標 (r, θ, φ) で表すと次式のように求められる．

$$\begin{aligned}
E_r(r, \theta, \varphi) &= \frac{Il}{2\pi} e^{-jkr}\left(\frac{\eta}{r^2} + \frac{1}{j\omega\varepsilon r^3}\right)\cos\theta \\
&= \frac{Il}{2\pi} e^{-jkr} k^2 \eta\left(\frac{1}{(kr)^2} - \frac{j}{(kr)^3}\right)\cos\theta
\end{aligned} \tag{7.18}$$

$$\begin{aligned}
E_\theta(r, \theta, \varphi) &= \frac{Il}{4\pi} e^{-jkr}\left(\frac{j\omega\mu}{r} + \frac{\eta}{r^2} + \frac{1}{j\omega\varepsilon r^3}\right)\sin\theta \\
&= \frac{Il}{4\pi} e^{-jkr} k^2 \eta\left(\frac{j}{kr} + \frac{1}{(kr)^2} - \frac{j}{(kr)^3}\right)\sin\theta
\end{aligned} \tag{7.19}$$

$$\begin{aligned}
H_\varphi(r, \theta, \varphi) &= \frac{Il}{4\pi} e^{-jkr}\left(\frac{jk}{r} + \frac{1}{r^2}\right)\sin\theta \\
&= \frac{Il}{4\pi} e^{-jkr} k^2 \left(\frac{j}{kr} + \frac{1}{(kr)^2}\right)\sin\theta
\end{aligned} \tag{7.20}$$

ただし，$\eta = \sqrt{\mu/\varepsilon}$ で媒質の波動インピーダンスである．式(7.18)～式(7.20)によって表される各成分の計算例を図 **7.5** に示す．r の値によって $1/r$，$1/r^2$，$1/r^3$ の項のどれが支配的かが分かる．ただし，図7.5の横軸は r を $\lambda/2\pi = 1/k$ で規格して kr で表している．

次に，微小点波源 Il によるエネルギーの伝達はどのようになるかを考える．電磁波のエネルギーの伝達は式(3.62)によって求められる．更にある閉曲面を通じて流れ出るエネルギー密度は式(3.63)で表される．ここで式(7.18)～式(7.20)を式(3.63)に代入して $r \to \infty$ とすると，$1/r^2$，$1/r^3$ を含む項の寄与は零となり，$1/r$ に比例する項だけが残り

7.1 電磁波放射の基本式

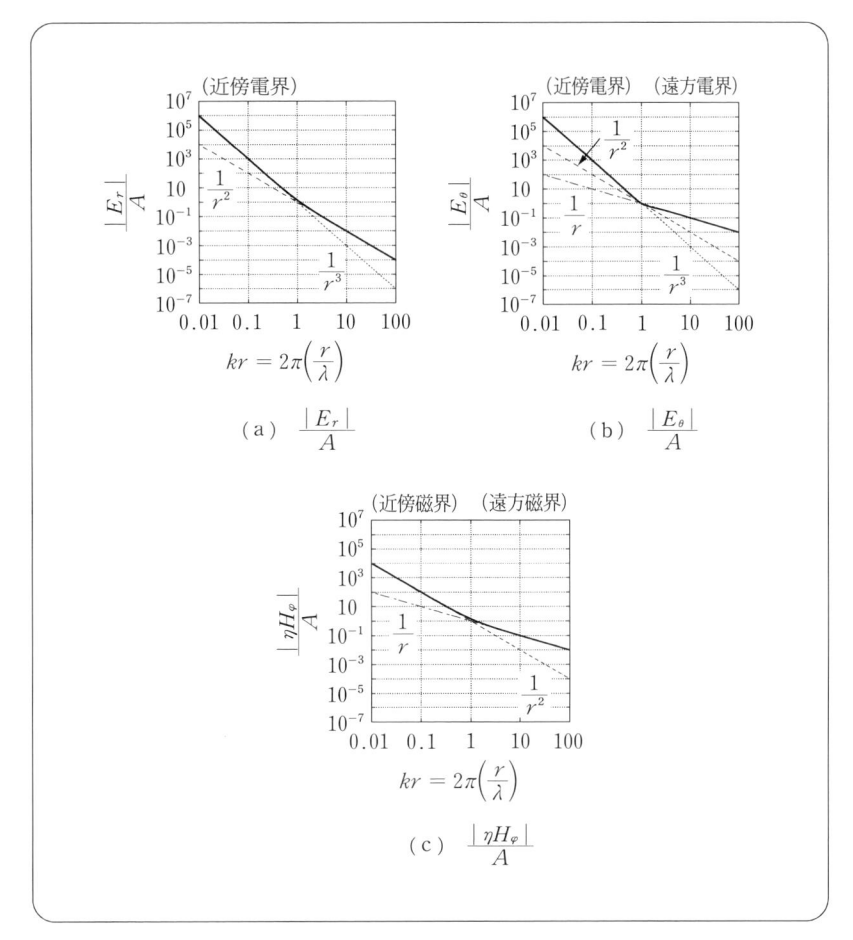

図 7.5 微小ダイポールアンテナによる電界 E_θ と磁界 H_φ の距離特性
($\theta = 90°$, $kr = 1$ で $|E_\theta|/A = 1$ となるように規格化して表示)

$$P = \iint_S \boldsymbol{E} \times \boldsymbol{H}^* \, dS = \int_0^{2\pi} \int_0^{\pi} E_\theta H_\varphi^* r^2 \sin\theta \, d\theta \, d\varphi$$

$$= \eta \frac{2\pi}{3} \left| \frac{Il}{\lambda} \right|^2 \left\{ 1 - \frac{j}{(kr)^3} \right\} \tag{7.21}$$

となる．式(7.21)の第 1 項は，曲面 S を通じて遠方に運ばれる電磁エネルギーであり，第 2 項は波源 Il の近傍に蓄積されるエネルギーである．式(7.21)から，波源の振動（$e^{j\omega t}$）によりエネルギーが遠方に運ばれるのは，E_θ と H_φ の $1/r$ の項によるもので，これらが電磁波の放射を形成するものであり，それぞれ次のようになる．

$$E_\theta(r, \theta) = \frac{jk\eta(Il)}{4\pi} \frac{e^{-jkr}}{r} \sin\theta \tag{7.22 a}$$

7. 電磁波の放射と受信

$$H_\varphi(r,\theta) = \frac{jk(Il)}{4\pi}\frac{e^{-jkr}}{r}\sin\theta \tag{7.22 b}$$

式(7.21)，式(7.22)から分かるように，$E_\theta = \eta H_\phi$ の関係があり，4章の平面波の電界と磁界の関係と等価な関係が存在する．また式(7.22 a)，式(7.22 b)の電界，磁界の振幅は $1/r$ で小さくなるが，図 7.6 に示すように波源から遠く離れた領域における任意の点においては，$E_\theta(r_1,\theta) \fallingdotseq E_\theta(r_2,\theta)$，$H_\varphi(r_1,\theta) \fallingdotseq H_\varphi(r_2,\theta)$ であることが分かる．これが4章で議論した平面波としての取り扱いが妥当である理由である．

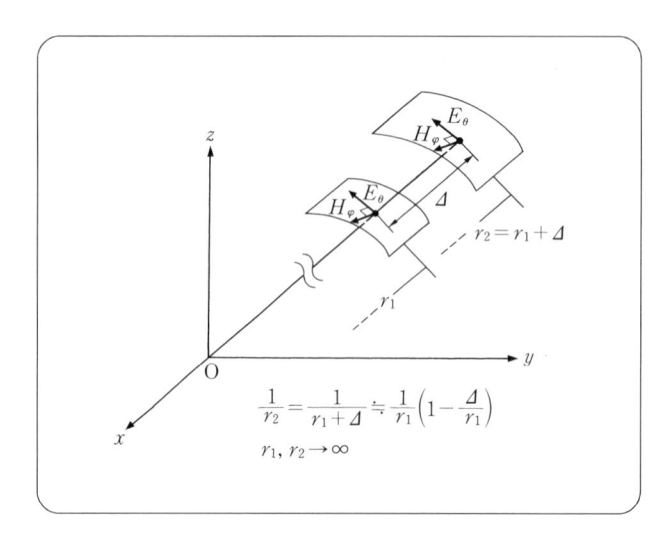

図 7.6 波源から遠く離れた領域 r_1，r_2 における球面波の関係

波源が点波源ではなく，図 7.7 に示すようにある範囲に分布しており，その分布を $J(r')$ とすると，式(7.11)の左辺の $A_z(r)$ はベクトル $A(r)$ に，右辺 $-Il\delta(r)\hat{z}$ が $-J(r')$ に置き換わる．更にこのときのベクトルポテンシャル $A(r)$ は，点 $r = r'$ にある点波源の集まりである $J(r')$ の寄与をすべて合わせたものであるから，式(7.17)に $J(r')$ の重みを掛けて積分することにより求めることができ式(7.23)となる．

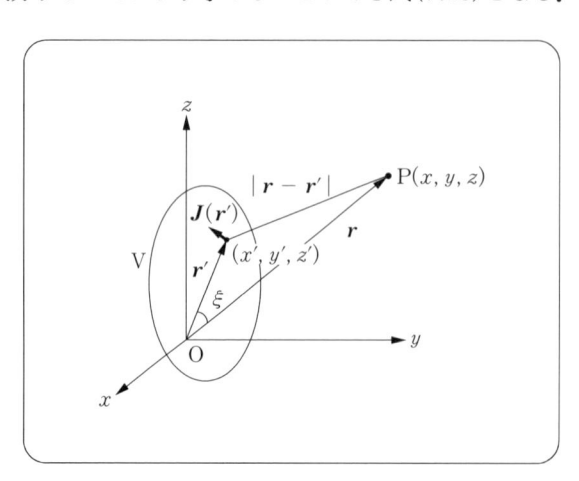

図 7.7 領域 V に分布する一般の波源 $J(r')$ によるベクトルポテンシャルを求める座標系

$$A(r) = \frac{1}{4\pi} \int_V \frac{J(r')\, e^{-jk|r-r'|}}{|r-r'|} dv' \tag{7.23}$$

ここで，r は観測点の位置ベクトル，r' は波源の位置ベクトルで，積分領域は波源の存在する全体積である．金属体のように電流が物体の表面にのみ存在する場合は，当然式(7.23)の体積積分は物体表面上おける面積分となる．式(7.23)によってベクトルポテンシャルが求まれば，形式的には式(7.23)を式(7.8)，式(7.9)に代入し，任意の場所 r の電界，磁界を求めることができる．実際には式(7.23)の積分を求めるのは困難な場合があり，波源分布構造を近似したり，数値積分によって評価することが多い．

波源としては電流源ばかりでなく，図7.8に示すようなスロットアンテナやホーンアンテナのように，ある開口の電界 $E_a(r')$ が波源となることも多い．電界波源 $E_a(r')$ は開口面の外向き法線ベクトルを n とするとき，次式で与えられる等価磁流波源 $M(r')$

$$M(r') = E_a(r') \times n \tag{7.24}$$

によって，電流波源のときの磁気的ベクトルポテンシャル（式(7.23)）に対応するものとし

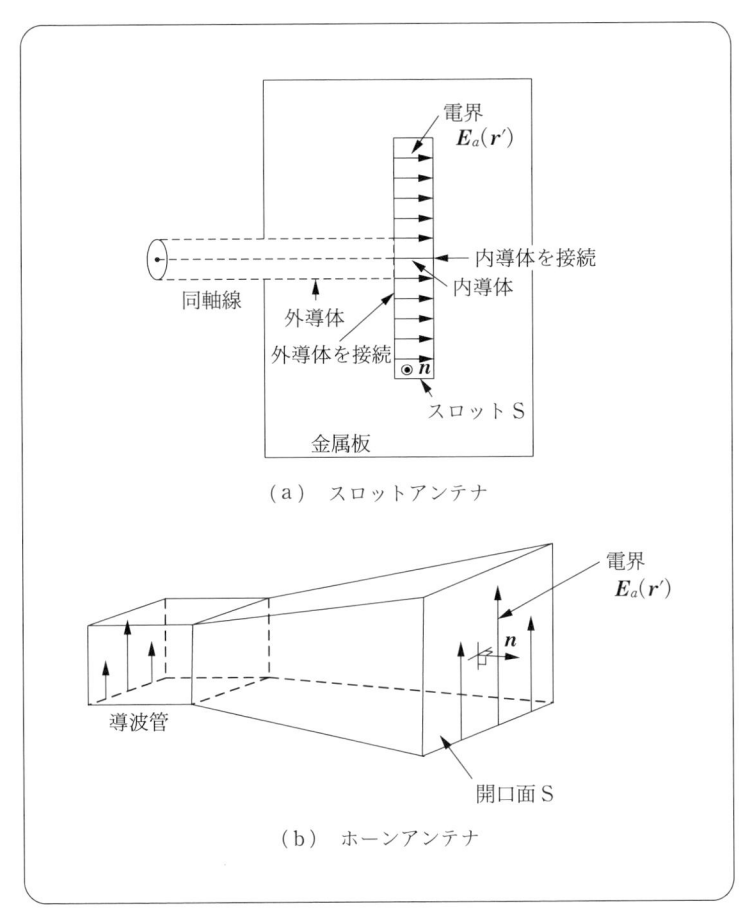

（a）スロットアンテナ

（b）ホーンアンテナ

図7.8　電界を波源とするアンテナ

て，電気的ベクトルポテンシャル $F(r)$ が次式によって求められる†．

$$F(r) = \frac{1}{4\pi} \int_S \frac{M(r') e^{-jk|r-r'|}}{|r-r'|} dS \tag{7.25}$$

更に電気的ベクトルポテンシャル $F(r)$ から，電界 $E(r)$，磁界 $H(r)$ は次式によって求めることができる．

$$E(r) = -\nabla \times F(r) \tag{7.26}$$

$$H(r) = -j\omega\varepsilon F(r) + \frac{1}{j\omega\mu}\nabla\{\nabla \cdot F(r)\} \tag{7.27}$$

$F(r)$ を電気的ベクトルポテンシャルと呼ぶのは，式(7.26)に示すように $F(r)$ の回転 ($\nabla\times$) が電界ベクトル $E(r)$ に対応しているからで，これに対し式(7.4)で導入した $A(r)$ は，その回転 ($\nabla\times$) が，磁界ベクトル $H(r)$ に対応しているので，磁気的ベクトルポテンシャルと呼ばれる．

7.2 放射構造と遠方電磁界

7.1節では微小電流源による電磁界の表示式を求め，波源から距離 r によって界の性質が異なることを学んだ．そして電界，磁界の $1/r$ に比例する項は，両者で遠方に電磁波エネルギーを伝達することも学んだ．更に金属表面に分布する電流や，スロットやホーン開口に分布する電界（等価磁流）が電磁放射の波源となること，またそのときの電界，磁界の基本式を導いた．

本節ではこの基本式をもとに，電磁波エネルギーを遠方まで運ぶことができる遠方電磁界（$1/r$ に比例する項）に着目し，波源の構造と遠方電磁界の関係について見通しのよい関係式を導く．

図7.9は波源と観測点に関する座標である．原点を $O(0, 0, 0)$ とし，O から観測点 $P(x, y, z)$ までの距離を r，O から波源の任意の点 $Q(x', y', z')$ までの距離を r'，OP，OQ の間の角を ξ，更に点 Q から点 P までの距離を R とする．点波源による遠方電磁界を表す項（式(7.19)参照）に相当する e^{-jkR}/R は，r が r' に対して十分大きいとき次式のよ

---

† 式(7.23)が体積積分であるのに対し，式(7.25)が面積積分であるのは，等価磁流波源 $M(r')$ のもとになる電界波源 $E_a(r')$ が通常面的分布になっているためである．

7.2 放射構造と遠方電磁界

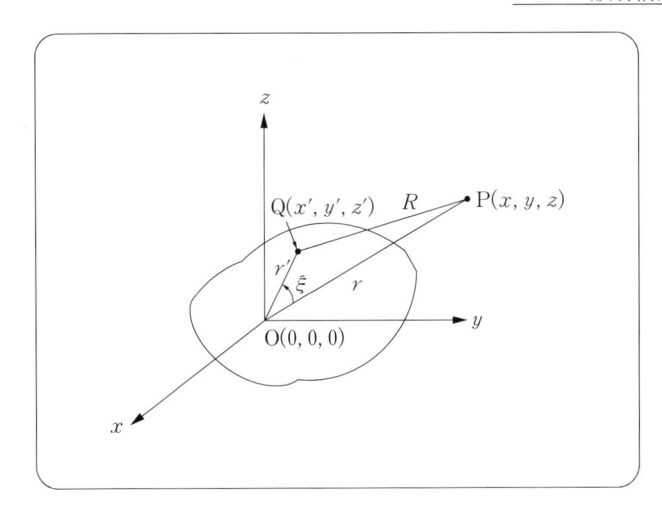

図7.9 波源と観測点の座標系

うに近似できる.

$$\frac{e^{-jkR}}{R} \approx \frac{e^{-jkr+jkr'\cos\xi}}{r} \tag{7.28}$$

$$R = \{(x-x')^2 + (y-y')^2 + (z-z')^2\}^{1/2}$$

これを式(7.23), 式(7.25)に代入し, $A(r)$, $F(r)$ を求め, これらを更に式(7.8), 式(7.9), 及び式(7.26), 式(7.27)に代入し, 更に $1/r$ より低次の項を省略し, $E(r)$, $H(r)$ を求めると, 次式が得られる.

$$E(r) \fallingdotseq \frac{e^{-jkr}}{r} D \tag{7.29}$$

$$H(r) \fallingdotseq \frac{1}{\eta} \frac{e^{-jkr}}{r} (\hat{r} \times D) = \frac{1}{\eta} \{\hat{r} \times E(r)\} \tag{7.30}$$

ただし, $\hat{r}$ は r 方向の単位ベクトル, $\eta = \sqrt{\mu/\varepsilon}$ は空間媒質の波動インピーダンスであり

$$D = (\hat{r} \times D_e + D_m) \times \hat{r} \tag{7.31}$$

$$D_e = -\frac{jk\eta}{4\pi} \int_V J(r') \, e^{jkr'\cos\xi} \, dv' \tag{7.32}$$

$$D_m = -\frac{jk}{4\pi} \int_S M(r') \, e^{jkr'\cos\xi} \, dS' \tag{7.33}$$

である. ここで E は式(7.31)から電磁波の進行方向 $\hat{r}$ に直交しており, H は式(7.30)から E にも $\hat{r}$ にも直交しており, その大きさは電界を空間の波動インピーダンスで割った値となることが分かる. すなわち波源分布が空間のある範囲に限定されているとき, それから十分遠方の電界, 磁界は, 4章の平面波の場合と同様の性質を有していることが分かる. ただしその振幅は式(7.29)から分かるように $1/r$ に比例して減少するが, これは波源からのエ

ネルギーが空間的に広がるために，伝搬途中で熱損失などのエネルギー損失が生じるわけではない．

式(7.29)～式(7.33)は波源の構造，性質と遠方電磁界との関係を知るうえで便利な式である．特に線状アンテナなど電流波源のアンテナや，スロットアンテナなどの磁流波源のアンテナで，波源の向き，分布が与えられたとき，それによって遠方の電界の式(7.32)や式(7.33)の積分を求めることなく，どの成分が強いかを容易に知ることができる．すなわちアンテナの偏波を知ることに対応する．図7.10に電流波源の場合と，磁流波源の場合の波源と電界方向の関係づけの簡単な例を示している．ここでは波源ベクトル $J(r')$, $M(r')$ と D_e, D_m がそれぞれ平行であることに着目することが重要である．

$$
\begin{aligned}
E &\propto (\hat{r} \times D_e + D_m) \times \hat{r} \\
&= (\hat{r} \times D_e) \times \hat{r} \\
&= (\hat{r} \cdot \hat{r}) D_e - (\hat{r} \cdot D_e) \hat{r} \\
&= D_e - D_{er} \hat{r} \\
&= D_{e\theta} \hat{\theta} + D_{e\varphi} \hat{\varphi}
\end{aligned}
$$

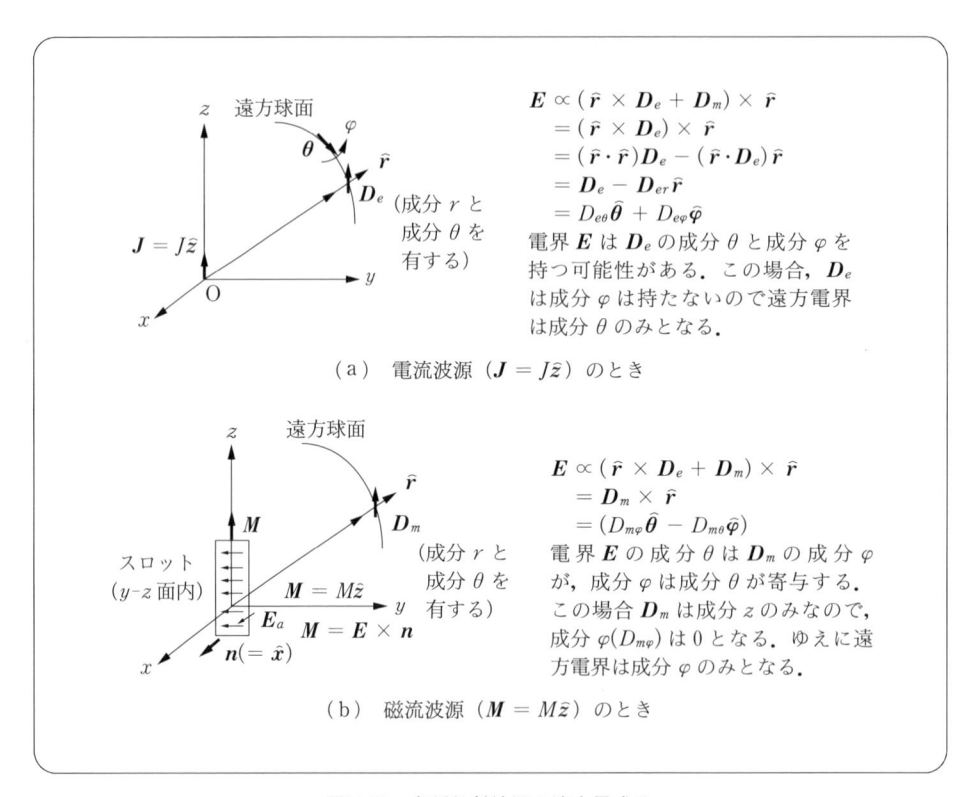

電界 E は D_e の成分 θ と成分 φ を持つ可能性がある．この場合，D_e は成分 φ は持たないので遠方電界は成分 θ のみとなる．

(a) 電流波源 ($J = J\hat{z}$) のとき

$$
\begin{aligned}
E &\propto (\hat{r} \times D_e + D_m) \times \hat{r} \\
&= D_m \times \hat{r} \\
&= (D_{m\varphi} \hat{\theta} - D_{m\theta} \hat{\varphi})
\end{aligned}
$$

電界 E の成分 θ は D_m の成分 φ が，成分 φ は成分 θ が寄与する．この場合 D_m は成分 z のみなので，成分 $\varphi(D_{m\varphi})$ は0となる．ゆえに遠方電界は成分 φ のみとなる．

(b) 磁流波源 ($M = M\hat{z}$) のとき

図7.10 各種放射波源の遠方界成分

z 方向成分の電流波源からは，図(a)に示すように θ 成分を有する遠方電界が放射されることが分かった．次に電流波源が

$$J(z) = I_m \sin\left[k\left\{\left(\frac{l}{2}\right) - |z|\right\}\right]\hat{z} \tag{7.34}$$

の分布を持つとき遠方電界がどうなるかを調べよう．すなわち電流分布が式(7.34)の線状アンテナの場合ということである．式(7.34)で表される電流分布を正弦波電流分布という．こ

こで l はアンテナ長，I_m は電流の最大振幅で，電流は $z=0$ に対し上下対称の分布である．式(7.34)を式(7.32)に代入する．積分は z 軸上においてのみの線積分になる．また波源と観測点の間の角 ξ は，極座標 (r, θ, ϕ) の θ に一致する．式(7.32)の $\boldsymbol{D}_e$ は z 成分のみとなり式(7.35)で表される．

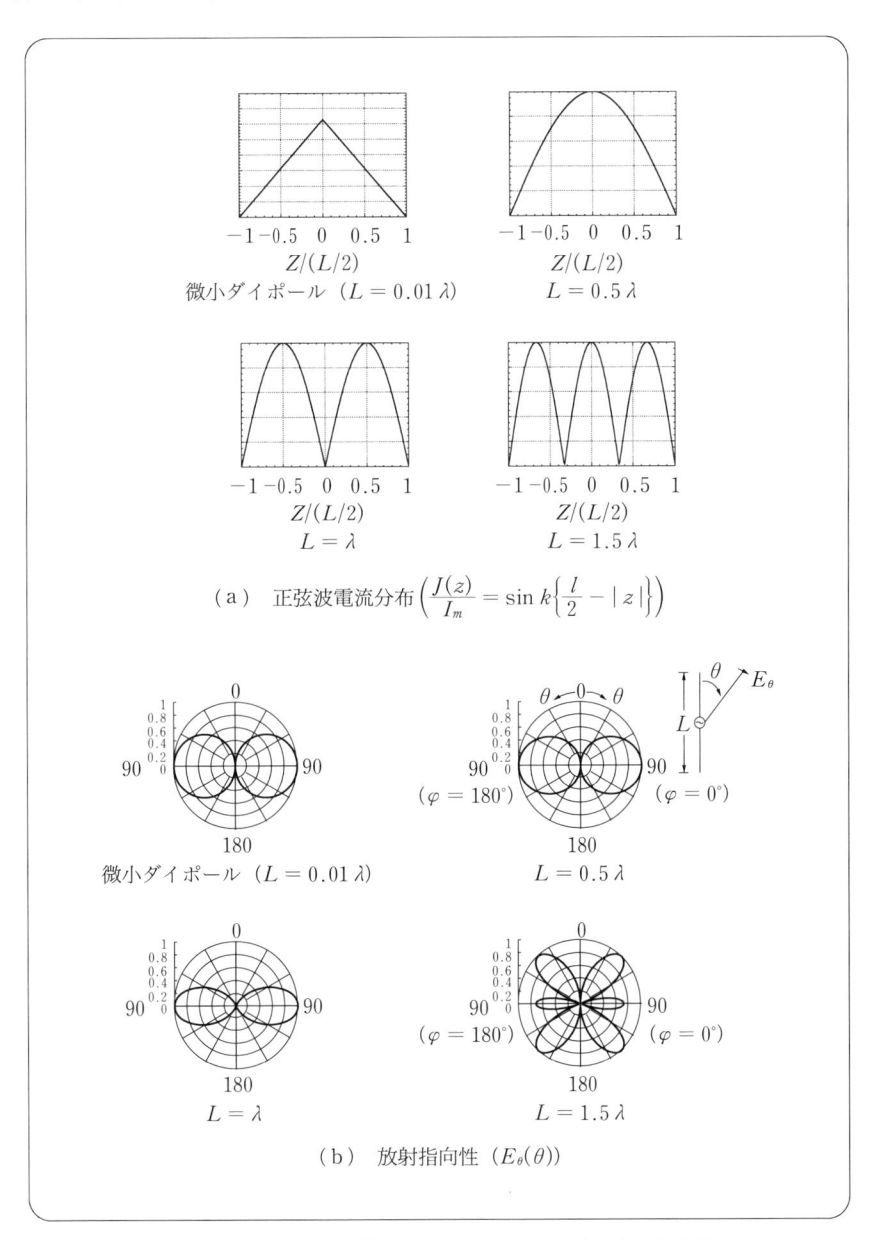

(a) 正弦波電流分布 $\left(\dfrac{J(z)}{I_m} = \sin k\left\{\dfrac{l}{2} - |z|\right\}\right)$

(b) 放射指向性 $(E_\theta(\theta))$

図7.11 各種長さのダイポールアンテナの電流分布と指向性

$$D_{ez} = -\frac{jk\eta}{4\pi}\int_{-l/2}^{l/2} I_m \sin k\left\{\left(\frac{l}{2}\right) - |z'|\right\} e^{jkz'\cos\theta}\, dz' \tag{7.35}$$

図 7.10 に示したように，電界は θ 成分のみになり

$$E_\theta = \frac{j\eta I_m e^{-jkr}}{2\pi r}\left\{\frac{\cos\left(\frac{kl}{2}\cos\theta\right) - \cos\left(\frac{kl}{2}\right)}{\sin\theta}\right\} \tag{7.36}$$

となる．また磁界は φ 成分のみで $H_\varphi = E_\theta/\eta$ である．式(7.36)の { } 内は，角度のみ（ここでは θ のみ）の関数となり，これをアンテナの指向性という．通常最大値を 1 に規格化して表す．一般にアンテナの指向性を $\boldsymbol{D}_n(\theta, \varphi)$（最大値を 1 で規格化）で表すと，式(7.29)から

$$\boldsymbol{E}(r, \theta, \varphi) = \frac{e^{-jkr}}{r}\boldsymbol{D}(\theta, \varphi) = A_m \frac{e^{-jkr}}{r}\boldsymbol{D}_n(\theta, \varphi) \tag{7.37}$$

となる．ただし，A_m は $|\boldsymbol{D}(\theta, \varphi)|$ の最大値である．更に $\boldsymbol{D}(\theta, \varphi)$ の (θ, φ) による変化は式(7.32)，式(7.33)の被積分関数の $\exp(jkr'\cos\xi)$ の部分に主として支配される．$kr'\cos\xi$ をアンテナの空間位相という．**図 7.11** は各種長さのアンテナの電流分布と指向性を表したもので，$\theta = 90°$ すなわちアンテナに直角な方向に最大の放射があり，$\theta = 0°, 180°$ すなわちアンテナに平行な方向には放射しないことが分かる．またアンテナの長さが長くなるに従って，$\theta = 90°$ 方向に放射が集中していることが分かる．なお，図 7.11 の微小ダイポールとあるのは，式(7.19)によるもので，指向性 $D_{e\theta}(\theta) = \sin\theta$ である．

7.3 アンテナ利得

アンテナ利得はアンテナの放射性能を表す重要な指数である．電子回路の増幅器と同じように「利得」という言葉が使われているが，その内容は非常に異なる．増幅器では，入力信号電力が増幅器を通って出力されるとき，出力が入力の何倍になったかを利得という．すなわち（電力）利得＝（出力信号電力）/（入力信号電力）である．一方，アンテナの場合は，等しい電力をアンテナに入力したとき，特定方向の電力密度が，基準のアンテナの場合に対して何倍になったかをアンテナ利得という．簡単にいえばアンテナからの放射電力の集中度を表す指数である．図 7.12 に利得の説明を示す．いま，アンテナの放射電界を $\boldsymbol{E}(r, \theta, \varphi)$ とすると，(θ_0, φ_0) 方向の利得 $G(\theta_0, \varphi_0)$ は式(7.38)のように表される．

7.3 アンテナ利得

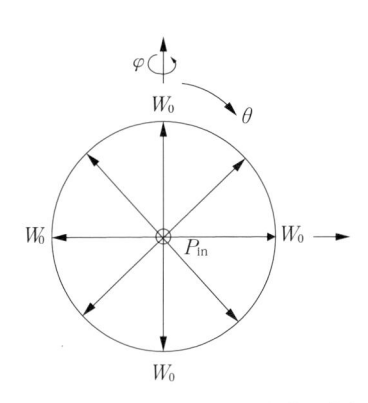

（a）アンテナ入力が P_{in} で，すべての方向の放射電力密度が一定（W_0）のアンテナ

$$G(\theta_0, \varphi_0) = \frac{W(\theta_0, \varphi_0)}{W_0(\theta_0, \varphi_0)} = \frac{(\theta_0, \varphi_0) \text{方向の放射電力密度}}{\text{基準アンテナの}(\theta_0, \varphi_0)\text{方向の放射電力密度（一定）}}$$

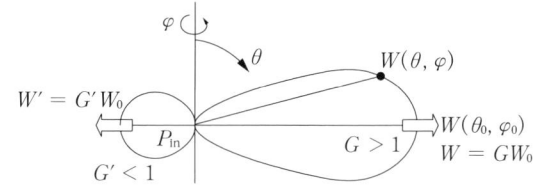

（b）アンテナ入力が P_{in} に等しく，特定方向の放射電力密度が G 倍のアンテナ

図 7.12 アンテナ利得の定義と説明（送信アンテナの場合）

$$\begin{aligned}
G(\theta_0, \varphi_0) &= \frac{\dfrac{1}{\eta}|\boldsymbol{E}(r, \theta_0, \varphi_0)|^2}{\dfrac{1}{4\pi r^2}\int_0^{2\pi}\int_0^{\pi}\dfrac{1}{\eta}|\boldsymbol{E}(r, \theta, \varphi)|^2 r^2 \sin\theta\, d\theta\, d\varphi} \\
&= \frac{|\boldsymbol{D}(\theta_0, \varphi_0)|^2}{\dfrac{1}{4\pi}\int_0^{2\pi}\int_0^{\pi}|\boldsymbol{D}(\theta, \varphi)|^2 \sin\theta\, d\theta\, d\varphi}
\end{aligned} \tag{7.38}$$

式(7.38)の第1行目の分母は，アンテナから放射された電力を半径 r の球面で寄せ集めて球の表面積 $4\pi r^2$ で割っている．ゆえにアンテナから放射される単位面積当りの平均電力を表している．すなわち空間のすべての方向 (θ, φ) に，一様に放射するアンテナがあると仮定したとき，その単位面積当りの放射電力である．一方，分子は，$\boldsymbol{E}(r, \theta, \varphi)$ で表される指向性を有するアンテナの，半径 r の球面の (θ_0, φ_0) 方向の単位面積当りの電力を示し

ており，これが一様放射の場合に比べて何倍となるかを与えるのがアンテナの利得ということになる．通常アンテナ利得は式(7.38)の対数（底は10）をとって，G_d〔dB〕（デシベル）で表される[†]．

$$G_d(\theta_0, \varphi_0)〔\text{dB}〕 = 10 \log \{G(\theta_0, \varphi_0)\} \tag{7.39}$$

7.3節の正弦波分布の電流分布を持つ直線状アンテナの例では，φ方向は一様なので式(7.36)の指向性を式(7.38)に代入することによって，$\theta = \pi/2$方向のアンテナ利得を求めることができ，次のように求められる．

$$\begin{aligned}G\left(\frac{\pi}{2}\right) &= \frac{\left|D_e\left(\frac{\pi}{2}\right)\right|^2}{\frac{1}{2}\int_0^\pi |D_e(\theta)|^2 \sin\theta \, d\theta} \\ &= \frac{\left|1 - \cos\left(k\frac{l}{2}\right)\right|^2}{\frac{1}{2}\int_0^\pi \left|\frac{\cos\left(k\frac{l}{2}\cos\theta\right) - \cos\left(k\frac{l}{2}\right)}{\sin\theta}\right|^2 \sin\theta \, d\theta}\end{aligned} \tag{7.40}$$

式(7.40)で l を変えたときの利得 $G(\pi/2)$ の計算結果は**図 7.13** のようになる．式(7.40)

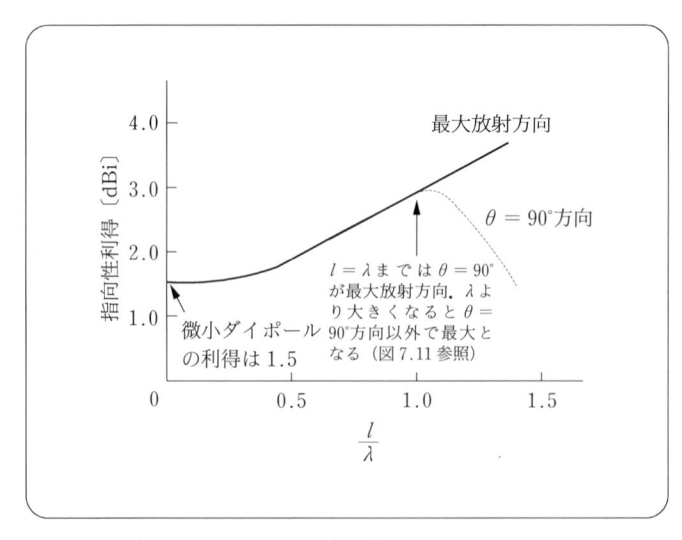

図 7.13　各種長さのダイポールアンテナの利得

[†] アンテナ利得を表現するのに〔dBi〕が使われることが多い．これは，あるアンテナの利得が等方性アンテナ（isotropic antenna）の利得に対し何倍かを対数で表したもので，式(7.38)，式(7.39)が〔dBi〕の定義といえる．なお，移動通信の分野では〔dBd〕が使われることもある．これは1/2波長アンテナの利得を基準にし，あるアンテナの利得が1/2波長アンテナの何倍かを対数表示したものである．

の分母の計算は積分指数関数[†]で表されるが，実際にはコンピュータが手軽に使える状況にあるので数値積分により求めるほうが実際的である．

7.4 アンテナの受信特性

　平面波が到来する空間にアンテナを置くと，平面波のエネルギーの一部はアンテナに吸い込まれていく．アンテナの端子には負荷が接続されており，空間からアンテナに吸い込まれたエネルギーは，アンテナと負荷を結ぶ伝送線路（給電線）を伝わり負荷に供給されここで消費される．図 7.14 はテレビ電波の受信を例として，上記の内容を示したものである．それではこのアンテナによる電波の受信ではどういう物理現象が起こり，どのくらいの電波のエネルギーをとらえることができるのだろうか．

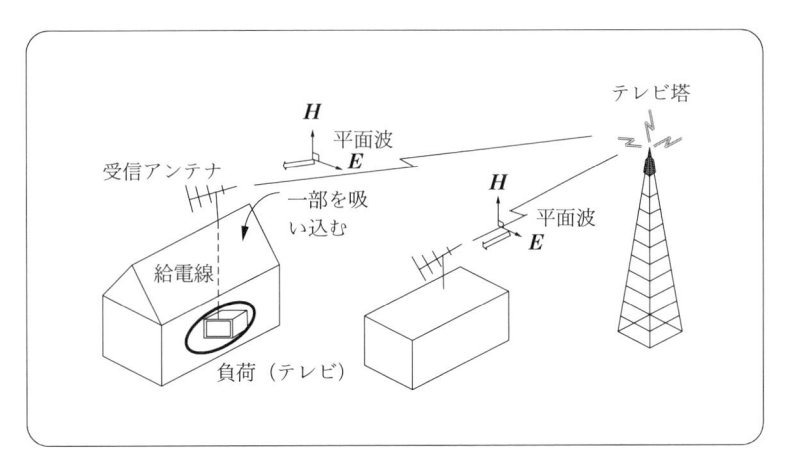

図 7.14　テレビ電波の受信の概念

　平面波が到来しアンテナに当たると，アンテナ金属表面の自由電子を動かし高周波電流を流す．これによりアンテナ端子間には起電力が生じる．アンテナに負荷が接続されていないときは，到来平面波はアンテナ周辺で変動を受けるがエネルギーの消費はなく，そのまま遠方に飛んでいく．アンテナ端子に負荷が接続されると前述の起電力が電源となり，伝送線路を伝わって負荷に電力を供給することになる．これが受信機などで実際に利用できる電力である．図 7.15 は受信機（負荷）に供給される電力を計算するための等価回路である．V_0 は

[†] 積分指数関数 $C_i(x)$, $S_i(x)$．例えば森口繁一，宇田川銈久，一松　信：数学公式III，岩波全書 244，第 3 章にある．

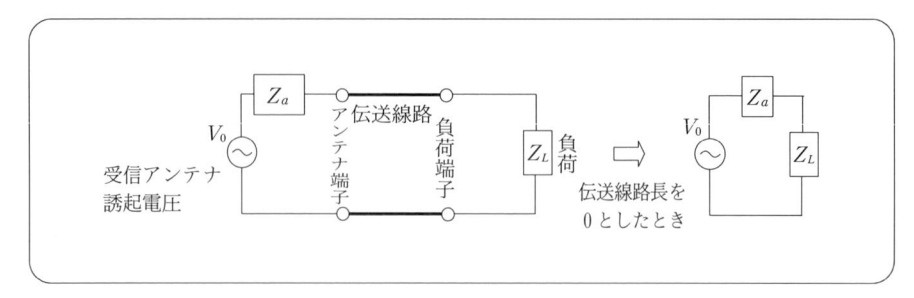

図 7.15 受信アンテナと接続回路の等価回路

受信アンテナの誘起電圧で負荷を接続しないときのアンテナ端子電圧，すなわち受信開放電圧と呼ばれるものである．Z_a はアンテナの入力インピーダンスと呼ばれるもので，同じアンテナを送信アンテナとして使用するときの給電電圧（与えられるもの）V と，アンテナ端子に流れ込む電流（給電の結果発生するもの）I の比で，次式で与えられる．

$$Z_a = \frac{V}{I} \tag{7.41}$$

図 7.15 において，簡単のため伝送線路の長さを 0 とすると右図となり，交流回路の知識により負荷 Z_L に取り出し得る最大電力，すなわち受信最大有効電力 P_a は，Z_L が Z_a の複素共役のときで

$$P_a = R\left|\frac{V_0}{2R}\right|^2 = \frac{|V_0|^2}{4R} \tag{7.42}$$

となる．ここに，R はアンテナの入力インピーダンス Z_a の実数部（入力抵抗）である．よって，アンテナの受信開放電圧 V_0 と入力抵抗 R が分かれば，負荷に取り出し得る最大電力 P_a が求められることになる．

図 7.16 に示すように波長に比べて十分短い長さ l のダイポールアンテナに，アンテナ軸となす角が θ となる方向から電界強度 E の平面波が到来する場合，アンテナの受信開放電

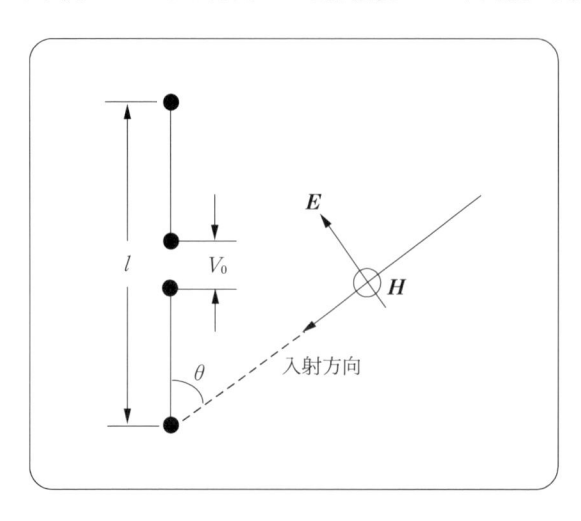

図 7.16 微小ダイポールへの平面波の入射と開放電圧

圧 V_0 は次式で求められる．

$$V_0 = El\sin\theta \tag{7.43}$$

一方，入力抵抗 R はアンテナの内部損失がないものとすると，このアンテナを送信アンテナとして使用したときの放射抵抗 R_r に等しく，式(7.21)のポインティング電力の第1項を電流の2乗，$|I|^2$ で割り次式で求められる．

$$R = R_r = \frac{2\pi}{3}\sqrt{\frac{\mu_0}{\varepsilon_0}}\left(\frac{l}{\lambda}\right)^2 \tag{7.44}$$

式(7.43)，式(7.44)を式(7.42)に代入すると，長さ l の微小ダイポールアンテナの受信最大有効電力 P_a は次式のようになる．

$$P_a = \frac{|V_0|^2}{4R} = \frac{3\lambda^2}{8\pi}\sin^2\theta\sqrt{\frac{\varepsilon_0}{\mu_0}}|E|^2 = \frac{\lambda^2}{4\pi}\left(\frac{3}{2}\sin^2\theta\right)\frac{|E|^2}{\eta_0}$$

$$= \frac{\lambda^2}{4\pi}G_i\frac{|E|^2}{\eta_0} \tag{7.45}$$

ここで λ は到来平面波の波長，G_i は長さ l の微小ダイポールアンテナを送信アンテナとして使用したときの利得である．式(7.45)は，到来平面波の到来方向に垂直な断面の単位面積当りの電力 $|E|^2/\eta_0$ と $(\lambda^2/4\pi)G_i$ の積となっている．$(\lambda^2/4\pi)G_i$ は面積のディメンジョンを有しており

$$A_{eff} = \frac{\lambda^2}{4\pi}G_i \tag{7.46}$$

とおくと，A_{eff} は受信アンテナの有効面積と呼ばれるものとなる．G_i は長さ l の微小ダイポールアンテナの利得であるが，一般にアンテナ利得 G のアンテナの受信最大有効電力 P_a は，式(7.45)において G_i を G で置き換えることにより

$$P_a = \frac{\lambda^2}{4\pi}G\frac{|E|^2}{\eta_0} \tag{7.47}$$

で表される．この式により，利得 G の受信アンテナを用いて負荷に取り出し得る最大電力を求めることができる．

ところで，図 7.17 に示すように，利得 G_t の送信アンテナを用いて送信電力 P_t を送信すると，距離 R の面における単位面積当り電力 S〔W/m²〕は

$$S = \frac{P_t}{4\pi R^2}G_t \tag{7.48}$$

で求められる．距離 R が波長及びアンテナ寸法に比べて十分大きければ，アンテナから放射された電波は平面波とみなせるので，S はその位置における平面波の単位面積当りの電力を表す．ゆえに式(7.47)において，$|E|^2/\eta_0$ を S で置き換えることにより，送信電力 P_t〔W〕の電力を利得 G_t の送信アンテナから送信し，利得 G_r の受信アンテナで受信したとき

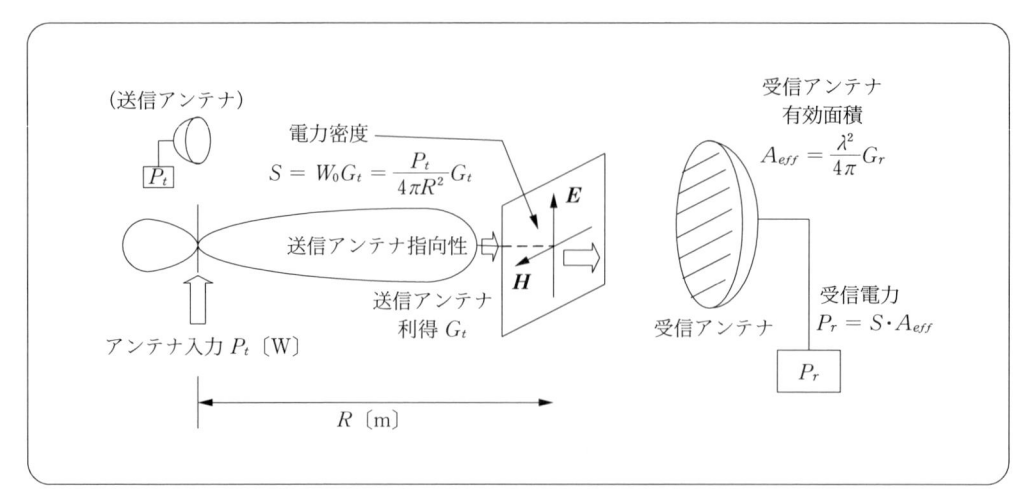

図 7.17 利得 G_t の送信アンテナによる電力密度 S と有効面積 A_{eff} による受信電力

の受信電力 P_r を次式により求めることができる．

$$P_r = \frac{P_t}{4\pi R^2} G_t \frac{\lambda^2}{4\pi} G_r = P_t \left(\frac{\lambda}{4\pi R}\right)^2 G_t G_r \tag{7.49}$$

式(7.49)は Friis の公式と呼ばれるもので，無線回線設計の基本としてよく利用される重要な公式である．

ところで，いままで送信アンテナの利得と受信アンテナの利得は等しいということを利用して式を導いてきたが，この証明には可逆定理が用いられる．この証明は専門書を参照してもらうことにし，ここでは送信アンテナの利得と受信アンテナの利得の定義の違いを明確にしておくことにしよう．これは同時に送信アンテナの指向性と受信アンテナの指向性の違いを明確にすることにもなる．

送信アンテナの利得は 7.2 節に述べたとおり，等方性のアンテナのある方向における単位面積当りの放射電力に対する，利得 G_t のアンテナの同じ方向の単位面積当りの放射電力の比である．これに対し受信アンテナの利得は，単位面積当りの電力が等しい平面波を受けるとき，等方性アンテナで受信したときに対する，利得 G_r のアンテナで受信したときの，整合負荷に取り出し得る電力の比である．図 7.18 に示すように，明らかに物理的定義は異なる．しかし前に述べたように，この二つは等しい値になることが可逆定理を用いて証明することができるのである．

図 7.18 では

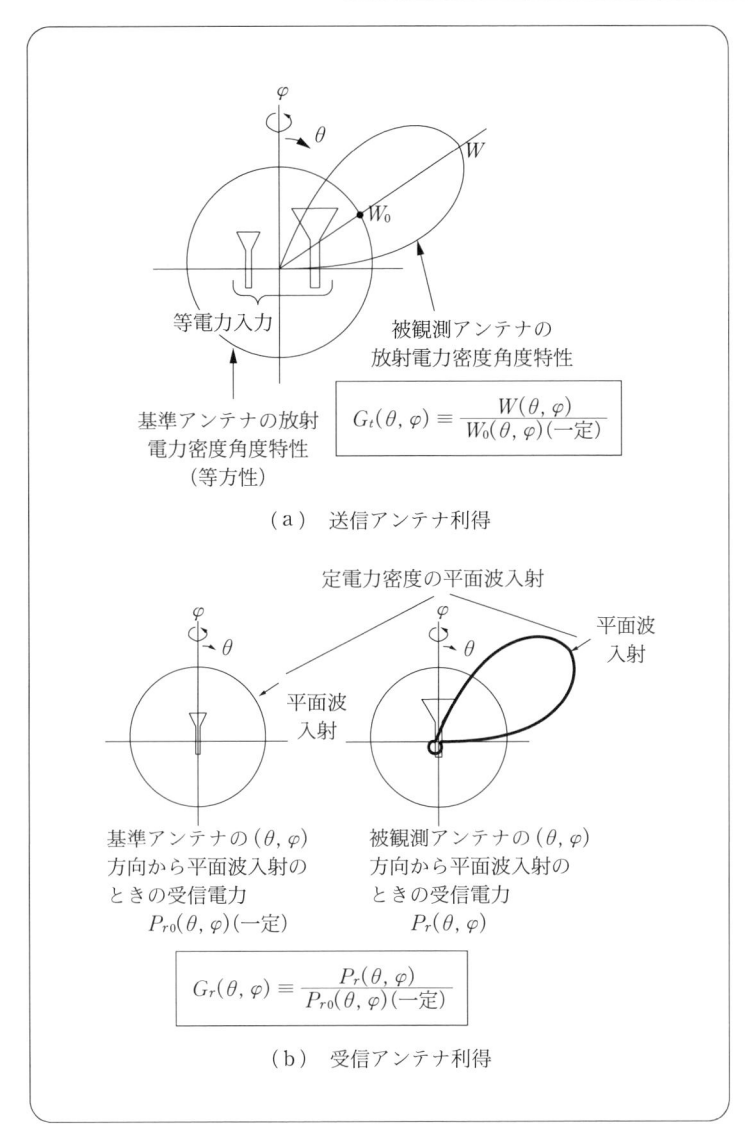

$$G_t(\theta, \varphi) \equiv \frac{W(\theta, \varphi)}{W_0(\theta, \varphi)(一定)}$$

（a） 送信アンテナ利得

$$G_r(\theta, \varphi) \equiv \frac{P_r(\theta, \varphi)}{P_{r0}(\theta, \varphi)(一定)}$$

（b） 受信アンテナ利得

図 7.18　送信アンテナ利得の定義と受信アンテナ利得の定義の比較

7.5　電子機器からの電磁波不要放射

　無線通信では1.1節で述べたように，送信機で発生させた電磁波を送信アンテナから空間に放射し，空間を伝搬してきた電磁波エネルギーを受信アンテナで受け取り，これを受信機

142　　7. 電磁波の放射と受信

に伝えるという仕組みになっている．すなわち空間に電波を出して，初めて装置の役割りを果たすことができる．一方，送信機や受信機を構成する無線回路や，これらに接続される信号処理のためのベースバンド回路，あるいはコンピュータを構成する各種のディジタル回路は，金属配線によって信号の授受がなされ，外部には電波は放射されないことになっている．しかし，コンピュータの高性能化に伴い，コンピュータを動かすパルスが高速なものとなり，ディジタル回路基板からの電磁波放射が無視できないものとなっている．

図 7.19 は電子回路基板からの電磁波不要放射の概念図であり，電磁波発生の波源となるものが示されている．これらの波源からの放射は，原理的には 7.1 節～7.3 節までの考え方で定量評価することができる．実際には電子機器からの不要放射は，通常測定によって定量評価される．しかし，回路基板の設計のやり直しや装置における基板配置の見直しなど工程やコストがかさむので，回路基板設計の段階で，回路パターンや LSI の配置などの構造を入力として，不要放射を定量的に評価する技術が研究されている．研究対象は高度な電磁波解析法であるが，その物理的基礎になるものは特に 7.1 節～7.2 節に述べた内容のものであ

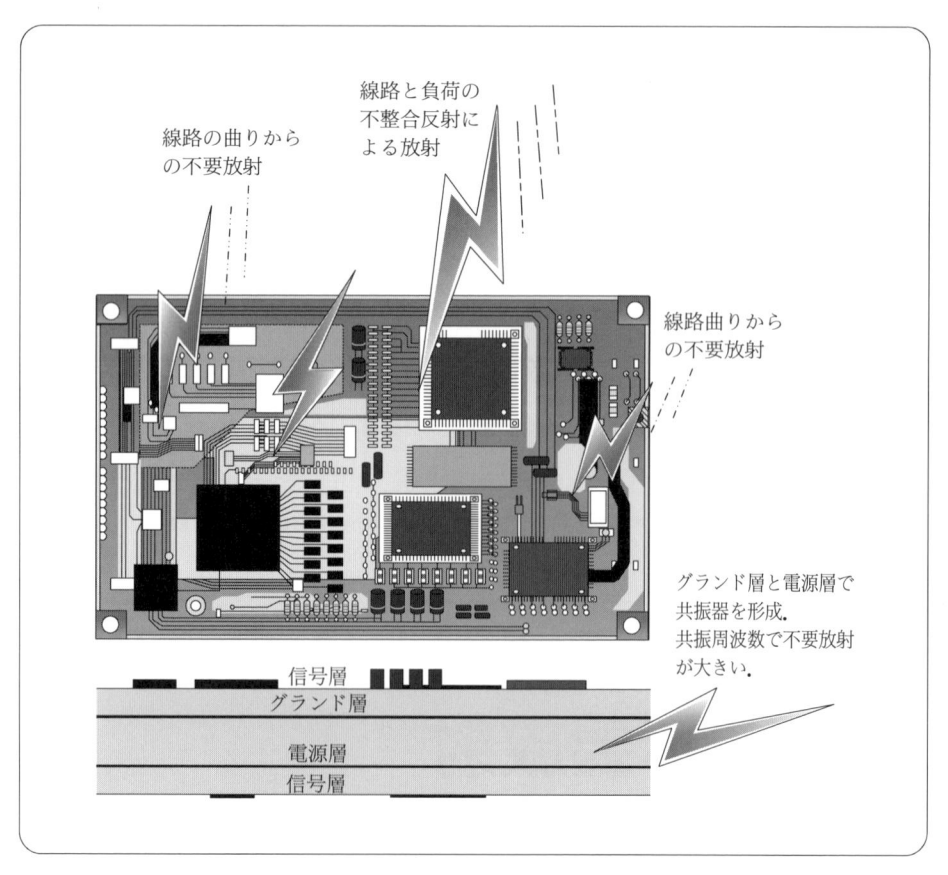

図 7.19　電子回路基板からの電磁波不要放射の概念図

る．これからは，電磁波不要放射抑圧技術の研究の渦中にある電磁環境技術の技術者またはアンテナ技術者に留まらず，無線回路技術者，ディジタル回路技術者にとっても，電磁波放射の基礎は知識として身に付けておくべき事項である．

本章のまとめ

❶ 電流波源からの放射

- ベクトルポテンシャル $\boldsymbol{A}(\boldsymbol{r})$ を導入，$\boldsymbol{A}(\boldsymbol{r})$ は波源 $\boldsymbol{J}(\boldsymbol{r})$ と同じベクトル成分が持つ．

- $\boldsymbol{E}(\boldsymbol{r}) = -j\omega\mu \boldsymbol{A}(\boldsymbol{r}) + \dfrac{1}{j\omega\varepsilon}\nabla\{\nabla\cdot\boldsymbol{A}(\boldsymbol{r})\}$

  $\boldsymbol{H}(\boldsymbol{r}) = \nabla \times \boldsymbol{A}(\boldsymbol{r})$

- $\boldsymbol{J}(\boldsymbol{r}) = Il\hat{\boldsymbol{z}}$ （z 成分のみを有する長さ l の微小波源のとき）

  $\boldsymbol{A}(\boldsymbol{r}) = A_z(r)\hat{\boldsymbol{r}}, \ A_z(r) = \dfrac{Il}{4\pi r}e^{-jkr}$

- 電界，磁界は

$$E_r(r,\ \theta,\ \varphi) = \dfrac{Il}{2\pi}e^{-jkr}\left(\dfrac{\eta}{r^2} + \dfrac{1}{j\omega\varepsilon r^3}\right)\cos\theta$$

$$E_\theta(r,\ \theta,\ \varphi) = \dfrac{Il}{4\pi}e^{-jkr}\left(\dfrac{j\omega\mu}{r} + \dfrac{\eta}{r^2} + \dfrac{1}{j\omega\varepsilon r^3}\right)\sin\theta$$

$$H_\varphi(r,\ \theta,\ \varphi) = \dfrac{Il}{4\pi}e^{-jkr}\left(\dfrac{jk}{r} + \dfrac{1}{r^2}\right)\sin\theta$$

❷ 遠方電磁界

$$\boldsymbol{E}(\boldsymbol{r}) \fallingdotseq \dfrac{e^{-jkr}}{r}\boldsymbol{D}$$

$$\boldsymbol{H}(\boldsymbol{r}) \fallingdotseq \dfrac{1}{\eta}(\hat{\boldsymbol{r}} \times \boldsymbol{E})$$

$$\boldsymbol{D} = (\hat{\boldsymbol{r}} \times \boldsymbol{D}_e + \boldsymbol{D}_m) \times \hat{\boldsymbol{r}}$$

$$\boldsymbol{D}_e = -\dfrac{jk\eta}{4\pi}\int_V \boldsymbol{J}(\boldsymbol{r}')e^{jkr'\cos\xi}\,dv$$

$$\boldsymbol{D}_m = -\dfrac{jk}{4\pi}\int_S \boldsymbol{M}(\boldsymbol{r}')e^{jkr'\cos\xi}\,dS$$

電流波源 $\boldsymbol{J}$，磁流波源 $\boldsymbol{M}$ が決まれば，これらの式をもとに遠方での電界成分（偏波）を図式的に求めることができる（図 7.10 参照）．

❸ アンテナ利得 $G(\theta, \varphi)$

$$G(\theta, \varphi) = \frac{|D(\theta, \varphi)|^2}{\dfrac{1}{4\pi}\int_0^{2\pi}\int_0^{\pi}|D(\theta, \varphi)|^2 \sin\theta\, d\theta\, d\varphi}$$ (図 7.12 参照)

❹ アンテナ受信特性

・受信電力 　　$P_a = \dfrac{\lambda^2}{4\pi} G_r \dfrac{|E|^2}{\eta_0}$, 　G_r：受信アンテナ利得

・受信アンテナ有効面積　$A_{eff} = \dfrac{\lambda^2}{4\pi} G_r$

・Friis の公式　$P_r = P_t \left(\dfrac{\lambda}{4\pi R}\right)^2 G_t G_r$

───────●理解度の確認●───────

問 7.1　任意ベクトル r を変数とする任意のベクトルを $A(r)$，スカラを $\varPhi(r)$ とするとき，次式が成り立つことを証明せよ．
（1）$\nabla \cdot \{\nabla \times A(r)\} = 0$
（2）$\nabla \times \{\nabla \varPhi(r)\} = 0$

問 7.2　ベクトルポテンシャル A とスカラポテンシャル $\varPhi$ の間に，$\nabla \cdot A + j\omega\varepsilon\varPhi = 0$（これをローレンツ（Lorentz）条件という）の条件を加えたとき，式(7.7)を導け．

問 7.3　式(7.13)を球対称な波動方程式(7.12)に代入し，式(7.13)が式(7.12)の解であることを確認せよ．

問 7.4　点電荷 q が原点に存在するとき（これは $q\delta(r)$ と表される），この電荷による任意の点の静電ポテンシャルを $\varPhi(r)$ とするとき，$\varPhi(r)$ が満足する微分方程式を式(7.12)を考察して示せ．また，このときの静電ポテンシャル $\varPhi(r)$ を一度ガウスの法則から電界 $E(r)$ を求め，これを積分することで求めよ．

問 7.5　式(7.17)を式(7.8)，式(7.9)に代入し，式(7.18)〜式(7.20)を導出せよ．

問 7.6　微小電流波源 Il によって遠方の空間まで運ばれる電磁波エネルギー，すなわち放射エネルギー P_r は，式(7.21)の第1項によって求められ

$$P_r = \eta \frac{2\pi}{3}\left|\frac{Il}{\lambda}\right|^2$$

となる．いま，この電流波源から見て放射されるエネルギーを抵抗損失とみなし，その値を R_r とすると，R_r はどのような式で表されるか示せ（このときの R_r を放射抵抗という）．

問 7.7　点波源から放射される電磁波は波源を中心とする球面波（等振幅，等位相面が波源

を中心とする球面である波）となる．そして波源から十分遠いところでは図7.6にあるように平面波とみなすことができる．図7.6では振幅の変化が小さいことだけの説明となっているが，厳密には波面そのものが平面とみなせることが必要であり，平面内での位相誤差がある値以下とならなければならない．いまこの値を1°とすると，波源から r/λ（λ：波長）離れた地点では波面の中心から半径何波長の範囲では平面波ということができるか？　また半径10波長の範囲で平面波というためには波源から何波長離れる必要があるか．

問7.8　式(7.28)を導出せよ．

問7.9　電流波源による電界 E は，磁気的ベクトルポテンシャル A を用いて
$$E = -j\omega\mu A + \frac{1}{j\omega\varepsilon}(\nabla\nabla\cdot A)$$
と表される．このとき遠方界 $E_f(r)$ は
$$E_f(r) = -j\omega\mu(A_\theta\hat{\theta} + A_\varphi\hat{\varphi})$$
と表されることを示せ．

問7.10　磁流波源による電界 E は，電気的ベクトルポテンシャル F を用いて
$$E = -\nabla \times F$$
と表される．このとき遠方界 $E_f(r)$ は
$$E_f(r) = -jk F \times \hat{r}$$
と表されることを示せ．

問7.11　式(7.29)を導出せよ．

問7.12　$J = J\hat{x}$ を波源とする遠方電界の成分を示せ．

問7.13　$J = J_x\hat{x} + J_y\hat{y}$ を波源とする遠方電界の成分を示せ．

問7.14　$M = M\hat{x}$ を波源とする遠方電界の成分を示せ．またこの波源を実現する導波構造を示せ．

問7.15　式(7.36)を導出せよ．

問7.16　微小ダイポールの指向性は $D(\theta, \varphi) = D_\theta(\theta)\hat{\theta} = \sin\theta\,\hat{\theta}$ と表される．このときのアンテナ利得を求めよ．

問7.17　長さ1波長のアンテナと0.01波長のアンテナに同じ電力を供給し，これがすべて空間に放射されたとすると，$\theta = 90°$ 方向（最大放射方向）では，1波長アンテナの電界強度は0.01波長アンテナの何倍になるか．ただし，1波長アンテナの利得は3.5 dBi，0.01波長アンテナの利得は1.76 dBi である．

問7.18　電界強度が1 V/mの平面波を利得7 dBiのアンテナで受信すると負荷に取り出し得る電力は何〔W〕になるか．ただし，周波数は1.5 GHzとする．

7. 電磁波の放射と受信

問 7.19 送信電力 2 W を利得 7 dBi のアンテナから空間に放射するとアンテナから 1 km 離れた地点の電力密度は何〔W/m²〕となるか．また電界強度は何〔V/m〕か．

問 7.20 問 7.19 で送信アンテナから 2 km 離れた地点に，アンテナ利得 2.1 dBi の受信アンテナを置くと，受信電力は何〔W〕となるか．ただし，周波数は 1.5 GHz とする．

問 7.21 送信電力 100 W，アンテナ利得 37.7 dBi の放送衛星から送信される電波を半径 50 cm†のパラボラアンテナ（図 1.3(b)参照）で受信すると受信電力は何 W となるか．ただし，使用周波数は 12.0 GHz，地上と衛星間の距離は 36 000 km とする．

---

† パラボラアンテナの主ビーム方向から見た直径を D とすると，アンテナ利得 G は $G = \eta(\pi D/\lambda)^2$ で求められる．η はアンテナ開口能率と呼ばれるもので，0.5〜0.8．いま $\eta = 0.64$ とし，$G = 34.0$ dBi である．

付　録

1.　電気，磁気の各種物理量の単位

　一般に電気の単位は理解しやすいが，磁気の単位は分かりにくい．したがって，磁気の単位は電気の単位と対応関係をつかんで理解するのが便利である．**表 A1.1** に電気と磁気の単位を対比して示す．

表 A1.1　電気と磁気の単位の対応関係

量	電気の単位	磁気の単位
電荷，磁荷	C（クーロン）$(= q)$	Wb（ウェーバ）$(= q_m)$ $(\to [\text{T·m}^2])$
電界の強さ，磁界の強さ	V/m $(= E)$	A/m $(= H)$
電気磁気と力学との橋渡し	$E = \text{N/C}$ $(\leftarrow F = qE)$	$H = \text{N/Wb}$ $(\leftarrow F = q_m H)$
電束密度，磁束密度	C/m^2 $(= D)$	Wb/m^2 $(= B)$ $= 1\,[\text{T}]$（テスラ）$= 10^4$ Gauss
静電容量，インダクタンス（注 左辺の C は静電容量）	$C = \dfrac{q}{V} = \dfrac{\text{C}}{\text{V}} = \text{F}$（ファラド）	$L = \dfrac{\varPhi}{I} = \dfrac{\text{Wb}}{\text{A}} = \text{H}$（ヘンリー）
誘電率，透磁率（注 右辺の H はヘンリー）	$\varepsilon = \dfrac{D}{E} = \dfrac{\frac{\text{C}}{\text{m}^2}}{\frac{\text{V}}{\text{m}}} = \dfrac{\text{C}}{\text{V}}\dfrac{1}{\text{m}} = \dfrac{\text{F}}{\text{m}}$	$\mu = \dfrac{B}{H} = \dfrac{\frac{\text{Wb}}{\text{m}^2}}{\frac{\text{A}}{\text{m}}} = \dfrac{\text{Wb}}{\text{A}}\dfrac{1}{\text{m}} = \dfrac{\text{H}}{\text{m}}$
真空中の誘電率，透磁率	$\varepsilon_0 = \dfrac{1}{\mu_0}\dfrac{1}{c^2} \fallingdotseq 8.854 \times 10^{-12}$ F/m $c = 2.997\,924\,58 \times 10^8$ m/s（光の速度 c：測定値を基に定義した値）	$\mu_0 \fallingdotseq 1.257 \times 10^{-6}$ H/m$^{(\text{注})}$

注）　従来 $\mu_0 = 4\pi \times 10^{-7}$ H/m と定義されていたが，2019 年 5 月 20 日施行の「SI 基本単位の再定義」を反映．詳しくは産業技術総合研究所計量標準総合センター「計量標準」の Web サイトを参照．

　実用上は表 A1.1 に示す単位を理解しておけば十分と思われる．しかし，電束密度の単位が [C/m^2] であるのに対し，磁束密度の単位は [Wb/m^2] と [T] の 2 通り（1 T $= 10^4$ Gauss まで入れると 3 通り）あり，[Wb] が基準なのか [T] が基準なのか紛らわしい．このことが磁気の単位系を分かりにくくしている原因の一つである．

　表 A1.1 は電荷，磁荷が存在すると仮定して，これによる力 F，F_m がクーロンの法則，またはその変形，つまり

$$F = \frac{1}{4\pi\varepsilon_0}\frac{qq'}{R^2} = q\,\frac{1}{4\pi\varepsilon_0}\frac{q'}{R^2} = q\cdot E \tag{A1.1}$$

$$F_m = \frac{1}{4\pi\mu_0} \frac{q_m q_m'}{R^2} = q_m \frac{1}{4\pi\mu_0} \frac{q_m'}{R^2} = q_m \cdot H \tag{A1.2}$$

で表されることを前提にしている．式(A1.1)に関しては，電荷は実在するものであり，実験事実とも一致するものである．しかし，式(A1.2)の F_m は実験から直接求められるものではなく，あくまで等価的考え方によるものである．磁界が発生するのは電流（動電荷）によってであり，磁界が力を作用するのは電流に対してである．すなわち

$$\boldsymbol{F_m} = \boldsymbol{I} \times \boldsymbol{B} = q\boldsymbol{v} \times \boldsymbol{B} \tag{A1.3}$$

となる．ここで磁界の単位は

「電流に垂直に磁界をかけて，1 A の電流の 1 m 当りに働く力が 1 N になるとき，その磁束密度を 1 T」

と定義したものが基本になる．そして，そもそも電流 I は

$$F_m = \frac{\mu_0}{2\pi} \frac{I_1 I_2}{R} \tag{A1.4}$$

の実験事実から求められた式において，$I_1 = I_2$，$R = 1\,\mathrm{m}$，$\mu_0 \fallingdotseq 1.257 \times 10^{-6}\,\mathrm{H/m(N \cdot A^{-2})}$ と定めたときの力 F_m が，$2 \times 10^{-7}\,\mathrm{N}$ となるときの電流の強さを 1 A と定義している．電流の単位を決めれば〔C〕=〔A・s〕でクーロンの単位が定まり，電位の単位〔V〕や静電容量〔C/V〕など，表 A1.1 の残りのすべての単位が定まる．すなわち長さ〔m〕，重さ〔kg〕，時間〔s〕に加えて，電流の単位が，「電磁気作用が力となって表れ，この力を橋渡しとして」定められ，電磁気の物理量を表すものの単位をすべて決めることができる．この単位系を MKSA 単位系という．

式(A1.3)と式(A1.2)とが矛盾なく，どのようにつながっているかについて概略を説明しておく．

電荷と同じように実在するものは，図 A1.1 に示す一様電流 I が流れる微小ループで，そのモーメント $\boldsymbol{m}$ は

$$\boldsymbol{m} = \mu_0 I S \boldsymbol{n} \tag{A1.5}$$

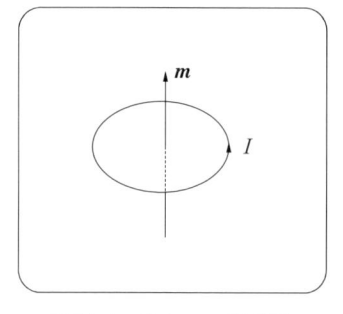

図 A1.1　微小ループ電流と
　　　　　それによる磁場

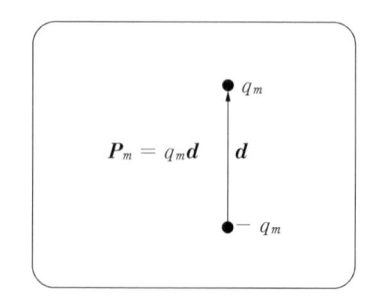

図 A1.2　微小ループの磁気モーメント
　　　　　と等価な磁荷のダイポール

である．式(A1.2)の q_m は，磁荷のダイポールモーメント $P_m = q_m d$ （図 A1.2）が m に等しくなるように等価的に考えられたものである．単位は〔Wb・m〕で一致する．また磁荷の単位〔Wb〕は，〔T〕を基準にして考えれば，〔Wb〕＝〔T・m²〕となる．

2. ベクトル解析公式

本書の数式導出と章末問題を解くために必要となる範囲に限定した公式を示す．なお座標系は直角座標系としている．ベクトル A と B は以下のとおりである（図 A2.1）．

$$A = A_x i + A_y j + A_z k \tag{A2.1}$$
$$B = B_x i + B_y j + B_z k \tag{A2.2}$$

i, j, k はそれぞれ x, y, z 方向の単位ベクトル，θ はベクトル A とベクトル B の夾角である．

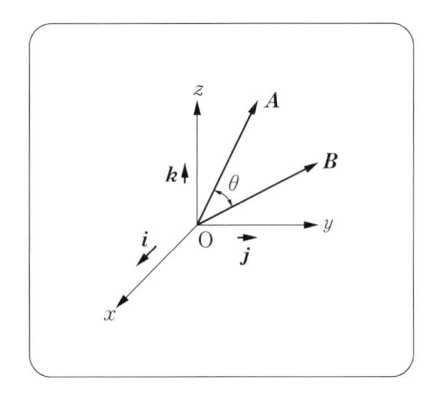

図 A2.1 直角座標系

(1) 内積と外積

- $A \cdot B = A_x B_x + A_y B_y + A_z B_z = |A||B|\cos\theta$ 　（スカラとなる）
- $A \cdot A^* = A_x A_x^* + A_y A_y^* + A_z A_z^* = |A|^2$
- $A \times B = (A_y B_z - A_z B_y) i + (A_z B_x - A_x B_z) j + (A_x B_y - A_y B_x) k$

$$= \begin{vmatrix} i & j & k \\ A_x & A_y & A_z \\ B_x & B_y & B_z \end{vmatrix} = |A||B|\sin\theta \cdot n_\perp \quad （ベクトルとなる）$$

ただし，$n_\perp$ はベクトル A とベクトル B がつくる平面に対する法線ベクトルである．
☆ 外積は行列式の形で憶えるのがよい．

(2) 発散，回転，勾配

- $\nabla \cdot A = \dfrac{\partial A_x}{\partial x} + \dfrac{\partial A_y}{\partial y} + \dfrac{\partial A_z}{\partial z}$ 　（スカラである）

- $\nabla \times \boldsymbol{A} = \begin{vmatrix} \boldsymbol{i} & \boldsymbol{j} & \boldsymbol{k} \\ \dfrac{\partial}{\partial x} & \dfrac{\partial}{\partial y} & \dfrac{\partial}{\partial z} \\ A_x & A_y & A_z \end{vmatrix}$ （ベクトルである）

- $\nabla \phi = \dfrac{\partial \phi}{\partial x}\boldsymbol{i} + \dfrac{\partial \phi}{\partial y}\boldsymbol{j} + \dfrac{\partial \phi}{\partial z}\boldsymbol{k}$ （ベクトルである）

☆ 「∇」は

$$\nabla = \dfrac{\partial}{\partial x}\boldsymbol{i} + \dfrac{\partial}{\partial y}\boldsymbol{j} + \dfrac{\partial}{\partial z}\boldsymbol{k}$$

をベクトルとみなして（1）の演算をすれば $\nabla \cdot \boldsymbol{A}$, $\nabla \times \boldsymbol{A}$ となる．

（3） 恒 等 式

- $\nabla \cdot (\nabla \times \boldsymbol{A}) = 0$
- $\nabla \times (\nabla \phi) = 0$

（4） その他の公式

- $\nabla \cdot (\boldsymbol{A} \times \boldsymbol{B}) = \boldsymbol{B} \cdot (\nabla \times \boldsymbol{A}) - \boldsymbol{A} \cdot (\nabla \times \boldsymbol{B})$
- $\nabla \times \nabla \times \boldsymbol{A} = \nabla(\nabla \cdot \boldsymbol{A}) - \nabla^2 \boldsymbol{A}$

ただし

$$\nabla^2 \boldsymbol{A} = \left(\dfrac{\partial^2 A_x}{\partial x^2} + \dfrac{\partial^2 A_x}{\partial y^2} + \dfrac{\partial^2 A_x}{\partial z^2}\right)\boldsymbol{i} + \left(\dfrac{\partial^2 A_y}{\partial x^2} + \dfrac{\partial^2 A_y}{\partial y^2} + \dfrac{\partial^2 A_y}{\partial z^2}\right)\boldsymbol{j}$$
$$+ \left(\dfrac{\partial^2 A_z}{\partial x^2} + \dfrac{\partial^2 A_z}{\partial y^2} + \dfrac{\partial^2 A_z}{\partial z^2}\right)\boldsymbol{k}$$

である．

☆ （3），（4）の公式の証明は（1），（2）の公式を利用して，式(A2.1)のとおりに成分表示すればできる．

（例） $\nabla \cdot (\nabla \times \boldsymbol{A})$

$$\nabla \times \boldsymbol{A} = \begin{vmatrix} \boldsymbol{i} & \boldsymbol{j} & \boldsymbol{k} \\ \dfrac{\partial}{\partial x} & \dfrac{\partial}{\partial y} & \dfrac{\partial}{\partial z} \\ A_x & A_y & A_z \end{vmatrix} = \left(\dfrac{\partial A_z}{\partial y} - \dfrac{\partial A_y}{\partial z}\right)\boldsymbol{i} + \left(\dfrac{\partial A_x}{\partial z} - \dfrac{\partial A_z}{\partial x}\right)\boldsymbol{j}$$
$$+ \left(\dfrac{\partial A_y}{\partial x} - \dfrac{\partial A_x}{\partial y}\right)\boldsymbol{k}$$

$$\nabla \cdot (\nabla \times \boldsymbol{A}) = \dfrac{\partial}{\partial x}\left(\dfrac{\partial A_z}{\partial y} - \dfrac{\partial A_y}{\partial z}\right) + \dfrac{\partial}{\partial y}\left(\dfrac{\partial A_x}{\partial z} - \dfrac{\partial A_z}{\partial x}\right) + \dfrac{\partial}{\partial z}\left(\dfrac{\partial A_y}{\partial x} - \dfrac{\partial A_x}{\partial y}\right)$$
$$= \dfrac{\partial^2 A_z}{\partial x \partial y} + \dfrac{\partial^2 A_x}{\partial y \partial z} + \dfrac{\partial^2 A_y}{\partial z \partial x} - \left(\dfrac{\partial^2 A_y}{\partial x \partial z} + \dfrac{\partial^2 A_z}{\partial y \partial x} + \dfrac{\partial^2 A_x}{\partial z \partial y}\right) = 0$$

3. ストークスの定理とガウスの定理

（1） ストークスの定理

図 A3.1 の曲面上の任意のベクトルを $E(r)$ としたとき，その回転，$\nabla \times E(r)$ を曲面 S 上で積分した値は，曲面の縁 C に沿って $E(r)$ を積分した値に等しい．

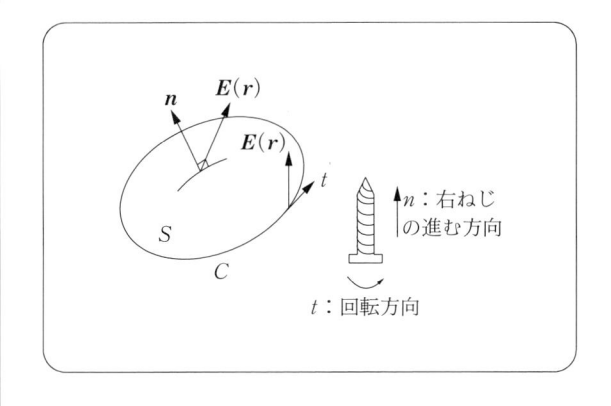

図 A3.1　曲面の法線 n と曲面の縁の周回方向 t との関係

$$\iint_{S\,(曲面上)} \{(\nabla \times E(r)) \cdot n(r)\}\, dS = \int_{C\,(経路)} E(r) \cdot t(r)\, ds$$

この定理は「アンペアの法則」，すなわち，「曲面を貫く電流 ($I_1, I_2, \cdots, I_N$) の総和は，曲面の周囲に沿って磁束密度を積分した値に等しい」，の積分形表示から微分形表示を導くときに応用される．式で表すと

$$\mu_0 \sum_{i=1}^{N} I_i = \int_C B \cdot t\, ds \quad \Rightarrow \quad J = \frac{1}{\mu_0} \nabla \times B$$

は，「ストークスの定理」を用いて導くことができる．微分形表示の左辺に変位電流を追加したものが，マクスウェルの方程式の連立方程式の一つである．

（2） ガウスの定理

図 A3.2 の閉曲面 S で囲まれた体積を V とし，体積 V 内の任意のベクトルを $E(r)$ としたとき，その発散 $\nabla \cdot E(r)$ を体積内で積分した値は，閉曲面 S 上で $E(r)$ を積分した値に等しい．

$$\iiint_{V\,(体積内)} \{\nabla \cdot E(r)\}\, dv = \iint_{S\,(閉曲面)} E(r) \cdot n(r)\, dS$$

この定理は，「ガウスの法則」，すなわち，「閉曲面内部に含まれる電荷 $q_1, q_2, \cdots, q_N$ の総和は，閉曲面から出る電束の総和に等しい」，の積分形表示から微分形表示を導くときに

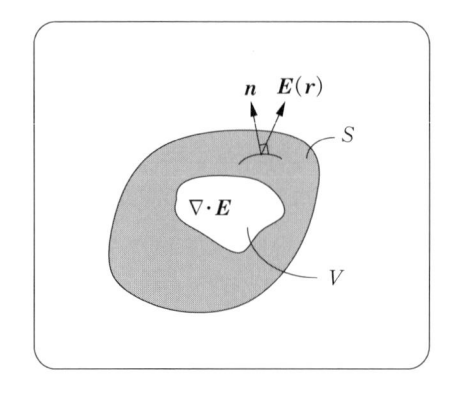

図 A3.2 閉曲面 S で囲まれた体積 V

応用される．式で表すと

$$\sum_{i=1}^{N} q_i = \int_S \varepsilon \boldsymbol{E} \cdot \boldsymbol{n}\, dS \;\Rightarrow\; \rho = \nabla \cdot (\varepsilon \boldsymbol{E}) \text{ または } \frac{\rho}{\varepsilon} = \nabla \cdot \boldsymbol{E}$$

は，「ガウスの定理」を用いて導くことができる．

4. 座標変換（回転による）

2 次元 (s, t) 直交座標上の点 $\mathrm{P}(s, t)$ を，(s, t) 直交座標を θ_i だけ反時計回りに回転した (x, y) 直交座標で表す．

$$(s,\ t) \;\to\; \theta_i\, 回転 \;\to\; (x,\ y)$$

図 **A4.1** に示すように角度 θ_i，α をとる．点 P の値は，(s, t) 座標では

$$\left.\begin{array}{l} s = r \cos\left(\alpha + \dfrac{\pi}{2} - \theta_i\right) \\ t = r \sin\left(\alpha + \dfrac{\pi}{2} - \theta_i\right) \end{array}\right\} \tag{A4.1}$$

一方，(x, y) 座標では

$$\left.\begin{array}{l} x = r \cos \alpha \\ y = r \sin \alpha \end{array}\right\} \tag{A4.2}$$

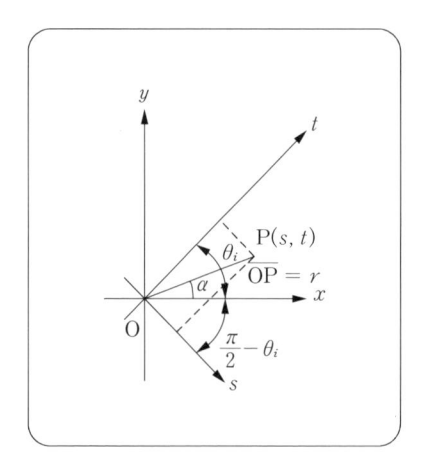

図 A4.1 座標回転

と表される．式(A4.1)を展開すると次式となる．

$$\left.\begin{array}{l}s = r\cos\alpha\cdot\sin\theta_i - r\sin\alpha\cdot\cos\theta_i \\ t = r\sin\alpha\cdot\sin\theta_i + r\cos\alpha\cdot\cos\theta_i\end{array}\right\} \quad (A4.3)$$

式(A4.3)に式(A4.2)を代入すると

$$\left.\begin{array}{l}s = x\cdot\sin\theta_i - y\cdot\cos\theta_i \\ t = y\cdot\sin\theta_i + x\cdot\cos\theta_i\end{array}\right\}$$

これを行列表示すると

$$\begin{bmatrix}s \\ t\end{bmatrix} = \begin{bmatrix}\sin\theta_i & -\cos\theta_i \\ \cos\theta_i & \sin\theta_i\end{bmatrix}\begin{bmatrix}x \\ y\end{bmatrix} \quad (A4.4)$$

となる．すなわち

$$(s, t) \quad \rightarrow \quad \theta_i\text{回転} \quad \rightarrow \quad (x, y)$$

の変換式である．

☆ 座標変換式を公式として憶えておくことは悪くはないが，±，sin，cos の位置が紛らわしい．面倒でも図 A4.1 と式(A4.1)，式(A4.2)を書いて確認することが賢明である．

5. 電界，磁界の複素表示

$E(z, t) = E_0 \cos(kz - \omega t)$ のように，時間変化が正弦的である物理量は，複素表示を用いると物理量間の計算が簡単になり便利である．実数表示に対する複素表示の例を示す．なお，数学では虚数単位の記号として i が用いられているが，電気工学では，電流 i との混乱を避けるため，i の代わりに $j = \sqrt{-1}$ を用いる．

　　　実数表示　　$E_r(z, t) = |E|\cos(kz - \omega t + \alpha)$
　　　複素表示　　$E_c(z, t) = E\cdot e^{-j(kz - \omega t)}$　　　　$(E = |E|e^{-j\alpha})$
　　　簡略化した複素表示　$E_c'(z) = E\cdot e^{-jkz}$　　　$(e^{j\omega t}$ を省略した表記$)$

すなわち $\mathrm{Re}\{E_c(z, t)\} = E_r(z, t)$ の関係がある．また，複素表示された量において実際に物理的意味を持つのは，複素表示量の実部 Re である．複素表示量 $E_c'(z) = E\cdot e^{-jkz}$ から実数表示に戻すには次のようにする．

① $E_c'(z)$ に $e^{j\omega t}$ を掛ける．この結果，$E_c(z, t)$ が得られる．
② $E_c(z, t)$ の実部 Re をとる．

　具体的には

$$\mathrm{Re}\{E_c(z, t)\} = \mathrm{Re}\{E\cdot e^{-j(kz - \omega t)}\} = \mathrm{Re}\{|E|e^{-j\alpha}e^{-j(kz - \omega t)}\}$$

$$= \text{Re}\{|E|\cos(kz-\omega t+\alpha)-j|E|\sin(kz-\omega t+\alpha)\}$$
$$= |E|\cos(kz-\omega t+\alpha) = E_r(z,t)$$

6. 伝送線路の損失

伝送線路の表面は金属で，伝導度 σ は大きい．しかし，有限なのでこれによるジュール損失が発生する．特に使用周波数が高いとき，または長距離伝送時に問題となる．5章の表5.1のような分布定数線路の伝搬定数 γ は，式(5.9a)，式(5.9b)で，$R \ll \omega L$，$G \ll \omega C$ と近似すると

$$\gamma = \sqrt{(R+j\omega L)(G+j\omega C)} = \alpha+j\beta \fallingdotseq \frac{R}{2}\sqrt{\frac{C}{L}}+\frac{G}{2}\sqrt{\frac{L}{C}}+j\omega\sqrt{LC} \quad (A6.1)$$

となる．更に通常の線路では $G \fallingdotseq 0$ と近似できるので，減衰定数 α は

$$\alpha = \frac{R}{2}\sqrt{\frac{C}{L}} = \frac{R}{2Z_0} \quad (A6.2)$$

となる．ここで，$Z_0 = \sqrt{L/C}$ は線路の特性インピーダンスである．

表5.1の同軸線路では，内導体，外導体の表面抵抗を R_s とすると

$$R = \frac{R_s}{2\pi}\left(\frac{1}{r_0}+\frac{1}{r_i}\right) \quad (A6.3)$$

$$R_s = \frac{1}{\sigma\delta} \quad (A6.4)$$

となる．ここで，σ は銅の導電率（5.8×10^7 S/m），δ は表皮厚で

$$\delta = \sqrt{\frac{2}{\omega\mu_0\sigma}} = \sqrt{\frac{1}{\pi f\mu_0\sigma}} \quad (A6.5)$$

である．μ_0 は真空中の透磁率である．式(A6.2)～式(A6.5)から，減衰定数 α は周波数 f の0.5乗に比例して大きくなることが分かる．具体例を図 A6.1 に示す．ただし

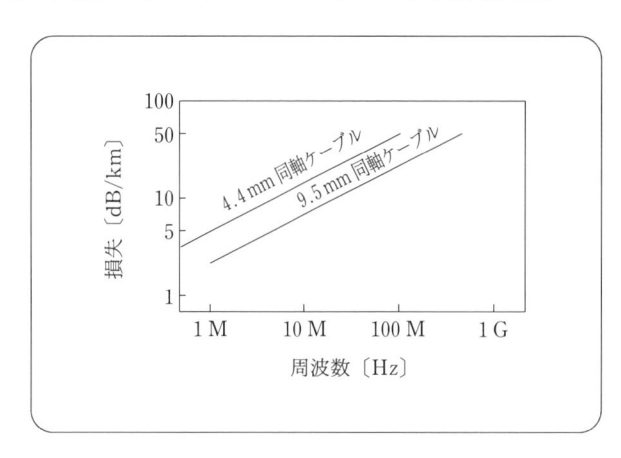

図 A6.1 同軸線の伝送損失

4.4 mm 同軸，$r_0 = 4.4$ mm, $r_i = 2.6$ mm

9.5 mm 同軸，$r_0 = 9.5$ mm, $r_i = 2.6$ mm

である．

7. 各種座標による波動方程式の表現

（1） 波動方程式

波動方程式は一般に次式のように表される．

$$\nabla^2 \Phi + k^2 \Phi = 0 \tag{A7.1}$$

ここで，Φ はスカラで，7章の式(7.11)では $A_z(r)$ がこれに相当する．式(A7.1)の各種座標系での表現は以下のとおりである（図 A7.1）．

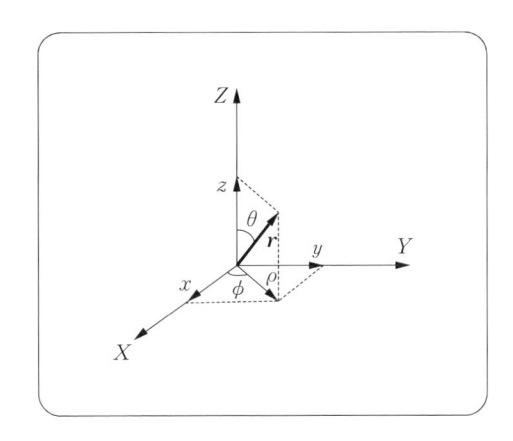

図 A7.1 各種座標系の変数と座標軸

① 直角座標 (x, y, z) $\dfrac{\partial^2 \Phi}{\partial x^2} + \dfrac{\partial^2 \Phi}{\partial y^2} + \dfrac{\partial^2 \Phi}{\partial z^2} + k^2 \Phi = 0 \tag{A7.2}$

② 円筒座標 (ρ, φ, z) $\dfrac{\partial}{\rho \partial \rho}\left(\rho \dfrac{\partial \Phi}{\partial \rho}\right) + \dfrac{\partial^2 \Phi}{\rho^2 \partial \varphi^2} + \dfrac{\partial^2 \Phi}{\partial z^2} + k^2 \Phi = 0 \tag{A7.3}$

③ 球座標 (r, θ, φ) $\dfrac{1}{r^2}\dfrac{\partial}{\partial r}\left(r^2 \dfrac{\partial \Phi}{\partial r}\right) + \dfrac{\partial}{r^2 \sin\theta\, \partial \theta}\left(\sin\theta\, \dfrac{\partial \Phi}{\partial \theta}\right)$

$$+ \dfrac{1}{r^2 \sin^2 \theta}\left(\dfrac{\partial^2 \Phi}{\partial \varphi^2}\right) + k^2 \Phi = 0 \tag{A7.4}$$

ここで，Φ がすべての方向に対して一様（θ, ϕ に依存しない）ならば，$\partial/\partial \theta = \partial/\partial \varphi = 0$ なので

$$\dfrac{1}{r^2}\dfrac{\partial}{\partial r}\left(r^2 \dfrac{\partial \Phi}{\partial r}\right) + k^2 \Phi = 0 \tag{A7.5}$$

となる．$\Phi = A_z(r)$ とおけば7章の式(7.12)に一致する．

（2） 勾配，発散，回転

① 勾配 ($\nabla \Phi$)

- 直角座標　$\nabla \Phi = \dfrac{\partial \Phi}{\partial x} \boldsymbol{i} + \dfrac{\partial \Phi}{\partial y} \boldsymbol{j} + \dfrac{\partial \Phi}{\partial z} \boldsymbol{k}$

- 円筒座標　$\nabla \Phi = \dfrac{\partial \Phi}{\partial \rho} \boldsymbol{\rho} + \dfrac{1}{\rho} \dfrac{\partial \Phi}{\partial \varphi} \boldsymbol{\varphi} + \dfrac{\partial \Phi}{\partial z} \boldsymbol{z}$

- 極座標　$\nabla \Phi = \dfrac{\partial \Phi}{\partial r} \boldsymbol{r} + \dfrac{1}{r} \dfrac{\partial \Phi}{\partial \theta} \boldsymbol{\theta} + \dfrac{1}{r \sin \theta} \dfrac{\partial \Phi}{\partial \varphi} \boldsymbol{\varphi}$

② 発散 ($\nabla \cdot \boldsymbol{A}$)

- 直角座標　$\nabla \cdot \boldsymbol{A} = \dfrac{\partial A_x}{\partial x} + \dfrac{\partial A_y}{\partial y} + \dfrac{\partial A_z}{\partial z}$

- 円筒座標　$\nabla \cdot \boldsymbol{A} = \dfrac{1}{\rho} \dfrac{\partial}{\partial \rho} (\rho A_\rho) + \dfrac{1}{\rho} \dfrac{\partial A_\varphi}{\partial \varphi} + \dfrac{\partial A_z}{\partial z}$

- 球座標　$\nabla \cdot \boldsymbol{A} = \dfrac{1}{r^2} \dfrac{\partial}{\partial r} (r^2 A_r) + \dfrac{1}{r \sin \theta} \dfrac{\partial}{\partial \theta} (\sin \theta\, A_\theta) + \dfrac{1}{r \sin \theta} \dfrac{\partial A_\varphi}{\partial \varphi}$

③ 回転 ($\nabla \times \boldsymbol{A}$)

- 直角座標

$$\nabla \times \boldsymbol{A} = \left(\dfrac{\partial A_z}{\partial y} - \dfrac{\partial A_y}{\partial z} \right) \boldsymbol{i} + \left(\dfrac{\partial A_x}{\partial z} - \dfrac{\partial A_z}{\partial x} \right) \boldsymbol{j} + \left(\dfrac{\partial A_y}{\partial x} - \dfrac{\partial A_x}{\partial y} \right) \boldsymbol{k}$$

- 円筒座標

$$\nabla \times \boldsymbol{A} = \dfrac{1}{\rho} \left\{ \dfrac{\partial A_z}{\partial \phi} - \dfrac{\partial (\rho A_\phi)}{\partial z} \right\} \boldsymbol{\rho} + \left\{ \dfrac{\partial A_\rho}{\partial z} - \dfrac{\partial A_z}{\partial \rho} \right\} \boldsymbol{\varphi} + \dfrac{1}{\rho} \left\{ \dfrac{\partial (\rho A_\phi)}{\partial \rho} - \dfrac{\partial A_\rho}{\partial \phi} \right\} \boldsymbol{z}$$

- 球座標

$$\nabla \times \boldsymbol{A} = \dfrac{1}{r^2 \sin \theta} \left\{ \dfrac{\partial (r \sin \theta\, A_\phi)}{\partial \theta} - \dfrac{\partial (r A_\theta)}{\partial \phi} \right\} \boldsymbol{r}$$

$$+ \dfrac{1}{r \sin \theta} \left\{ \dfrac{\partial A_r}{\partial \phi} - \dfrac{\partial (r \sin \theta\, A_\phi)}{\partial r} \right\} \boldsymbol{\theta}$$

$$+ \dfrac{1}{r} \left\{ \dfrac{\partial (r A_\theta)}{\partial r} - \dfrac{\partial A_r}{\partial \theta} \right\} \boldsymbol{\varphi}$$

引用・参考文献

(1～2章)
〈電磁波技術の歴史に関するもの〉
1) 徳丸 仁：電波技術への招待（ブルーバックス），講談社（1978）．
2) 岩井 登 監修：無線百科，クリエイト・クルーズ（1997）．
3) 徳丸 仁：基礎電磁波，森北出版（1992）．（ヘルツの実験に詳しい．休憩室というコラムがある．マクスウェルがフレネルの公式を電磁波の立場から求めようとしたが，境界条件（本書の4章にある）が導出できず実現しなかった話など，現在の常識と当時の最先端の研究の比較ができ，興味深い記述が多い．3，4，7章に関しても掘り下げた記述がある）
4) 水島宣彦：エレクトロニクスの開拓者たち（第2版），電子通信学会（1979）．

〈電磁波技術の基礎，電磁波物理と応用技術とのかかわりに関するもの〉
1) 高等学校物理教科書．例えば斉藤晴男，兵頭申一 編：高等学校物理ⅠB，啓林館（1997）など．
2) 「光学のすすめ」編集委員会：光学のすすめ，オプトロニクス社（1997）．
3) 二間瀬敏史，麻生 修：図学雑学 電磁波，ナツメ社（2000）．
4) 谷腰欣司：電波のしくみ，日本実業出版社（1998）．
5) 藤本京平：入門 電波応用，共立出版（1993）．

(3章)
1) 長岡洋介：電気磁気学Ⅱ，岩波書店（1983）．（変位電流の概念が出てきた理由が分かりやすく記述されている．マクスウェルの方程式から平面波の導出についても分かりやすく記述されている）
2) 末田 正 編著：電磁気学，オーム社（2001）．（電磁気学の集大成であるマクスウェルの方程式が生まれる過程を要領よく説明している．電磁気の基礎を復習するのにも便利なように，ポイントを図示して分かりやすく説明している）
3) 関口利男：電磁波（理工学基礎講座20），朝倉書店（1976）．（マクスウェルの方程式の一般解の導出，平面波の一般的表示などが記述されている）
4) ブルーバックスシリーズ（講談社）．（電磁波の発生，真空中でもなぜ伝わるのかなど興味深い考察が示されている）
   ・都築卓二：場とはなにか（B-363），（1978）．
   ・後藤尚久：アンテナの科学（B-679），（1987）．
   ・福島 馨：電磁気学のABC（B-728），（1988）．
   ・竹内 薫：「場」とはなんだろう（B-1310），（2000）．

(4～5章)
1) Collin, R. E.：Field Theory of Guided Waves, Chapter 3, McGraw-Hill (1960)．（波動行列法の記述）

2) Ramo, S., Whinnery, J. R. and Duzer, T. V.: Field and Waves in Communication Electronics, John Wiley & Sons, Toppan (1965). (平面波斜め入射の解法，空洞共振器の共振現象の幾何学的説明がある)
3) 中司浩生：基礎伝送工学，コロナ社 (1997). (整合回路の設計を例題で分かりやすく説明している)

〔6 章〕
1) 島田潤一：光エレクトロニクス，丸善 (1989). (光通信のための発光源，光検出の装置，部品，これらと光ファイバの結合に関して詳しく記述されている)
2) 榛葉 実：光ファイバ通信概論，東京電機大学出版局 (1999). (光ファイバのベッセル関数を用いた波動解析が分かりやすく記述されている)
3) 末田 正：光エレクトロニクス，昭晃堂 (1985). (光全般を網羅している．光制御，光ビームの変調，偏向に詳しい．光の非線形効果の基礎も記述されている)
4) 末松安晴，伊藤健一：光ファイバ通信入門（3版），オーム社 (1989). (光ファイバ通信に関係する要素技術が要領よく記述され，通信システムも分かりやすくまとめられている．参考文献が豊富に掲載されている．)
5) 池上徹彦 監修，土屋治彦，三上 修 編著：半導体フォトニクス工学，コロナ社 (1995). (光通信のデバイス技術，最先端を把握した専門書．部品材料技術も詳細に記述されている)

〔7 章〕
1) 虫明康人：アンテナ・電波伝搬（37版），電子情報通信学会 (1999). (相反定理の証明と応用が記述されている．またアンテナからの放射界の導出も分かりやすくまとめられている)
2) Harrington, R. F.: Time-Harmonic Electromagnetic Waves, Chapter 2, McGraw-Hill (1961).

理解度の確認；解説

(1 章)

問 1.1 図解 1.1 参照．

① ファラデー　電磁誘導の法則の発見（⇒磁界の時間変動が電界を発生する）

② マクスウェル　変位電流の提唱．これを基に電界，磁界の相互作用を連立方程式にまとめた．電磁波の存在，及び光の速度と電磁波の速度が一致することを予言．更に光も電磁波の一種であると予言．

③ ヘルツ　火花放電を応用した実験により，電磁波の存在を実証．屈折，反射現象の確認．定在波から電波の波長を求め，更に電磁波の速度を実験的に明らかにした．

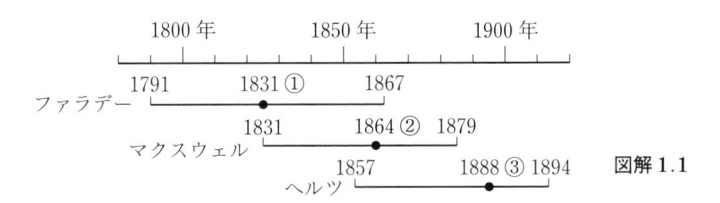

```
        1800年        1850年         1900年
               1791  1831①    1867
        ファラデー    ●──────────●
                      1831  1864②  1879
                  マクスウェル ●─────●─────●
                          1857      1888③ 1894
                          ヘルツ ●─────────●              図解 1.1
```

問 1.2 マルコーニの初期の無線通信機は，図 1.2 (a) のヘルツの火花送信装置と火花検出器を基礎に，受信側に受信アンテナの火花を検知すると抵抗値が変化するコヒーラを備えていた．長距離化のためには，アンテナ，同調回路，コヒーラなどの改良がなされた．

問 1.3 ① フィゾーの実験 (1849 年)　回転する歯車の歯の間から光を通し，その光を距離 l にある平面反射鏡で反射させ，再び歯車に戻ってくる装置を作製して実験．歯車の回転数を調節し，光が隣の歯でさえぎられ暗くなるときの回転数を測定．歯車の歯数を n，回転数を k 〔回/s〕とすると

$$\frac{2l}{c} = \frac{1}{nk}\frac{1}{2} \quad (c：光の速度)$$

が成り立つ．これから $c = 3.153 \times 10^8$ m/s と測定された．

② フーコーの実験 (1862 年)　高速で回転する回転鏡と固定鏡を用い，光源からの光が二つの鏡で反射されて戻ってくる位置から，光が回転鏡と固定鏡の間を往復する時間に，回転鏡が回転する角度 θ 〔rad〕を測定する．回転鏡の回転数を k，回転鏡と固定鏡間の距離 l を用い，光の速度 c は，$c = 4\pi kl/\theta = 2.99 \times 10^8$ m/s と測定された．現在の測定では，$c = 2.997\,924\,58 \times 10^8$ m/s と定められている．フーコーの実験では有効数字 3 桁までは等しい．フィゾーの実験値の誤差は約 5 ％である．

なお，2 人の前に，レーマが木星の衛星イオの食の観測から約 22 万 km/s と求めた．これが，光の速度が有限であることを確認した最初のもので，1676 年のことである．なお，①，②については，例えば斉藤晴男，兵藤申一 編：高等学校「物理ⅠB」，啓林館 (1997) など，高校の教科書に図解されている．

問 1.4 図解 1.4 において，送信点を T，受信点を R とし，それぞれの地表上高さを h_1, h_2 とする．T-R 間の見通し距離を d，その曲面（地球表面）上の長さを D とする．直線 TR は地球と点 M で接する．よって，OM ⊥ TR なので

$$d = \sqrt{(R+h_1)^2 - R^2} + \sqrt{(R+h_2)^2 - R^2} = \sqrt{2h_1 R + h_1^2} + \sqrt{2h_2 R + h_2^2}$$
$$= R\left\{\sqrt{\frac{2h_1}{R} + \left(\frac{h_1}{R}\right)^2} + \sqrt{\frac{2h_2}{R} + \left(\frac{h_2}{R}\right)^2}\right\}$$

$h_1 \ll R$, $h_2 \ll R$ であり，$D \fallingdotseq d$ なので

$$D \fallingdotseq R\left(\sqrt{\frac{2h_1}{R}} + \sqrt{\frac{2h_2}{R}}\right) = \sqrt{2R}(\sqrt{h_1} + \sqrt{h_2})$$

$R = 6\,300$ km, $h_1 = 100$ m, $h_2 = 10$ m を代入して，$D = 47$ km を得る．

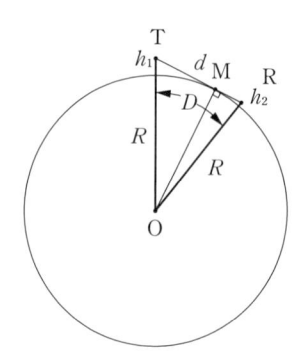

図解 1.4

問 1.5 静止衛星から地球を見込む角度を 2θ とすると

$$\sin\theta = \frac{R}{R+H}$$

$R = 6\,300$ km, $H = 36\,000$ km を代入すると

$\theta = 8.6°$

地球中心から見込む角度の半分は

$90° - 8.6° = 81.4°$

よって 1 基の衛星で照射できる面積 S は

$$S = \int_0^{\frac{81.4}{180}\pi} R\,d\theta \cdot 2\pi R \sin\theta = 2\pi R^2 \int_0^{\frac{81.4}{180}\pi} \sin\theta\,d\theta = 2\pi R^2 (1 - \cos 81.4°) \fallingdotseq 1.7\pi R^2$$

全表面積 $= 4\pi R^2$，　照射面積率 $= \dfrac{1.7\pi R^2}{4\pi R^2} \times 100 = 43\,\%$

必要衛星数 N は，$N = 1/0.43 = 2.3$，ゆえに 3 機必要．

問 1.6 周波数を f，波長を λ とすると，$f\lambda = c = 3.0 \times 10^8$ m/s

 (a) 中波放送　　　　　　　　周波数：526.5〜1 606.5 kHz
 　　　　　　　　　　　　　　波　長：570〜187 m
 (b) テ レ ビ（VHF 帯）　　　周波数：90 (ch.1)〜222 MHz (ch.12)
 　　　　　　　　　　　　　　波　長：3.33 (ch.1)〜1.35 m (ch.12)
 (c) 携帯電話（800 MHz 帯）　周波数：810〜956 MHz
 　　　　　　　　　　　　　　波　長：0.37〜0.31 m
 (d) 衛星放送（BS の場合）　　周波数：11.7〜12.0 GHz
 　　　　　　　　　　　　　　波　長：2.56〜2.50 cm

理解度の確認；解説

問 1.7 電界，磁界が相互に作用しながら波動として光の速度で伝搬する波を電磁波という．電磁波は，波長または周波数によって分類される．そして日本の電波法では周波数 3 THz（テラヘルツ，10^{12}ヘルツ，波長 0.1 mm）以下の電磁波を「電波」と呼ぶことにしている（電波法第 2 条第 1 号による）．周波数でいえば 3 THz 以上，波長では 0.1 mm 以下の電磁波もたくさんある．波長の長いほうから，赤外線，可視光（波長 0.77〜0.33 μm），紫外線，X 線（レントゲン写真に応用），ガンマ線がある．電波はいわゆる波動であるが，電波より波長の短い電磁波は「波動」としての性質だけでなく「粒子」としての性質を持つ．アインシュタインの理論によれば，周波数が ν の波は，$E = h\nu$（h：プランク定数）のエネルギーを持つ粒子の流れとみなせる．そして，粒子1個のエネルギーが大きくなると「粒子」としての性質が顕著になる．

問 1.8 （a） 電話機　　ペア線（図 2.9(a) の上）
　　　　　○ 構造簡単．値段が安い．工事が容易．
　　　　　● 他のペア線に信号が漏れる．高い周波数では損失が大きい．
（b） コンピュータ　　シールド付ペア線（図 2.9(a) の下）
　　　　　○ 構造簡単．値段も高くない．漏話特性を改善．
　　　　　● 周波数が高くなると損失が大きい．
（c） テレビ　　同軸ケーブル（図 2.9(b)）
　　　　　○ 高周波になっても損失が小さい
　　　　　● 値段が高い．工事がしにくい．

問 1.9 $\dfrac{\sin \theta_t}{\sin 30°} = \dfrac{1}{1.3}, \quad \theta_t = 22.6°$

見かけの長さを l' とすると，$l' \tan 30° = 50 \tan \theta_t$ である．

$$\therefore \quad l' = \dfrac{\tan 22.6°}{\tan 30°} \times 50 = 36 \text{ cm}$$

問 1.10 水中から空気へ光が入射するときの臨界角を θ_c とすると

$$\sin \theta_c = \dfrac{1}{n} = \dfrac{1}{1.3}, \quad \theta_c = 50.3°$$

光が水中から空気中に出射する円の半径は，$3 \tan 50.3°$〔m〕
よって明るい部分の面積 S は，$S = \pi (3 \tan 50.3°)^2 = 41 \text{ m}^2$

問 1.11 臨界角 θ_c は

$$\sin \theta_c = \dfrac{1}{1.333\,0}, \quad \therefore \quad \theta_c = 49°$$

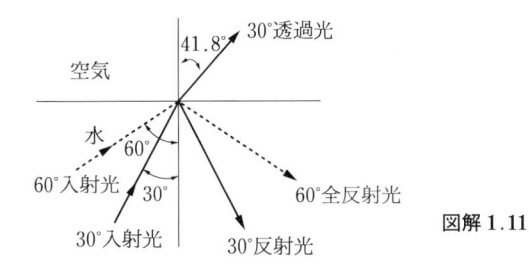

図解 1.11

$\theta_c = 49°$ より小さい角度で入射した光は空気中に出射し，これより大きい角度で入射した光は全反射する．よって入射角 30°，60° のときの光跡の概略は**図解 1.11** 参照．

(2 章)

問 2.1 省略

問 2.2 光も同じ電磁波である．ランプを光源とし，途中鏡を用いれば光路を変更できる．更に光路中に煙を充満させればその光路を視覚的にとらえることができる．光源としてはレーザポインタが使いやすい．

問 2.3 ① 機器の例 ⇒ 反射鏡アンテナ（衛星放送受信用アンテナなど）（図1.3(b)参照）．反射鏡の焦点位置に置いた小さな電波源を平行光線とし，効率よく遠方に放射する．逆に遠方からの平行光線を1点に収束し，受信強度を高める（虫メガネと同じ原理）．
② システムの例 ⇒ レーダ．送信機から標的に向けて電波を出し，標的からの反射波の到達時間，強度や位相情報から，標的の位置，大きさ，形状を測定する．

問 2.4 図解2.4において，スリット S_1, S_2 からスクリーンまでの距離を l_1, l_2 とする．$|l_1 - l_2|$ が波長の整数倍のとき，スクリーンは明るくなり，整数倍 $+ \lambda/2$ のとき暗くなる．三平方の定理を用いて，$l_1 - l_2$ は次式のように求められる．

$$l_1 - l_2 \fallingdotseq \frac{xd}{l} \quad (\text{ただし } l_1 > l_2 \text{ とする})$$

ゆえに，暗線の条件は

$$l_1 - l_2 = m\lambda + \frac{\lambda}{2} = \frac{xd}{l}$$

更に，この隣の暗線は

$$(m+1)\lambda + \frac{\lambda}{2} = \frac{x'd}{l}$$

ゆえに隣り合う暗線間の間隙を Δx とすると

$$(x'-x)\frac{d}{l} = \Delta x \frac{d}{l} = \lambda, \quad \therefore \quad \Delta x = \frac{l}{d}\lambda$$

$d = 0.5$ mm, $l = 1\,000$ mm, $\lambda = 0.63$ μm を代入し，$\Delta x = 1.26$ mm である．

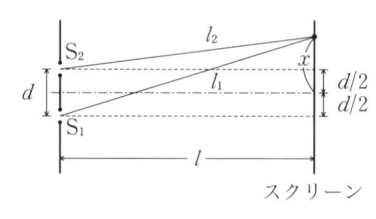

図解 2.4

問 2.5 図解2.5のように基地局から受信者までの二つの波が到達するとする．それぞれの光路長を l_1, l_2 とする．問2.4と同様に，$|l_1 - l_2|$ が波長の整数倍の位置のときは強度が強く，整数倍＋半波長のときは弱くなる．受信者の移動によって $|l_1 - l_2|$ の値が変化し受信者の受信レベルは大きく変動する．

問 2.6 太陽からの光が大気中の粒子により散乱されることにより起こる現象である（図解2.6）．一般に，粒子の大きさが光の波長に比べて十分小さい場合，波長が短いほど散乱は強くなる．

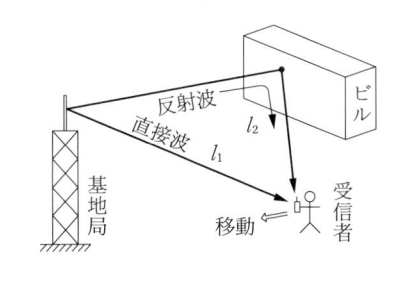

図解 2.5

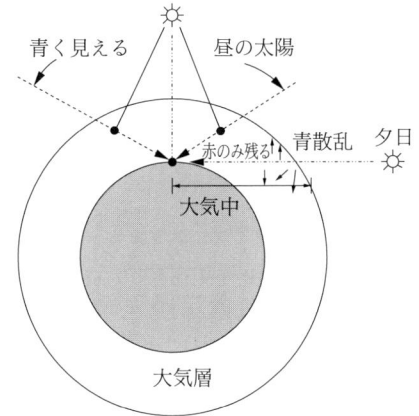

図解 2.6

夕日は太陽の位置が低いので,大気中を通過する距離が長く,青は途中で散乱されほとんど到達せず赤だけが残り赤く見える.

一方,昼間は太陽の位置は高く大気中の通過距離が短い.ゆえにすべての波長の光が到達するため太陽そのものは白っぽく(または黄色に)見える.また,太陽高度に近い大気は,青の波長の光を散乱しこれが地上に到達するため青く見える.

問 2.7 これも空気中の粒子による光の散乱現象である.フォグランプは橙色で空気中の粒子による散乱が小さく遠方まで到達する.実際に物体が見えるのは,物体に到達した光が物体によって反射されたものを目で感じているのである.一方,白色ランプの光はすべての波長の光を含んでおり,このうち波長の短い光は途中で散乱される.ゆえに全体として物体からの反射光として目でとらえることができるエネルギーは小さくなる.

問 2.8 電波は金属の表面で反射されるので,電波のエネルギーは金属内部には伝達されない.一方,誘電体は電波を透過,吸収し,電波からのエネルギーを受ける.このエネルギーによって温度が上昇する.

(3 章)

問 3.1 式(3.2)の両辺の発散($\nabla \cdot$)をとる.

$$\nabla \cdot (\nabla \times \boldsymbol{E}) = -\nabla \cdot \left(\frac{\partial \boldsymbol{B}}{\partial t}\right)$$

ここで,左辺は恒等的に 0 である.

$$\therefore \quad \frac{\partial (\nabla \cdot B)}{\partial t} = 0$$

初期条件を $\nabla \cdot \boldsymbol{B}(\boldsymbol{r}, 0) = 0$ とすると,$\nabla \cdot \boldsymbol{B}(\boldsymbol{r}, t) = 0$

問 3.2 式(3.1)の両辺の発散 ($\nabla\cdot$) をとる．
$$\nabla\cdot(\nabla\times \boldsymbol{H}) = \nabla\cdot\boldsymbol{J} + \nabla\cdot\frac{\partial \boldsymbol{D}}{\partial t} = 0, \quad \nabla\cdot\boldsymbol{J}(\boldsymbol{r},\,t) + \frac{\partial\{\nabla\cdot\boldsymbol{D}(\boldsymbol{r},\,t)\}}{\partial t} = 0$$
これに式(3.3)を代入すれば
$$\nabla\cdot\boldsymbol{J}(\boldsymbol{r},\,t) + \frac{\partial \rho(\boldsymbol{r},\,t)}{\partial t} = 0$$

問 3.3 式(3.1)，式(3.2)，式(3.5)，式(3.6)から $\boldsymbol{E}$ と $\boldsymbol{H}$ を未知関数とすれば，方程式の数はベクトルの各成分ごとに，式(3.1)，式(3.2)から 3 本ずつで合計 6 本である．未知関数は $E_x,\,E_y,\,E_z,\,H_x,\,H_y,\,H_z$ の 6 個である．

問 3.4 $\boldsymbol{E}(\boldsymbol{r},\,t) = E_y(z,\,t)\boldsymbol{j}$ のとき，式(3.12)〜式(3.21)までと同様の考え方により，$\boldsymbol{B}(\boldsymbol{r},\,t) = B_x(z,\,t)\boldsymbol{i}$ となり，$\boldsymbol{B}(z,\,t)$ は x 成分のみを持つ．満足する方程式は，式(3.16)，式(3.20)に対応して
$$\frac{\partial B_x(z,\,t)}{\partial z} - \varepsilon_0\mu_0\frac{\partial E_y(z,\,t)}{\partial t} = 0, \quad \frac{\partial E_y(z,\,t)}{\partial z} - \frac{\partial B_x(z,\,t)}{\partial t} = 0$$
の連立方程式となる．これから B_x または E_y を消去すれば，E_y または B_x に関する波動方程式が得られる．

問 3.5 式(3.9)の両辺の回転 ($\nabla\times$) をとると
$$\nabla\times\nabla\times\boldsymbol{E} + \frac{\partial(\nabla\times\boldsymbol{B})}{\partial t} = 0 \tag{1}$$
付録 2 の(4)の公式から
$$\nabla\times\nabla\times\boldsymbol{E} = \nabla(\nabla\cdot\boldsymbol{E}) - \nabla^2\boldsymbol{E} = -\nabla^2\boldsymbol{E} \quad (\because\ \text{自由空間}) \tag{2}$$
式(1)に式(2)及び式(3.8)を代入すると
$$\nabla^2\boldsymbol{E}(\boldsymbol{r},\,t) - \varepsilon_0\mu_0\frac{\partial^2\boldsymbol{E}(\boldsymbol{r},\,t)}{\partial t^2} = 0$$
が得られる．

問 3.6 変数分離法では
$$E_x(z,\,t) = E_{1x}(z)\cdot E_{1t}(t) \tag{1}$$
と，$E_x(z,\,t)$ を z と t の関数に分離して偏微分方程式を解く方法である．式(1)を式(3.24)に代入し，両辺を $E_{1x}(z)\cdot E_{1t}(t)$ で割ると
$$\frac{d^2E_{1x}(z)}{dz^2}\bigg/E_{1x}(z) - \varepsilon_0\mu_0\frac{d^2E_{1t}(t)}{dt^2}\bigg/E_{1t}(t) = 0 \tag{2}$$
式(2)の第 1 項と第 2 項は z のみ，t のみの関数となっているので，式(2)が成立するためにはそれぞれが定数 ($= -k^2$ とする) でなければならない．これより
$$\begin{cases} \dfrac{d^2E_{1x}(z)}{dz^2} + k^2E_{1x}(z) = 0 & (3\,\text{a}) \\ \dfrac{d^2E_{1t}(t)}{dt^2} + c^2k^2E_{1t}(t) = 0 & (\text{ただし } \varepsilon_0\mu_0 = 1/c^2) \quad (3\,\text{b}) \end{cases}$$
式(3 a)，式(3 b)の 2 階常微分方程式を解き，それぞれの解を式(1)に代入し，実部をとれば，式(3.27)の形が求められる．

問 3.7 付録 1 の表 A1.1 より
$$\varepsilon_0 = [\text{F/m}], \quad \mu_0 = [\text{H/m}]$$
また，$F = [\text{C/V}] \quad (\because\ q = CV)$

理解度の確認；解説 **165**

$$H = \left[\frac{V}{A/s}\right] \quad \left(\because \ V = L\frac{di}{dt}\right)$$

$$\therefore \ \varepsilon_0\mu_0 = \left[\frac{C}{V}\right]\left[\frac{V}{A/s}\right]\left[\frac{1}{m^2}\right] = \left[\frac{s^2}{m^2}\right]$$

$$\therefore \ 光の速度 = c = \left(\frac{1}{\varepsilon_0\mu_0}\right)^{1/2} = \left(\frac{1}{[s/m]^2}\right)^{1/2} = [m/s]$$

問 3.8　$B = [T\ (テスラ)] = [Wb/m^2]$

$$\frac{1}{c}E = \left[\frac{1}{m/s}\right][V/m] = \left[\frac{V\cdot s}{m^2}\right] = \left[\frac{H\frac{A}{s}\cdot s}{m^2}\right]$$

$$= \left[\frac{H\cdot A}{m^2}\right] = \left[\frac{Wb}{m^2}\right] = B$$

$$V = -\frac{\partial\Phi}{\partial t}\ なので\ [V] = \left[\frac{Wb}{s}\right]$$

これを用いて 3 項目から 6 項目に直接持っていくこともできる．

$$\frac{k}{\omega} = \frac{2\pi/\lambda}{2\pi f} = \frac{1}{f\lambda} = \left[\frac{1}{1/s\cdot m}\right] = \left[\frac{1}{m/s}\right] = \frac{1}{c}, \quad c:光の速度$$

問 3.9　$\boldsymbol{B}(x, y, t) = -\sqrt{3}B_0\boldsymbol{i} + B_0\boldsymbol{j}$

ただし，$B_0(x, y, t) = E_0(x, y, t)/c$

問 3.10　式(3.47)の右辺 θ, ϕ に，$\theta = 30°$, $\phi = 60°$ を代入すると

$$E_{x''}\boldsymbol{i}'' = E_x\left(\frac{\sqrt{3}}{4}\boldsymbol{i} + \frac{3}{4}\boldsymbol{j} - \frac{1}{2}\boldsymbol{k}\right)\cos\left[k\left\{\frac{\sqrt{3}}{2}z + \left(\frac{\sqrt{3}}{4}y + \frac{1}{4}x\right)\right\} - \omega t\right]$$

問 3.11　$E_x(z, t) = E_1\cos(kz - \omega t)$ 　　　　　　　　　　　　　　　　　　　(1)

$$E_y(z, t) = E_3\cos(kz - \omega t)\cos\alpha + E_3\sin(kz - \omega t)\sin\alpha \quad (2)$$

式(1)より

$$\cos(kz - \omega t) = \frac{E_x(z, t)}{E_1} \quad\quad\quad\quad\quad\quad\quad\quad\quad\quad\quad\quad (3)$$

式(2)及び式(3)より

$$\sin(kz - \omega t) = \frac{E_y(z, t) - (E_3/E_1)E_x(z, t)\cos\alpha}{E_3\sin\alpha} \quad\quad\quad (4)$$

式(3)，式(4)を $\sin^2(kz - \omega t) + \cos^2(kz - \omega t) = 1$ に代入して整理すると，式 (3.61) が得られる．式(3.61) は $E_x(z, t)$, $E_y(z, t)$ を変数とする楕円の一般式で，$E_x(z, t) - E_y(z, t)$ 面に描くと図 3.10 の左上図となる．

問 3.12　$\alpha = \pi/2$ のとき，反時計回り（左回転），$\alpha = -\pi/2$ のとき，時計回り（右回転），**図解 3.12 参照**．

問 3.13　$\boldsymbol{E}\cdot\boldsymbol{J} = [V/m][A/m^2] = [W/m^3]$ …単位体積当りの電力

他の項も同じ．

問 3.14　1 W の電力が直径 0.1 mm の断面積のビームとなって伝搬していく．

$$\therefore \ \boldsymbol{E} \times \boldsymbol{H} = \frac{E^2}{\eta_0} = \frac{伝搬電力}{ビーム断面積} = \frac{1}{\pi}(2\times 10^4)^2$$

$$E = \left(\frac{120\pi}{\pi}\times 4\times 10^8\right)^{1/2} = 2.2\times 10^5\ V/m$$

$$B = \frac{E}{c} = \frac{2.2\times 10^5}{3.0\times 10^8} = 7.3\times 10^{-4}\ Wb/m^2 = 7.3\times 10^{-4}\ T$$

(a) $\alpha = \pi/2$ のとき　　(b) $\alpha = -\pi/2$ のとき

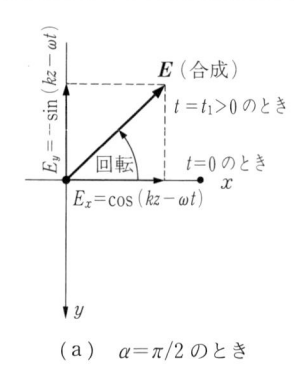

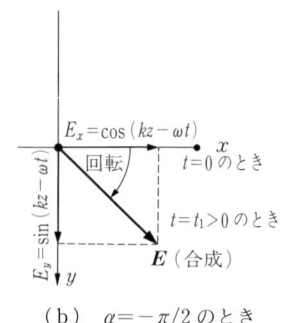

図解 3.12

問 3.15 $B = \dfrac{1}{c}E$

$$B = 1 \times \dfrac{1}{3.0 \times 10^8} = 3.3 \times 10^{-9} \text{ Wb/m}^2 = 3.3 \times 10^{-9} \text{ T} = 3.3 \times 10^{-5} \text{ Gauss}$$

ポインティングベクトルの大きさは

$$P = |\boldsymbol{E} \times \boldsymbol{H}| = 1 \times \dfrac{B}{\mu_0} \fallingdotseq \dfrac{3.3 \times 10^{-9}}{1.257 \times 10^{-6}} = 2.6 \times 10^{-3} \text{ W/m}^2$$

問 3.16 問題の公式，$\nabla \cdot (\boldsymbol{E} \times \boldsymbol{H}) = \boldsymbol{H} \cdot \nabla \times \boldsymbol{E} - \boldsymbol{E} \cdot \nabla \times \boldsymbol{H}$ に，式(3.1)，式(3.2)を代入する（ただし自由空間とする）．

$$\nabla \cdot (\boldsymbol{E} \times \boldsymbol{H}) = \boldsymbol{H} \cdot \left(-\dfrac{\partial \boldsymbol{B}}{\partial t}\right) - \boldsymbol{E} \cdot \left(\boldsymbol{J} + \dfrac{\partial \boldsymbol{D}}{\partial t}\right)$$

$$= -\mu_0 \boldsymbol{H} \cdot \dfrac{\partial \boldsymbol{H}}{\partial t} - \boldsymbol{E} \cdot \boldsymbol{J} - \varepsilon_0 \boldsymbol{E} \cdot \dfrac{\partial \boldsymbol{E}}{\partial t}$$

$$= -\mu_0 \dfrac{1}{2} \dfrac{\partial |\boldsymbol{H}|^2}{\partial t} - \boldsymbol{E} \cdot \boldsymbol{J} - \varepsilon_0 \dfrac{1}{2} \dfrac{\partial |\boldsymbol{E}|^2}{\partial t}$$

$$\therefore \quad \dfrac{\partial}{\partial t}\left(\dfrac{1}{2}\varepsilon_0 |\boldsymbol{E}|^2 + \dfrac{1}{2}\mu_0 |\boldsymbol{H}|^2\right) + \nabla \cdot (\boldsymbol{E} \times \boldsymbol{H}) = -\boldsymbol{E} \cdot \boldsymbol{J}$$

（4 章）

問 4.1 $\text{Re}\{E_x(z,\,t)\} = \text{Re}(E_1 e^{-jkz} e^{j\omega t}) = E_1 \text{Re}\{e^{-j(kz-\omega t)}\}$

$$= E_1 \cos(kz - \omega t) = E_1 \cos\{k(z - ct)\}$$

時間関数が $e^{-j\omega t}$ のときは

$$\text{Re}\{E_x(z,\,t)\} = \text{Re}(E_1 e^{jkz} e^{-j\omega t}) = E_1 \cos(kz - \omega t)$$

となり，時間関数を $e^{j\omega t}$ とした場合と一致．複素表示は 2 通りあるが，実体は当然一つである．

問 4.2 $\eta_0 = \sqrt{\dfrac{\mu_0}{\varepsilon_0}} = \sqrt{\dfrac{\mu_0}{1/\mu_0 c^2}} = \sqrt{(\mu_0 c)^2} = \mu_0 c \fallingdotseq 1.257 \times 10^{-6} \times 3.0 \times 10^8 = 377 \text{ }\Omega\ (\fallingdotseq 120\pi \text{ }[\Omega])$

単位は問 3.7 から

$$\sqrt{\dfrac{\mu_0}{\varepsilon_0}} = \left[\dfrac{\text{V}/(\text{A/s})}{\text{C/V}}\right]^{1/2} = \left[\dfrac{\text{V}^2/(\text{A/s})}{\text{A} \cdot \text{s}}\right]^{1/2} = [\text{V}^2/\text{A}^2]^{1/2} = [\text{V/A}] = [\Omega]$$

$\varepsilon = 4\varepsilon_0$ のとき $\eta = \sqrt{\dfrac{\mu_0}{4\varepsilon_0}} \fallingdotseq \dfrac{120\pi}{2} \fallingdotseq 188 \text{ }\Omega$

問 4.3 式(3.20)または式(4.15)で，E_x，$B_y = \mu_0 H_y$ の時間関数を $e^{j\omega t}$ とすると

$$\frac{\partial E_x(z)}{\partial z} + j\omega\mu H_y = 0$$

これに式(4.11)の E_x を代入し，$H_y(z)$ について整理すると，式(4.12)が得られる．

問 4.4 $\nabla \times \boldsymbol{H} = j\omega\varepsilon\boldsymbol{E}$ の両辺を，図 4.2 の微小面積で積分する．式(4.17)〜式(4.19)と同様の手順．

問 4.5 境界 $z = 0$ で，$E_{x1} = E_{x2}$, $H_{y1} = H_{y2}$ が成り立つとすると

$$E_{11} = E_{12}, \quad \frac{E_{11}}{\eta_1} = \frac{E_{12}}{\eta_2}$$

が成り立つことが必要である．すなわち，$\eta_1 = \eta_2$ が必要である．しかし，媒質 I と媒質 II は異なるので，$\eta_1 \neq \eta_2$ となる．すなわち，式(4.13)，式(4.14)の界では接線成分は等しくなり得ない．

問 4.6 式(4.27)より，$\eta_1 = \eta_2$ であれば反射は生じない．

$\mu_1/\varepsilon_1 = \mu_2/\varepsilon_2$ のとき $\eta_1 = \eta_2$ が成り立つ．これは媒質 II が磁性体でかつ誘電率も含めてこの条件が成り立つことが必要である．

問 4.7 $R = \dfrac{\eta_2 - \eta_1}{\eta_2 + \eta_1}, \quad T = \dfrac{2\eta_2}{\eta_2 + \eta_1}$

$$\therefore \quad 1 + R = 1 + \frac{\eta_2 - \eta_1}{\eta_2 + \eta_1} = \frac{\eta_2 + \eta_1 + \eta_2 - \eta_1}{\eta_2 + \eta_1} = \frac{2\eta_2}{\eta_2 + \eta_1} = T$$

入射電界，反射電界，透過電界をそれぞれ E_i, E_r, E_t とすると

$$E_r = RE_i, \quad E_t = TE_i$$

入射電力 $= E_i \times \dfrac{E_i}{\eta_1}$, 反射電力 $= RE_i \times \dfrac{RE_i}{\eta_1}$, 透過電力 $= TE_i \times \dfrac{TE_i}{\eta_2}$

入射電力は反射電力と透過電力の和である．

$$\frac{E_i^2}{\eta_1} = \frac{R^2 E_i^2}{\eta_1} + \frac{T^2 E_i^2}{\eta_2}$$

$$\therefore \quad R^2 + \frac{\eta_1}{\eta_2}T^2 = 1 \quad (R^2 + T^2 = 1 \text{ ではないので注意})$$

問 4.8 $R = -\dfrac{1}{3}, \quad T = \dfrac{2}{3}$

問 4.9 図解 4.9 参照．

$$R = -\frac{1}{3}, \quad T = \frac{2}{3}$$

$$\therefore \quad E_I(z) = e^{-jkz} - \frac{1}{3}e^{jkz} = \cos kz - j\sin kz - \frac{1}{3}(\cos kz + j\sin kz)$$

$$= \frac{2}{3}\cos kz - j\frac{4}{3}\sin kz$$

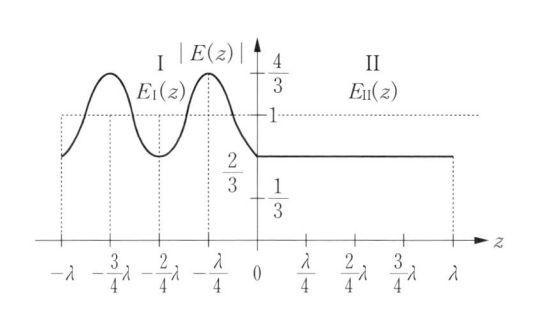

図解 4.9

$$|E_\mathrm{I}(z)| = \sqrt{\left(\frac{2}{3}\cos kz\right)^2 + \left(\frac{4}{3}\sin kz\right)^2} = \sqrt{\frac{10}{9} - \frac{6}{9}\cos 2kz}$$

$$|E_\mathrm{II}(z)| = \left|\frac{2}{3}e^{-jk'z}\right| = \frac{2}{3}$$

問 4.10 $R = \dfrac{\eta_2 - \eta_1}{\eta_2 + \eta_1}$, $\eta_1 = \sqrt{\dfrac{\mu_0}{\varepsilon_0}} \fallingdotseq 120\pi\,[\Omega]$, $\eta_2 = \sqrt{\dfrac{\mu_0}{\varepsilon - j\dfrac{\sigma}{\omega}}}$

いま, $\varepsilon = \varepsilon_0 \varepsilon_r$ とすると

$$\eta_2 = \sqrt{\frac{\mu_0}{\varepsilon_0 \varepsilon_r - j\dfrac{\sigma}{\omega}}} = \sqrt{\frac{\mu_0}{\varepsilon_0}} \frac{1}{\sqrt{\varepsilon_r - j\dfrac{\sigma}{\omega \varepsilon_0}}}$$

例えば $f = 1\,\mathrm{GHz}$, $\varepsilon_r = 80$（ε_r が非常に大きい媒質を仮定）とすると $\varepsilon_0 \fallingdotseq 1/36\pi \times 10^{-9}$ なので

$$\frac{\sigma}{\omega \varepsilon_0} \fallingdotseq \frac{1.0 \times 10^7}{2\pi \times 10^9 \times \dfrac{1}{36\pi} \times 10^{-9}} = 1.8 \times 10^8$$

よって $|\eta_2|/\eta_1 = 0.74 \times 10^{-4}$ となり

$$R = \frac{\eta_2 - \eta_1}{\eta_2 + \eta_1} \fallingdotseq \frac{-\eta_1}{\eta_1} = -1$$

電波の領域の最高の周波数 $f = 3\,000\,\mathrm{GHz}$ においても, $|\eta_2|/|\eta_1| \fallingdotseq 1/250$ であり，金属では完全反射といえる．

問 4.11 $z = 0$, $z = l$ における境界条件（式(4.37)～式(4.40)）から

$$A + B = C + D, \quad \frac{1}{\eta_1}(A - B) = \frac{1}{\eta_2}(C - D)$$

$$C\,e^{-jk_2 l} + D\,e^{jk_2 l} = F\,e^{-jk_3 l}, \quad \frac{1}{\eta_2}(C\,e^{-jk_2 l} - D\,e^{jk_2 l}) = \frac{F}{\eta_3}e^{-jk_3 l}$$

A を既知として，B, C, D, F を未知数とする 4 元連立方程式を解き，B, F を求め，式(4.41), 式(4.42)に代入すると式(4.43), 式(4.44)が得られる．

問 4.12 3 層のとき各層での電界，磁界を式(4.31)～式(4.36)と表したのと同様に，5 層での電界，磁界を未知係数を付けて表す．そして式(4.37)～式(4.40)と同様に 4 境界での条件を用いて，8 元連立方程式を導くことができる．総合の反射係数 R_t は，8 元連立方程式の解 B と入射電界の振幅 A の比，$R_t = B/A$ として求めることができる．

問 4.13 $T_{12}T_{21} - R_1 R_2 = \dfrac{2\eta_2}{\eta_2 + \eta_1}\dfrac{2\eta_1}{\eta_1 + \eta_2} - \dfrac{\eta_2 - \eta_1}{\eta_2 + \eta_1}\dfrac{\eta_1 - \eta_2}{\eta_1 + \eta_2} = \dfrac{4\eta_2 \eta_1 + (\eta_2 - \eta_1)^2}{(\eta_2 + \eta_1)^2}$

$$= \frac{(\eta_2 + \eta_1)^2}{(\eta_2 + \eta_1)^2} = 1$$

問 4.14 反射係数 R_t は

$$R_t = \frac{b_1}{c_1} \tag{1}$$

$$b_1 = \frac{1}{T_{12}T_{23}}(R_1\,e^{j\theta} + R_2\,e^{-j\theta}) \tag{2}$$

式(1)に式(2), 式(4.60)の b_1, c_1 を代入すると

$$R_t = \frac{\frac{1}{T_{12}T_{23}}(R_1 e^{j\theta} + R_2 e^{-j\theta})}{\frac{1}{T_{12}T_{23}}(e^{j\theta} + R_1 R_2 e^{-j\theta})} = \frac{R_1 e^{j\theta} + R_2 e^{-j\theta}}{e^{j\theta} + R_1 R_2 e^{-j\theta}} = \frac{R_1 + R_2 e^{-j2\theta}}{1 + R_1 R_2 e^{-j2\theta}}$$

R_1, R_2 に式(4.45), 式(4.47)を代入し, $\theta = k_2 l$ とすれば式(4.43)と同じ式が求められる.

問 4.15 反射が 0 なので $R_t = 0$(式(4.43)). 媒質 I, III は空気なので

$$\eta_1 = \eta_3 = \eta_0, \quad \eta_2 = \frac{\eta_0}{2}, \quad k_0 = \omega\sqrt{\mu_0 \varepsilon_0}, \quad k_2 = \omega\sqrt{\mu_0 4\varepsilon_0} = 2k_0$$

$$\therefore \quad \frac{\eta_2 - \eta_0}{\eta_2 + \eta_0} + \frac{\eta_0 - \eta_2}{\eta_0 + \eta_2} e^{-j2k_2 l} = 0$$

$$\therefore \quad e^{-j2k_2 l} = 1$$

$$\therefore \quad 2k_2 l = 2m\pi \quad (m = 1,\ 2,\ \cdots)$$

よって, $l = \dfrac{2m\pi}{2k_2} = \dfrac{m\pi}{\dfrac{2\pi}{\lambda_g}} = \dfrac{m}{2}\lambda_g$

ただし, λ_g は誘電体中の波長. いま

$$k_2 = 2k_0 = \frac{2\pi}{k_g} = \frac{4\pi}{\lambda}$$

なので $\lambda_g = \lambda/2$ である. よって空気の波長 λ で表すと

$$l = \frac{m}{4}\lambda \quad (m: \text{正の整数})$$

となる.

問 4.16 ガラスの前面での反射係数を R, 総合の反射係数を R_t とすると

$$R = \frac{\eta_2 - \eta_1}{\eta_2 + \eta_1}, \quad R_t = \frac{R(1 - e^{-j2k_2 l})}{1 - R^2 e^{-j2k_2 l}}$$

$2k_2 l = \theta$ とおくと

$$f(\theta) = |R_t(\theta)|^2 = \frac{\{(1 - \cos\theta)^2 + \sin^2\theta\}R^2}{\{(1 - R^2\cos\theta)^2 + R^4\sin^2\theta\}} = \frac{\{2(1 - \cos\theta)\}R^2}{1 + R^4 - 2R^2\cos\theta}$$

$f'(\theta)$ を求めて $f(\theta)$ の増減を調べると, $f(\theta)$ は, $0 < \theta \leqq 2\pi$ で $\theta = \pi$ のとき最大となり

$$\text{最大値} = \frac{4R^2}{(1 + R^2)^2}$$

よって $2k_2 l = \pi$ より $l = \lambda/8$(λ は真空中の波長) となる. なお, このときの反射係数 R_t は

$$R_t = \frac{2|R|}{1 + R^2} = \frac{2\left|-\dfrac{1}{3}\right|}{1 + \left(-\dfrac{1}{3}\right)^2} = 0.6$$

となる.

問 4.17 ガラス前面での反射係数を R, ガラス後面での反射係数を R' とすると

$$R = \frac{\eta_2 - \eta_1}{\eta_2 + \eta_1}, \quad R' = \frac{\eta_1 - \eta_2}{\eta_1 + \eta_2} = -R$$

ガラス前面での反射波を基準に考えると, 後面で反射して戻ってくる波は, ガラス厚が半波長のとき, 光路長で 1 波長違い(同相になる), 反射係数で 180°の位相差になる. ゆえ

に，全体では180°の位相差となる．ガラス厚が1/4波長のときは，光路長で半波長違い（逆相になる），反射係数でやはり180°違うので全体では同相になる．なお，ここでの波長は媒質内での波長を指している．

問4.18 付録4のとおり．

問4.19 $H_z^i(s) = \dfrac{E_i}{\eta_1} e^{-jk_1 s} = \dfrac{E_i}{\eta_1} e^{-jk_1(x \sin \theta_i - y \cos \theta_i)}$

$$\nabla \times \boldsymbol{H} = \begin{vmatrix} \boldsymbol{i} & \boldsymbol{j} & \boldsymbol{k} \\ \dfrac{\partial}{\partial x} & \dfrac{\partial}{\partial y} & \dfrac{\partial}{\partial z} \\ 0 & 0 & H_z^i(s) \end{vmatrix} = \boldsymbol{i} \dfrac{\partial H_z^i(s)}{\partial y} - \boldsymbol{j} \dfrac{\partial H_z^i(s)}{\partial x}$$

$$= j\omega \varepsilon_1 E_x^i(x,\, y) + j\omega \varepsilon_1 E_y^i(x,\, y)$$

$$\therefore \quad E_x^i(x,\, y) = \dfrac{1}{j\omega \varepsilon_1} \dfrac{E_i}{\eta_1} (jk_1 \cos \theta_i)\, e^{-jk_1(x \sin \theta_i - y \cos \theta_i)}$$

$$= E_i \cos \theta_i\, e^{-jk_1(x \sin \theta_i - y \cos \theta_i)}$$

$E_y^i(x,\, y)$ も同様にして，式(4.66)が求められる．

問4.20 式(4.79)から

$$\sin \theta_t = \dfrac{1}{n} \sin \theta_i$$

となり，$\sin \theta_t$ を含んだ E_i，E_r，E_t の関係から $\sin \theta_t$ を消去すれば，式(4.82)，式(4.83)を求めることができる．

問4.21 式(4.82)，式(4.83)の導出と同様の手順で求めることができる．

問4.22 $n = \sqrt{\varepsilon_2/\varepsilon_1} = 2$，$\mu_1 = \mu_2 = \mu_0$，$R = 0.28$，$T = 0.64$

問4.23 式(4.82)において，分子＝0と置き，$\mu_1 = \mu_2 = \mu_0$ とすると

$$n^2 \cos \theta_i = \sqrt{n^2 - \sin^2 \theta_i}$$

両辺を2乗して

$$n^4 \cos^2 \theta_i = n^2 - \sin^2 \theta_i$$

これより

$$\sin^2 \theta_i = \dfrac{n^4 - n^2}{n^4 - 1} = \dfrac{n^2}{n^2 + 1}$$

$1/\sin^2 \theta_i = 1 + \cot^2 \theta_i$ の関係を用いると $\cot^2 \theta_i = 1/n^2$，すなわち $\tan^2 \theta_i = n^2$ となる．

$$\therefore \quad \tan \theta_i = n, \quad \text{よって } \theta_i = \tan^{-1} n = \tan^{-1} \sqrt{\varepsilon_2/\varepsilon_1}$$

問4.24 式(4.82)において，$\sqrt{n^2 - \sin^2 \theta_i} = j\sqrt{\sin^2 \theta_i - n^2} = jb$ とおく．

$$R = \text{式}(4.82) = \dfrac{n^2 \mu_1/\mu_2 \cos \theta_i - jb}{n^2 \mu_1/\mu_2 \cos \theta_i + jb} = \dfrac{a - jb}{a + jb}$$

Rの分母，分子を複素座標に図示すると，**図解4.24**のようになる．分母と分子の絶対値（＝振幅）は等しい．よって $|R| = 1$ となる．式(4.89)も R の場合と同様に考えて

$$R_\perp = \text{式}(4.89) = \dfrac{\mu_2/\mu_1 \cos \theta_i - jb}{\mu_2/\mu_1 \cos \theta_i + jb} = \dfrac{a' - jb}{a' + jb}$$

図を参考に $|R_\perp| = 1$ となる．

次に，全反射時の透過係数 $\theta_i = \theta_c$，すなわち臨界角入射のとき $\sin^2 \theta_i - n^2 = 0$，すなわち次のようになる．

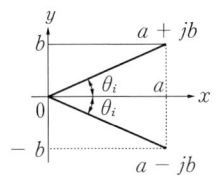

図解 4.24

$$R_\parallel = \frac{n^2\mu_1 \cos\theta_i}{n^2\mu_1 \cos\theta_i} = 1, \quad R_\perp = \frac{\mu_2 \cos\theta_i}{\mu_2 \cos\theta_i} = 1$$

透過係数は式(4.83),式(4.90)から

$$T_\parallel = \frac{2n\mu_2 \cos\theta_i}{n^2\mu_1 \cos\theta_i} = \frac{2\mu_2}{n\mu_1}, \quad T_\perp = \frac{2\mu_2 \cos\theta_i}{\mu_2 \cos\theta_i} = 2 \quad (媒質によらない)$$

となり,予想に反して $T_\parallel \neq 0$, $T_\perp \neq 0$ である.

問 4.25 入射角はブルースター角に等しいので

$$k_1 \sin\theta_b = k_2 \sin\theta_t \cdots 式(4.78)$$

$$\sin\theta_t = \frac{k_1}{k_2} \sin\theta_i = \sqrt{\frac{\varepsilon_1}{\varepsilon_2}} \sin\theta_b \tag{1}$$

ブルースター角の条件から

$$\tan\theta_b = \sqrt{\frac{\varepsilon_2}{\varepsilon_1}} \tag{2}$$

式(2)を式(1)に代入すると

$$\sin\theta_t = \frac{1}{\tan\theta_b} \sin\theta_b = \cos\theta_b = \sin\left(\frac{\pi}{2} - \theta_b\right)$$

$$\therefore \quad \theta_t = \frac{\pi}{2} - \theta_b, \quad よって \theta_b + \theta_t = \frac{\pi}{2}$$

6章の偏光ビームスプリッタはこの性質を利用している.

問 4.26 式(4.95) $= R(\theta) = \dfrac{\eta_{i2} \cos\theta_t - \eta_{i1} \cos\theta_i}{\eta_{i2} \cos\theta_t + \eta_{i1} \cos\theta_i}$

$$\cos\theta_t = \sqrt{1 - \sin^2\theta_t} \tag{1}$$

$$\sin\theta_t = \frac{k_1}{k_2} \sin\theta_i = \frac{1}{n} \sin\theta_i \tag{2}$$

式(4.95)に式(1),式(2)の関係を代入する.

$$R(\theta) = \frac{\sqrt{\dfrac{\mu_2}{\varepsilon_2}}\sqrt{1 - \left(\dfrac{1}{n}\sin\theta_i\right)^2} - \sqrt{\dfrac{\mu_1}{\varepsilon_1}}\cos\theta_i}{\sqrt{\dfrac{\mu_2}{\varepsilon_2}}\sqrt{1 - \left(\dfrac{1}{n}\sin\theta_i\right)^2} + \sqrt{\dfrac{\mu_1}{\varepsilon_1}}\cos\theta_i}$$

$$= \frac{\sqrt{\dfrac{\mu_2}{\varepsilon_2}}\sqrt{n^2 - \sin^2\theta_i} - n\sqrt{\dfrac{\mu_1}{\varepsilon_1}}\cos\theta_i}{\sqrt{\dfrac{\mu_2}{\varepsilon_2}}\sqrt{n^2 - \sin^2\theta_i} + n\sqrt{\dfrac{\mu_1}{\varepsilon_1}}\cos\theta_i}$$

$$= -\frac{n\sqrt{\varepsilon_2\mu_2}\sqrt{\dfrac{\mu_1}{\varepsilon_1}}\cos\theta_i - \sqrt{\varepsilon_2\mu_2}\sqrt{\dfrac{\mu_2}{\varepsilon_2}}\sqrt{n^2 - \sin^2\theta_i}}{n\sqrt{\varepsilon_2\mu_2}\sqrt{\dfrac{\mu_1}{\varepsilon_1}}\cos\theta_i + \sqrt{\varepsilon_2\mu_2}\sqrt{\dfrac{\mu_2}{\varepsilon_2}}\sqrt{n^2 - \sin^2\theta_i}}$$

$$= -\frac{n\frac{\sqrt{\varepsilon_2\mu_2}}{\sqrt{\varepsilon_1\mu_1}}\sqrt{\varepsilon_1\mu_1}\sqrt{\frac{\mu_1}{\varepsilon_1}}\cos\theta_i - \mu_2\sqrt{n^2-\sin^2\theta_i}}{n\frac{\sqrt{\varepsilon_2\mu_2}}{\sqrt{\varepsilon_1\mu_1}}\sqrt{\varepsilon_1\mu_1}\sqrt{\frac{\mu_1}{\varepsilon_1}}\cos\theta_i + \mu_2\sqrt{n^2-\sin^2\theta_i}}$$

$$= -\frac{n^2\mu_1\cos\theta_i - \mu_2\sqrt{n^2-\sin^2\theta_i}}{n^2\mu_1\cos\theta_i + \mu_2\sqrt{n^2-\sin^2\theta_i}} = 式(4.96)$$

式(4.95)の $R(\theta)$ では，E_i と E_r の向きを同じ方向に定義している（図解4.26(a)）．

式(4.82)の R では，E_i と E_r の向きを逆方向に定義している（図解4.26(b)）．

すなわち，図解4.26において，E_i（入射電界）に対し E_r の向きの定義が逆になっているため，式(4.96)と式(4.82)は「−」だけの違いがでてくる．

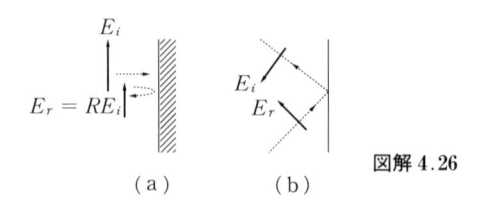

図解4.26
(a) (b)

問4.27 平行偏波入射のときの式(4.95)から式(4.96)の導出と同様の手順で計算する．$\cos\theta_t$ を問4.26と同様のやり方で消去するのがコツ．

問4.28 $R(\theta) = 0$ となるのは

$$\eta_2\cos\theta_t = \eta_1\cos\theta_i \tag{1}$$

$$\cos\theta_t = \sqrt{1-\sin^2\theta_t} \tag{2}$$

$$\sin\theta_t = \frac{\sqrt{\varepsilon_1\mu_1}}{\sqrt{\varepsilon_2\mu_2}}\sin\theta_i \quad (式(4.79)より) \tag{3}$$

式(2)，式(3)を式(1)に代入すると

$$\frac{\mu_2}{\varepsilon_2}\left(1 - \frac{\varepsilon_1\mu_1}{\varepsilon_2\mu_2}\sin^2\theta_i\right) = \frac{\mu_1}{\varepsilon_1}(1-\sin^2\theta_i)$$

$$\sin^2\theta_i = \left(\frac{\mu_2}{\varepsilon_2}-\frac{\mu_1}{\varepsilon_1}\right)\bigg/\left(\frac{\varepsilon_1\mu_1}{\varepsilon_2^2}-\frac{\mu_1}{\varepsilon_1}\right) = \left(\frac{\mu_1}{\varepsilon_1}-\frac{\mu_2}{\varepsilon_2}\right)\bigg/\left(\frac{\mu_1}{\varepsilon_1}-\frac{\varepsilon_1\mu_1}{\varepsilon_2^2}\right)$$

$$= \left(\frac{\mu_1\varepsilon_2}{\varepsilon_1}-\frac{\mu_2}{1}\right)\bigg/\left(\frac{\mu_1\varepsilon_2}{\varepsilon_1}-\frac{\varepsilon_1\mu_1}{\varepsilon_2}\right) = \left(\frac{\varepsilon_2}{\varepsilon_1}-\frac{\mu_2}{\mu_1}\right)\bigg/\left(\frac{\varepsilon_2}{\varepsilon_1}-\frac{\varepsilon_1}{\varepsilon_2}\right)$$

$$\therefore \quad \sin\theta_i = \left\{\left(\frac{\varepsilon_2}{\varepsilon_1}-\frac{\mu_2}{\mu_1}\right)\bigg/\left(\frac{\varepsilon_2}{\varepsilon_1}-\frac{\varepsilon_1}{\varepsilon_2}\right)\right\}^{1/2}$$

このときの θ_i がブルースター角 θ_b である．

ここで，$\mu_2 = \mu_1 = \mu_0$ とすると

$$\sin\theta_b = \left(\frac{\varepsilon_2}{\varepsilon_1+\varepsilon_2}\right)^{1/2}$$

となる．

更に屈折率を

$$n = \frac{\sqrt{\varepsilon_2\mu_0}}{\sqrt{\varepsilon_1\mu_0}} = \sqrt{\frac{\varepsilon_2}{\varepsilon_1}}$$

とすると

$$\tan\theta_b = \sqrt{\frac{\varepsilon_2}{\varepsilon_1}} = n$$

すなわち $\theta_b = \tan^{-1} n$ となり式(4.91)に一致する.
一方, $R_\perp(\theta) = 0$ となるのは

$$\frac{\eta_2}{\cos \theta_t} = \frac{\eta_1}{\cos \theta_i} \tag{4}$$

$R(\theta)$ のときと同様の手順で計算していくと

$$\sin \theta_b = \left\{ \left(\frac{\mu_2}{\mu_1} - \frac{\varepsilon_2}{\varepsilon_1} \right) \Big/ \left(\frac{\mu_2}{\mu_1} - \frac{\mu_1}{\mu_2} \right) \right\}^{1/2} \tag{5}$$

となる. $\mu_2 > \mu_0$, $\mu_1 = \mu_0$, すなわち媒質 2 が磁性体であれば直交偏波入射のときも反射が 0 になる. しかし, 一般の媒質は, 非磁性誘電体なので, $\mu_1 = \mu_2 = \mu_0$ となり, $\sin \theta_b \to \infty$ となり実数解は存在しない.

問 4.29 図解 4.29 参照.

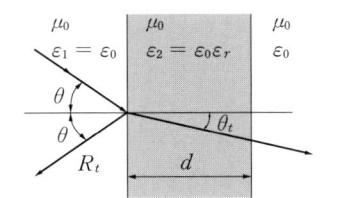

<図解 4.29>

(1) 斜め入射のときの入射境界での反射係数を R_1, 透過係数を T_{12} とすると, 入射境界における波動行列は式(4.54)と形式的に同じ次式となる.

$$\begin{bmatrix} c_1 \\ b_1 \end{bmatrix} = \frac{1}{T_{12}} \begin{bmatrix} 1 & R_1 \\ R_1 & 1 \end{bmatrix} \begin{bmatrix} c_2 \\ b_2 \end{bmatrix}$$

ただし, 平行偏波入射のとき

$$R_1 = \frac{\eta_2 \cos \theta_t - \eta_1 \cos \theta}{\eta_2 \cos \theta_t + \eta_1 \cos \theta} = 式(4.95) \qquad T_{12} = \frac{2\eta_2 \cos \theta_t}{\eta_2 \cos \theta_t + \eta_1 \cos \theta}$$

直交偏波入射のとき

$$R_1 = \frac{\eta_2/\cos \theta_t - \eta_1/\cos \theta}{\eta_2/\cos \theta_t + \eta_1/\cos \theta} \qquad T_{12} = \frac{2\eta_2/\cos \theta_t}{\eta_2/\cos \theta_t + \eta_1/\cos \theta}$$

(2) ガラスの部分を伝搬するときの寄与　平行偏波入射, 垂直偏波入射のいずれも同じである.

$$\begin{bmatrix} c_1 \\ b_1 \end{bmatrix} = \begin{bmatrix} e^{j\theta_d} & 0 \\ 0 & e^{-j\theta_d} \end{bmatrix} \begin{bmatrix} c_2 \\ b_2 \end{bmatrix}$$

ただし

$$\theta_d = k_2 d \cos \theta_t = d\omega\sqrt{\mu_0 \varepsilon_2} \cdot \sqrt{1 - \sin^2 \theta_t} = d\omega\sqrt{\mu_0 \varepsilon_0 \varepsilon_r} \sqrt{1 - \frac{\mu_0 \varepsilon_0}{\mu_0 \varepsilon_0 \varepsilon_r} \sin^2 \theta}$$

$$= k_0 d \sqrt{\varepsilon_r - \sin^2 \theta}, \quad k_0 = \omega\sqrt{\mu_0 \varepsilon_0}$$

(3) ガラスの出射境界では, 反射係数, 透過係数が, 空気とガラスを入れ替えたものとなる. すなわち, $R_2 = -R_1$, $T_{23} = T_{21}$ である. ただし

$$T_{21} = \frac{2\eta_1 \cos \theta}{\eta_2 \cos \theta_t + \eta_1 \cos \theta} \qquad \left(\text{または} \frac{2\eta_1/\cos \theta}{\eta_2/\cos \theta_t + \eta_1/\cos \theta} \right)$$

である. よって, 全体の波動行列は式(4.59)に対して次式のように書ける.

174　理解度の確認；解説

$$\begin{bmatrix} c_1 \\ b_1 \end{bmatrix} = \frac{1}{T_{12}T_{21}} \begin{bmatrix} e^{j\theta_d} - R_1{}^2 e^{-j\theta_d} & -R_1 e^{j\theta_d} + R_1 e^{-j\theta_d} \\ R_1 e^{j\theta_d} - R_1 e^{-j\theta_d} & e^{-j\theta_d} - R_1{}^2 e^{j\theta_d} \end{bmatrix} \begin{bmatrix} c_3 \\ b_3 \end{bmatrix}$$

（4） 総合の反射係数を R_t とすると $R_t = b_1/c_1$，また，図右側からの入射はないので $b_3 = 0$ である．

$$\therefore \; R_t = \frac{R_1(e^{j\theta_d} - e^{-j\theta_d})}{e^{j\theta_d} - R_1{}^2 e^{-j\theta_d}} = \frac{2jR_1 \cdot \sin\theta_d}{e^{j\theta_d} - R_1{}^2 e^{-j\theta_d}}$$

$R_t = 0$ となるのは $R_1 = 0$ または $\sin\theta_d = 0$

平行偏波のとき入射角 θ が，$\theta = \theta_b = \tan^{-1}\sqrt{\varepsilon_r}$ のとき厚さに関係なく $R_t = 0$ となる．また $\theta_d = m\pi \, (m = 1, \, 2, \, \cdots)$ のとき，$\sin\theta_d = 0$ なので $R_t = 0$ となる．

ゆえに，平行偏波入射，直交偏波入射とも（2）よりガラスの厚さが

$$d = \frac{m\lambda}{2\sqrt{\varepsilon_r - \sin^2\theta}} \quad （\lambda：自由空間波長）$$

のとき $R_t = 0$ となる．

問 4.30 図解 4.30 参照．

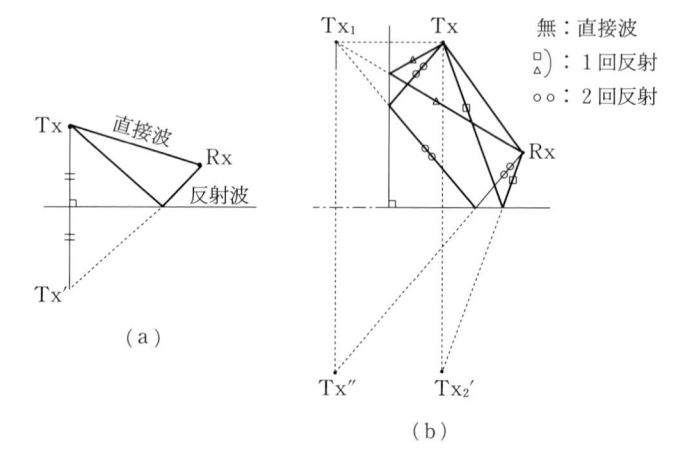

図解 4.30

（5　章）

問 5.1 Rdz，Gdz が存在する場合は，式(5.1)，式(5.2)がそれぞれ次のように修正される．

$$\Delta V = -Rdz\, I - L\frac{\partial I}{\partial t}dz, \quad \Delta I = Gdz\, V + C\frac{\partial V}{\partial t}dz$$

キルヒホッフの法則を使って

$$I(z) = Gdz\, V + C\frac{\partial V}{\partial t}dz + \left(I + \frac{\partial I}{\partial z}dz\right)$$

$$V(z) = Rdz\, I + L\frac{\partial I}{\partial t}dz + \left(V + \frac{\partial V}{\partial z}dz\right)$$

整理して

$$\frac{\partial I}{\partial z} + C\frac{\partial V}{\partial t} + GV = 0, \quad \frac{\partial V}{\partial z} + L\frac{\partial I}{\partial t} + RI = 0$$

問 5.2 平衡 2 線，同軸線に沿って進む波の速度 v は，式(5.6)より

$$v = \frac{1}{\sqrt{LC}}$$

L，C は表5.1に示すとおりである．周囲は空気なので，$\mu = \mu_0$，$\varepsilon = \varepsilon_0$．よって平衡2線のとき

$$v = \left\{ \frac{\mu_0}{\pi} \cosh^{-1}\left(\frac{S}{d}\right) \cdot \frac{\pi \varepsilon_0}{\cosh^{-1}\left(\frac{S}{d}\right)} \right\}^{-1/2} = \frac{1}{\sqrt{\mu_0 \varepsilon_0}} = c$$

同軸線のときは

$$v = \left\{ \frac{\mu_0}{2\pi} \ln\left(\frac{r_o}{r_i}\right) \cdot \frac{2\pi \varepsilon_0}{\ln\left(\frac{r_o}{r_i}\right)} \right\}^{-1/2} = \frac{1}{\sqrt{\mu_0 \varepsilon_0}} = c$$

よって両方の伝送線路で $v = c$ となる．

問 5.3 式(5.11)～式(5.16)のとおりである．電圧 $V(z)$，電流 $I(z)$ に関する連立1次方程式は，時間関数を $e^{j\omega t}$ とし，1変数消去（例えば $I(z)$）すると

$$\frac{d^2 V(z)}{dz^2} + \frac{1}{LC} V(z) = 0$$

となる．1変数の2階線形微分方程式の一般解には二つの未定係数がつく．この未定係数は二つの境界条件が与えられれば決定できる．二つの条件として，$z = 0$ で進行波，後進波の電圧 V_+，V_- が与えられたのが式(5.10 a, b)，$z = x$ での電圧 V_x，電流 I_x が与えられたのが式(5.14 a, b)，式(5.16)である．

問 5.4 $z = x + l$ における電圧 $V(l)$，電流 $I(l)$ は

$$V(l) = V_x \cos kl - jZ_0 I_x \sin kl \tag{1}$$

$$I(l) = \frac{V_x}{jZ_0} \sin kl + I_x \cos kl \tag{2}$$

$V(l)$，$I(l)$ をその点での進行波電圧振幅 $V_+(l)$，後進波電圧振幅 $V_-(l)$ で表すと

$$V(l) = V_+(l) + V_-(l) \tag{3}$$

$$I(l) = \frac{1}{Z_0}\{V_+(l) - V_-(l)\} \tag{4}$$

式(1)，式(3)から $V(l)$ を，式(2)，式(4)から $I(l)$ を消去し，$V_+(l)$，$V_-(l)$ を未知とする連立方程式を導き，これを解くと

$$V_+(l) = \frac{1}{2}\{(V_x + Z_0 I_x)e^{-jkl}\}, \quad V_-(l) = \frac{1}{2}\{(V_x - Z_0 I_x)e^{jkl}\}$$

となる．また

$$\frac{V_-(l)}{V_+(l)} = \frac{V_x - Z_0 I_x}{V_x + Z_0 I_x} e^{2jkl}$$

$z = x - l'$ のときは

$$V(-l') = V_x \cos kl' + jZ_0 I_x \sin kl' \tag{5}$$

$$I(-l') = \frac{jV_x}{Z_0} \sin kl' + I_x \cos kl' \tag{6}$$

また

$$V(-l') = V_+(-l') + V_-(-l') \tag{7}$$

$$I(-l') = \frac{1}{Z_0}\{V_+(-l') - V_-(-l')\} \tag{8}$$

$$V_+(-l') = \frac{1}{2}\{(V_x + Z_0 I_x)e^{-jk(-l')}\}, \quad V_-(-l') = \frac{1}{2}\{(V_x - Z_0 I_x)e^{jk(-l')}\}$$

よって
$$\frac{V_-(-l')}{V_+(-l')} = r$$
とおくと
$$r = \frac{V_x - Z_0 I_x}{V_x + Z_0 I_x} e^{2jk(-l')}$$
となる．

以上の結果より，l，l'は任意であるから$|V_+|$，$|V_-|$及び$|r|$の値は伝送線路のすべての点において等しいことが分かる．rは5.3節で定義している反射係数である．図5.9の(a)，(b)に示すとおり，この絶対値は伝送線路上のすべての点で一定である．

問 5.5 $\text{VSWR} = \dfrac{V_{\max}}{V_{\min}} = \dfrac{V_+ + V_-}{V_+ - V_-} = \dfrac{1 + (V_-/V_+)}{1 - (V_-/V_+)}$

(V_-/V_+) は，反射係数 $\Gamma(z)$ の定義式(5.23)または式(5.24)から分かるように，反射係数の絶対値 $|\Gamma(z)| = |\Gamma(l)|$ を表している．

$$\therefore \quad \text{VSWR} = \frac{1 + |\Gamma|}{1 - |\Gamma|}$$

問 5.6 $\Gamma(l) = \dfrac{V_-}{V_+} e^{-j2kl}$

式(5.12)，式(5.13)で $x = -l$ と置いて，V_+，V_- を $V(l)$，$I(l)$ で表したものを上式に代入する．

$$\Gamma(l) = \frac{V(l)e^{+jkl} - Z_0 I(l)e^{+jkl}}{V(l)e^{-jkl} + Z_0 I(l)e^{-jkl}} e^{-j2kl} = \frac{V(l) - Z_0 I(l)}{V(l) + Z_0 I(l)} = \frac{V(l)/I(l) - Z_0}{V(l)/I(l) + Z_0}$$
$$= \frac{Z(l) - Z_0}{Z(l) + Z_0}$$

問 5.7 表解5.7．

表解 5.7

	反射係数 Γ	反射係数の絶対値 $|\Gamma|$	VSWR
(1)	0	0	1
(2)	j	1	∞
(3)	-1	1	∞
(4)	$1/2$	$1/2$	3
(5)	$0.8 + j0.6$	1	∞

問 5.8 $150\,\Omega$

問 5.9 図解5.9．

問 5.10 図5.9参照．

(1) $\lambda = (7.5 - 2.5) \times 4 = 20\,\text{cm}$, $f = 3 \times 10^8 \div 0.2 = 1.5\,\text{GHz}$

(2) VSWR=3÷2=1.5 (3) 0.2 (4) 33.3Ω (5) $46.2 + j19.2\,[\Omega]$

問 5.11 $\nabla \times \boldsymbol{E} = -j\omega\mu\boldsymbol{H}$, $\nabla \times \boldsymbol{H} = j\omega\varepsilon\boldsymbol{E}$ において，$\boldsymbol{E} = E_x\boldsymbol{i}$, $\partial/\partial x = 0$ の条件を入れて計算する．$(\nabla \times)$ の操作は付録2参照．

問 5.12 図解5.12．

理解度の確認；解説　**177**

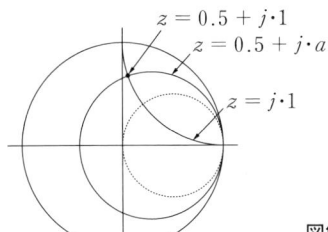

図解 5.9

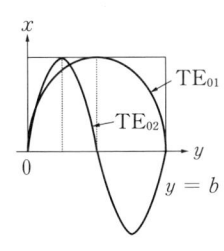

図解 5.12

問 5.13 遮断波長：TE_{01}；6 cm，TE_{02}；3 cm
遮断周波数：TE_{01}；5 GHz，TE_{02}；10 GHz

問 5.14 6.5〜9.5 GHz

問 5.15 TE_{01}モードの場合を考える．使用波長がまず遮断波長の 80 % のとき

$$\frac{\pi}{b} = \frac{2\pi}{\lambda}\sin\xi, \quad \lambda = 2b \cdot 0.8 = 1.6b, \quad \therefore \quad \sin\xi = 0.8$$

$$\therefore \quad \xi = 53°$$

同様に 60 % のときは，$\sin\xi = 0.6$，$\xi = 37°$

軸方向の速度比は，$\dfrac{v_{60}}{v_{80}} = \dfrac{\cos\xi_{60}}{\cos\xi_{80}} = \dfrac{4}{3}$

ゆえにそれぞれの波長のときの所要時間を T_i とすると $T_{80} : T_{60} = 4 : 3$．

問 5.16 式(5.40)において，右辺 2 番目の（　）内が $z = 0$，$z = c$ となるように B_1，B_2 及び kz を決めると式(5.60)となる．

問 5.17 $f_r = c$ （光の速度）$\sqrt{\left(\dfrac{1}{2b}\right)^2 + \left(\dfrac{1}{2c}\right)^2} = \dfrac{3.0 \times 10^8}{0.048} = 6.25$ GHz

問 5.18 $f_r = \dfrac{f_r}{\sqrt{\varepsilon_r}} = 4.03$ GHz

問 5.19 図解 5.19．図(a)の共振のとき l_1，l_2 の平面波伝搬の経路は 1 周して元に戻る．また $l_1 = l_2$ である．角度 ξ は $\tan\xi = b/c$ である．

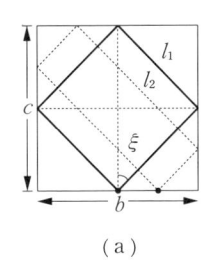

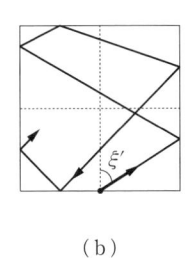

図解 5.19
（a）　　（b）

図（b）の非共振のとき，ξ'が$\tan\xi = b/c$からずれた経路は元に戻らない．

（6 章）

問 6.1 異なる媒質境界における平面波の入射・反射・透過の理論によれば，臨界角以上の角度で入射した平面波の反射係数の絶対値は1となり，入射電磁波エネルギーはすべて反射される．しかし，このときの透過係数は，4章の問4.24で試みたように，0にはならずクラッド内にも電磁界は存在する．ただし，これは通常の透過波のように境界面から遠ざかるようには伝搬できず，その進行方向は境界面と平行，すなわち境界に沿って進行する．更にこの波の振幅は境界面からの距離（ここではr）に対して指数関数的に減少する（このためエバネッセント波と呼ばれる）．これが式(6.2)で仮定されたクラッド領域の界に相当する．クラッド領域内では$F_2(ur)$として，rに対して指数関数的に減衰する関数（第2種変形ベッセル関数$K_2(ur)$）が選ばれる．urが大きいところでは

$$K_2(ur) \fallingdotseq \sqrt{\frac{\pi}{ur}}\, e^{-ur}$$

となる．

問 6.2 光ファイバは円筒座標(ρ, φ, z)で表すのが普通であるが，ベクトル解析演算を分かりやすくするため直角座標(x, y, z)を用いる．z軸は共通で(x, y)がファイバの断面を表す．波源を含まない領域でのマクスウェルの方程式は

$$\nabla \times \boldsymbol{E}(x, y, z) = -j\omega\mu\boldsymbol{H}(x, y, z), \quad \nabla \times \boldsymbol{H}(x, y, z) = j\omega\varepsilon\boldsymbol{E}(x, y, z) \quad (1)$$

となる．ここで$\boldsymbol{E}$，$\boldsymbol{H}$のz方向の変化が$e^{-j\beta z}$と表されるとすると，$\partial/\partial z = -j\beta$となる．これを考慮して式(1)を各成分に分けて表すと

$$\frac{\partial E_z}{\partial y} + j\beta E_y = -j\omega\mu H_x \tag{2a}$$

$$-j\beta E_x - \frac{\partial E_z}{\partial x} = -j\omega\mu H_y \tag{2b}$$

$$\frac{\partial E_y}{\partial x} - \frac{\partial E_x}{\partial y} = -j\omega\mu H_z \tag{2c}$$

$$\frac{\partial H_z}{\partial y} + j\beta H_y = j\omega\varepsilon E_x \tag{2d}$$

$$-j\beta H_x - \frac{\partial H_z}{\partial x} = j\omega\varepsilon E_y \tag{2e}$$

$$\frac{\partial H_y}{\partial x} - \frac{\partial H_x}{\partial y} = j\omega\varepsilon E_z \tag{2f}$$

となる．式(2e)のE_yを式(2a)に代入し整理すると，H_xが次式のように求められる．

$$H_x = \frac{-j}{\omega^2\mu\varepsilon - \beta^2}\left(-\beta\frac{\partial H_z}{\partial x} + \omega\varepsilon\frac{\partial E_z}{\partial y}\right) \tag{3}$$

同様に式(2d)のE_xを式(2b)に代入してH_yが，また式(2b)のH_yを式(2d)に代入してE_xが，更に式(2a)のH_xを式(2e)に代入してE_yが，式(3)と同様の形式でE_z，H_zの関数として表される．

更にE_z，H_zは波動方程式を満たすので（他のE_x，E_y，H_x，H_yも），例えば

$$\frac{\partial^2 E_z}{\partial x^2} + \frac{\partial^2 E_z}{\partial y^2} + \frac{\partial^2 E_z}{\partial z^2} + k^2 E_z = \frac{\partial^2 E_z}{\partial x^2} + \frac{\partial^2 E_z}{\partial y^2} + (k^2 - \beta^2)E_z = 0$$

の解として具体的な関数形が求められる．

問 6.3 $\theta_c = \sin^{-1}\left(\dfrac{n_2}{n_1}\right) = \sin^{-1}\left(\dfrac{1.440}{1.445}\right) = 85.2°$

$$n_i = \dfrac{\sqrt{\varepsilon_i \mu_0}}{\sqrt{\varepsilon_0 \mu_0}} = \sqrt{\dfrac{\varepsilon_i}{\varepsilon_0}} = \sqrt{\varepsilon_{ri}}, \quad \therefore \quad \varepsilon_{ri} = n_i^2$$

コア $\varepsilon_{r1} = 2.09$, クラッド $\varepsilon_{r2} = 2.07$

問 6.4 x–z 面が入射面のとき,直交偏波入射.

y–z 面が入射面のとき,平行偏波入射.

x–z 面と y–z 面の中間に入射面があるときは,直交偏波入射と平行偏波入射の合成.

問 6.5 平行偏波入射のとき,式(4.95). $|R(\theta)| = 1$ すなわち $R(\theta) = \pm 1$. $R(\theta) = 1$ のとき $\eta_1 \cos \theta_i = 0$ が必要.しかし,$\eta_1 \neq 0$, $\cos \theta_i \neq 0$.よって $R(\theta) = 1$ にはなり得ない.
$R(\theta) = -1$ のとき $\eta_2 \cos \theta_t = 0$. $\eta_2 \neq 0$,よって $\cos \theta_t = 0$,式(4.79)より

$$\sin \theta_t = \left(\dfrac{n_1}{n_2}\right) \sin \theta_i, \quad \therefore \quad \cos \theta_t = \sqrt{1 - \sin^2 \theta_t} = \sqrt{1 - \left(\dfrac{n_1}{n_2}\right)^2 \sin^2 \theta_i} = 0$$

よって

$$\left(\dfrac{n_1}{n_2}\right)^2 \sin^2 \theta_i = 1, \quad \sin \theta_i > 0, \quad \therefore \quad \sin \theta_i = \dfrac{n_2}{n_1}$$

すなわち $\theta_i = \sin^{-1}(n_2/n_1)$ となり,式(4.92)と同等の結果が得られる.

直交偏波入射のとき,式(4.99). $|R_\perp(\theta)| = 1$,すなわち $R_\perp(\theta) = \pm 1$

$R_\perp(\theta) = -1$ のとき,$\eta_2 \cos \theta_i = 0$ が必要.しかし,$\eta_2 \neq 0$, $\cos \theta_i \neq 0$.よって $R_\perp(\theta) \neq -1$.

$R_\perp(\theta) = 1$ のとき,$\eta_1 \cos \theta_t = 0$, $\eta_1 \neq 0$ よって $\cos \theta_t = 0$.これより,平行偏波のときと同様に $\theta_i = \sin^{-1}(n_2/n_1)$ が得られる.

(注) $\cos \theta_t = 0$ のとき $R_\perp(\theta)$ の式は厳密に存在しない.$\cos \theta_t = \varepsilon(\ll 1)$ と考えると次のようになる.

$$R_\perp(\theta) = \left(\dfrac{\eta_2}{\varepsilon} - \dfrac{\eta_1}{\cos \theta_i}\right) \bigg/ \left(\dfrac{\eta_2}{\varepsilon} + \dfrac{\eta_1}{\cos \theta_i}\right) = 1$$

問 6.6 入射角 θ_c 及び $\theta_c + \delta$ のときの光路長をそれぞれ d_0, d_δ とする.**図解 6.6** より

$$d_0 = \dfrac{l}{\sin \theta_c}$$

$$d_\delta = \dfrac{l}{\sin(\theta_c + \delta)} = \dfrac{l}{\sin \theta_c \cos \delta + \cos \theta_c \sin \delta} \fallingdotseq \dfrac{l}{\sin \theta_c + \cos \theta_c \cdot \delta}$$

$$= \dfrac{l}{\sin \theta_c \left(1 + \dfrac{\cos \theta_c}{\sin \theta_c} \delta\right)} \fallingdotseq \dfrac{l}{\sin \theta_c}\left(1 - \dfrac{\cos \theta_c}{\sin \theta_c} \delta\right)$$

ゆえに光路長差は

$$d_\delta - d_0 = -l\left(\dfrac{\cos \theta_c}{\sin^2 \theta_c}\right)\delta$$

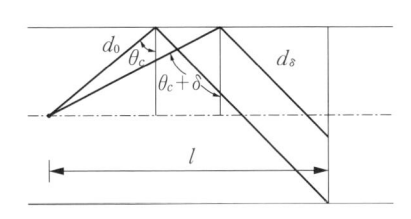

図解 6.6

また，コアの屈折率を n とするとコア中の波数 k は $k = nk_0$ である．
ゆえに位相差 Δ は

$$\Delta = -k_0 \ln\left(\frac{\cos\theta_c}{\sin^2\theta_c}\right)\delta$$

問 6.7 （1）光位相変調器（図 6.8 の「光変調器」参照）
- 結晶基板上に電気光学効果（ニオブ酸リチウムなど）を持つ導波路を形成．
- 導波路の両側に電界印加のための電極形成．
- 電極に変調電圧を印加．
- 導波路屈折率が変化．その結果，導波路を伝搬する波の位相が変化する．
- 変調信号の高周波特性を改良した進行波位相変調器もある．

（2）光強度変調器
- 分布結合形光強度変調器，マッハ・ツェンダ形光強度変調器などがある．
- 位相変調器と 2 本の伝送路から構成．
- 各伝送路の位相を制御し，これらを干渉させることで強度を変化させる．

問 6.8 図 6.8 の「アレー導波路回折格子形合分波回路」参照．

（7 章）

問 7.1 付録 2 参照．

問 7.2 式(7.2)に式(7.4)，式(7.6)を代入すると

$$\nabla \times \nabla \times \boldsymbol{A}(\boldsymbol{r}) = j\omega\varepsilon\{-j\omega\mu\boldsymbol{A}(\boldsymbol{r}) - \nabla\Phi(\boldsymbol{r})\} + \boldsymbol{J}(\boldsymbol{r})$$

$$\nabla\{\nabla\cdot\boldsymbol{A}(\boldsymbol{r})\} - \nabla^2\boldsymbol{A}(\boldsymbol{r}) = \omega^2\mu\varepsilon\boldsymbol{A}(\boldsymbol{r}) - j\omega\varepsilon\nabla\Phi(\boldsymbol{r}) + \boldsymbol{J}(\boldsymbol{r})$$

$$\nabla\{\nabla\cdot\boldsymbol{A}(\boldsymbol{r}) + j\omega\varepsilon\Phi(\boldsymbol{r})\} = \nabla^2\boldsymbol{A}(\boldsymbol{r}) + k^2\boldsymbol{A}(\boldsymbol{r}) + \boldsymbol{J}(\boldsymbol{r})$$

ここで，左辺はローレンツ（Lorentz）条件により 0．ゆえに右辺=0 となり，式(7.7) が得られる．

問 7.3
$$\frac{dA_z}{dr} = -jkc_1\frac{e^{-jkr}}{r} + jkc_2\frac{e^{jkr}}{r} - c_1\frac{e^{-jkr}}{r^2} - c_2\frac{e^{jkr}}{r^2}$$

$$r^2\frac{dA_z}{dr} = -jkc_1 re^{-jkr} + jkc_2 re^{jkr} - c_1 e^{-jkr} - c_2 e^{jkr}$$

$$\frac{d}{dr}\left(r^2\frac{dA_z}{dr}\right) = -jkc_1 e^{-jkr} + jkc_2 e^{jkr} + (-jk)^2 c_1 re^{-jkr} + (jk)^2 c_2 re^{jkr} + jkc_1 e^{-jkr}$$
$$- jkc_2 e^{jkr}$$

$$= -k^2 r^2\left(c_1\frac{e^{-jkr}}{r} + c_2\frac{e^{jkr}}{r}\right)$$

$$\therefore \quad \frac{1}{r^2}\frac{d}{dr}\left(r^2\frac{dA_z}{dr}\right) + k^2 A_z = -k^2\left(c_1\frac{e^{-jkr}}{r} + c_2\frac{e^{jkr}}{r}\right) + k^2\left(c_1\frac{e^{-jkr}}{r} + c_2\frac{e^{jkr}}{r}\right)$$

$$= 0$$

問 7.4 $\Phi(\boldsymbol{r})$ が満たす微分方程式は，式(7.12)において $k=0$ とおき

$$\frac{1}{r^2}\frac{d}{dr}\left\{r^2\frac{d\Phi(\boldsymbol{r})}{dr}\right\} = 0, \quad \text{すなわち} \quad \frac{d}{dr}\left\{r^2\frac{d\Phi(\boldsymbol{r})}{dr}\right\} = 0$$

となる．よって

$$r^2\frac{d\Phi(\boldsymbol{r})}{dr} = c_1, \quad \frac{d\Phi(\boldsymbol{r})}{dr} = \frac{c_1}{r^2}, \quad \Phi(\boldsymbol{r}) = \frac{-c_1}{r} + c_2$$

未定係数は，無限遠での電位を 0，すなわち $r=\infty$ で $\Phi(\boldsymbol{r})=0$ とすると

$$c_2 = 0$$

一方,ガウスの(発散)定理を用いると

$$\nabla^2\left(\frac{1}{r}\right) = -4\pi\delta(\boldsymbol{r})$$

の関係を導出できる.点電荷 $q\delta(\boldsymbol{r})$ を含めたポテンシャルの方程式は

$$\nabla^2 \Phi(\boldsymbol{r}) = -\frac{q}{\varepsilon_0}(\boldsymbol{r})$$

いま

$$\Phi(\boldsymbol{r}) = \frac{-c_1}{r}$$

なので

$$\frac{1}{c_1}\frac{q}{\varepsilon_0} = -4\pi, \quad \therefore \quad c_1 = -\frac{q}{4\pi\varepsilon_0}$$

よって

$$\Phi(\boldsymbol{r}) = \frac{q}{4\pi\varepsilon_0}\frac{1}{r} \tag{1}$$

一方,原点に存在する点電荷 q による半径 r 上の電界は,ガウスの定理を用いて

$$\varepsilon_0 E_r \cdot 4\pi r^2 = q, \quad \therefore \quad E_r = \frac{q}{4\pi\varepsilon_0}\frac{1}{r^2}$$

無限遠を 0 V としたときの電位 Φ は

$$\Phi = -\int_\infty^r E_r\, dr = \frac{-q}{4\pi\varepsilon_0}\left[-\frac{1}{r}\right]_\infty^r = \frac{q}{4\pi\varepsilon_0}\frac{1}{r} \tag{2}$$

式(2)は電磁気の図書によく出てくる点電荷による電位をガウスの法則を用いて求める方法である.これに対し,式(1)はポアソンの方程式(微分方程式)を解いて求めた電位である.大学1〜2年で使う教科書では,ポアソンの方程式は出てくるが,これを用いて直接電位 Φ を求めることはほとんどなく,ポアソンの方程式の有効性を体験する機会は少ないが,式(1)はきちんと正確な電位を求めることができる実例である.

問 7.5 一例として $H_\varphi(r, \theta, \varphi)$ を求める.

$$\boldsymbol{H}(\boldsymbol{r}) = \nabla \times \boldsymbol{A}(\boldsymbol{r}) = \boldsymbol{i}\frac{\partial A_z}{\partial y} - \boldsymbol{j}\frac{\partial A_z}{\partial x} \tag{1}$$

$$\frac{\partial A_z}{\partial y} = \frac{\partial A_z}{\partial r}\frac{\partial r}{\partial y} = \left(\frac{-jkIl}{4\pi}\frac{e^{-jkr}}{r} - \frac{Il}{4\pi}\frac{e^{-jkr}}{r^2}\right)\left(\frac{y}{r}\right)$$

$$= -\frac{Il}{4\pi}\frac{e^{-jkr}}{r}\left(jk + \frac{1}{r}\right)(\sin\theta\sin\varphi) \tag{2}$$

同様に

$$\frac{\partial A_z}{\partial x} = -\frac{Il}{4\pi}\frac{e^{-jkr}}{r}\left(jk + \frac{1}{r}\right)(\sin\theta\cos\varphi) \tag{3}$$

($\because\ x = r\sin\theta\cos\varphi, \quad y = r\sin\theta\sin\varphi, \quad r^2 = x^2 + y^2 + z^2$)

また,直角座標の単位ベクトル $\boldsymbol{i}, \boldsymbol{j}$ を球座標の単位ベクトル $\boldsymbol{r}, \boldsymbol{\theta}, \boldsymbol{\varphi}$ で表すと

$$\boldsymbol{i} = \sin\theta\cos\varphi\boldsymbol{r} + \cos\theta\cos\varphi\boldsymbol{\theta} - \sin\varphi\boldsymbol{\varphi} \tag{4}$$

$$\boldsymbol{j} = \sin\theta\sin\varphi\boldsymbol{r} + \cos\theta\sin\varphi\boldsymbol{\theta} + \cos\varphi\boldsymbol{\varphi} \tag{5}$$

式(2),式(3)及び式(4),式(5)を式(1)に代入すると,$\boldsymbol{H}(\boldsymbol{r})$ の

r 成分 $= \sin\theta\cos\varphi\left\{-\dfrac{Il}{4\pi}\dfrac{e^{-jkr}}{r}\left(jk+\dfrac{1}{r}\right)\right\}(\sin\theta\sin\varphi)$

$\qquad\qquad -\sin\theta\sin\varphi\left\{-\dfrac{Il}{4\pi}\dfrac{e^{-jkr}}{r}\left(jk+\dfrac{1}{r}\right)\right\}(\sin\theta\cos\varphi)$

$\qquad = 0$

θ 成分 $= \cos\theta\cos\varphi\left\{-\dfrac{Il}{4\pi}\dfrac{e^{-jkr}}{r}\left(jk+\dfrac{1}{r}\right)\right\}(\sin\theta\sin\varphi)$

$\qquad\qquad -\cos\theta\sin\varphi\left\{-\dfrac{Il}{4\pi}\dfrac{e^{-jkr}}{r}\left(jk+\dfrac{1}{r}\right)\right\}(\sin\theta\cos\varphi)$

$\qquad = 0$

φ 成分 $= -\sin\varphi\left\{-\dfrac{Il}{4\pi}\dfrac{e^{-jkr}}{r}\left(jk+\dfrac{1}{r}\right)\right\}(\sin\theta\sin\varphi)$

$\qquad\qquad -\cos\varphi\left\{-\dfrac{Il}{4\pi}\dfrac{e^{-jkr}}{r}\left(jk+\dfrac{1}{r}\right)\right\}(\sin\theta\cos\varphi)$

$\qquad = \dfrac{Il}{4\pi}\dfrac{e^{-jkr}}{r}\left(jk+\dfrac{1}{r}\right)\sin\theta = $ 式(7.20)

同様の方法で電界の r 成分，θ 成分が求められ，式(7.18)，式(7.19)が得られる．

問 7.6 R_r に電流 I が流れて消費される電力は $R_r|I|^2$（I は実効値）

$$\therefore\ R_r|I|^2 = \eta\dfrac{2\pi}{3}\left|\dfrac{Il}{\lambda}\right|^2, \quad \text{よって } R_r = \eta\dfrac{2\pi}{3}\left(\dfrac{l}{\lambda}\right)^2$$

すなわち，式(7.44)が得られる．

問 7.7 波源の位置と平面波上の位相誤差 $\varDelta$ の関係は**図解 7.7** のとおりである．微小角 δ を図のようにとると

$$\varDelta l = \dfrac{r}{\cos\delta} - r = r\left(\dfrac{1}{\cos\delta} - 1\right), \quad \tan\delta = \dfrac{R}{r}$$

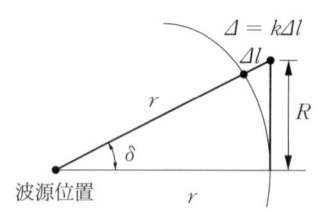

図解 7.7

また

$$\dfrac{1}{\cos\delta} = \sqrt{1+\tan^2\delta} \fallingdotseq 1 + \dfrac{1}{2}\tan^2\delta = 1 + \dfrac{1}{2}\left(\dfrac{R}{r}\right)^2$$

$$\therefore\ \varDelta l = \dfrac{1}{2}\dfrac{R^2}{r}, \quad \varDelta = k\varDelta l = \dfrac{2\pi}{\lambda}\varDelta l \leq \dfrac{\pi}{180}(=1°)$$

とすると

$$\dfrac{1}{2}\dfrac{2\pi}{\lambda}\dfrac{R^2}{r} \leq \dfrac{\pi}{180}, \quad \dfrac{R}{\lambda} \leq \sqrt{\dfrac{r/\lambda}{180}}$$

例えば，$r/\lambda = 180$ のとき半径 1 波長の範囲．また $R/\lambda = 10$ とすると，波源からの距離は $r/\lambda \geq 18\,000$ となる．

問 7.8 図 7.9 において，$R^2 = r^2 + r'^2 - 2rr'\cos\xi$ である．また，観測点 P は波源位置 Q に比べ十分遠方にあるので，$r \gg r'$ である．

$$\therefore \quad R = (r^2 + r'^2 - 2rr'\cos\xi)^{1/2} = r\left\{1 - 2\frac{r'}{r}\cos\xi + \left(\frac{r'}{r}\right)^2\right\}^{1/2}$$

$$\fallingdotseq r\left(1 - \frac{r'}{r}\cos\xi\right) = r - r'\cos\xi$$

また

$$\frac{1}{R} = \frac{1}{r - r'\cos\xi} \fallingdotseq \frac{1}{r}, \quad \text{よって} \quad \frac{e^{-jkR}}{R} = \frac{e^{-jkr + jkr'\cos\xi}}{r}$$

問 7.9 $\quad \boldsymbol{E}(\boldsymbol{r}) = -j\omega\mu \boldsymbol{A}(\boldsymbol{r}) + \dfrac{1}{j\omega\varepsilon}\nabla\nabla\cdot\boldsymbol{A}(\boldsymbol{r})$ (1)

磁気的ベクトルポテンシャル $\boldsymbol{A}(\boldsymbol{r})$ は波源から波長に比べて十分離れた観測点 P$(\boldsymbol{r})$ においては,式(7.28)の近似を適用し

$$\boldsymbol{A}(\boldsymbol{r}) \fallingdotseq \frac{1}{4\pi}\frac{e^{-jkr}}{r}\int_V \boldsymbol{J}(\boldsymbol{r}')e^{jkr'\cos\xi}\,dv' \tag{2}$$

と近似できる.ここで

$$\cos\xi = \frac{\boldsymbol{r}\cdot\boldsymbol{r}'}{|\boldsymbol{r}|\cdot|\boldsymbol{r}'|} = \sin\theta\sin\theta'\cos(\varphi - \varphi') + \cos\theta\cos\theta' \tag{3}$$

一方,$\nabla\cdot\boldsymbol{A}(\boldsymbol{r})$ の球座標での表式は次式となる(付録7参照).

$$\nabla\cdot\boldsymbol{A}(\boldsymbol{r}) = \frac{1}{r^2}\frac{\partial}{\partial r}(r^2 A_r) + \frac{1}{r\sin\theta}\frac{\partial}{\partial\theta}(\sin\theta\,A_\theta) + \frac{1}{r\sin\theta}\frac{\partial A_\varphi}{\partial\varphi} \tag{4}$$

式(3)を式(2)に代入し,これを式(4)に代入し,微分を実行すると

$$\nabla\cdot\boldsymbol{A}(\boldsymbol{r}) = \frac{1}{4\pi}\left(-jk\frac{e^{-jkr}}{r} + \frac{e^{-jkr}}{r^2}\right)\int_V J_r(\boldsymbol{r}')e^{jkr'\cos\xi}dv'$$

$$+ \frac{1}{4\pi}\frac{e^{-jkr}}{r}\left\{\frac{\cos\theta}{r\sin\theta}\int_V J_\theta(\boldsymbol{r}')e^{jkr'\cos\xi}dv'\right.$$

$$+ \frac{1}{r}\int_V J_\theta(\boldsymbol{r}')e^{jkr'\cos\xi}[jkr'\{\cos\theta\sin\theta'\cos(\varphi-\varphi')$$

$$\left. -\sin\theta\cos\theta'\}]dv'\right\}$$

$$+ \frac{1}{4\pi}\frac{e^{-jkr}}{r}\frac{1}{r\sin\theta}\int J_\varphi(\boldsymbol{r}')e^{jkr'\cos\xi}$$

$$\times [jkr'\{-\sin\theta\sin\theta'\sin(\varphi-\varphi')\}]dv'$$

ここで,$r \to \infty$ を考慮し,$1/r^2$ 以下の項を省略すると

$$\nabla\cdot\boldsymbol{A}(\boldsymbol{r}) = -jk\frac{1}{4\pi}\frac{e^{-jkr}}{r}\int_V J_r(\boldsymbol{r}')e^{jkr'\cos\xi}\,dv' \tag{5}$$

更に球座標表示での勾配

$$\nabla\Phi = \frac{\partial\Phi}{\partial r}\boldsymbol{r} + \frac{\partial\Phi}{r\partial\theta}\boldsymbol{\theta} + \frac{\partial\Phi}{r\sin\theta\,\partial\varphi}\boldsymbol{\varphi}$$

を式(5)の関数に対して実行すると

$$\nabla\nabla\cdot\boldsymbol{A} = \left\{-k^2\frac{1}{4\pi}\frac{e^{-jkr}}{r}\int_V J_r(\boldsymbol{r}')e^{jkr'\cos\xi}dv'\right\}\boldsymbol{r} \tag{6}$$

となる.ただし,式(6)の導出過程においても $1/r^2$ 以下の項は省略している.

式(2),式(6)を式(1)に代入すると,遠方での電界 $\boldsymbol{E}_f(\boldsymbol{r})$ が求められ

$$\boldsymbol{E}_f(\boldsymbol{r}) \fallingdotseq -j\omega\mu\frac{1}{4\pi}\frac{e^{-jkr}}{r}\int_V \boldsymbol{J}(\boldsymbol{r}')e^{jkr'\cos\xi}\,dv'$$

$$-\left\{\frac{k^2}{j\omega\varepsilon}\frac{1}{4\pi}\frac{e^{-jkr}}{r}\int_V J_r(\boldsymbol{r}')e^{jkr'\cos\xi}\,dv'\right\}\boldsymbol{r}$$

$$=-j\omega\mu\frac{1}{4\pi}\frac{e^{-jkr}}{r}\int_V \{J_\theta(\boldsymbol{r}')\boldsymbol{\theta}+J_\varphi(\boldsymbol{r}')\boldsymbol{\varphi}\}e^{jkr'\cos\xi}\,dv' = -j\omega\mu(A_\theta\boldsymbol{\theta}+A_\varphi\boldsymbol{\varphi})$$

問 7.10 電気的ベクトルポテンシャル $\boldsymbol{F}(\boldsymbol{r})$（式(7.25)）は，$\boldsymbol{A}(\boldsymbol{r})$ と同様に遠方では

$$\boldsymbol{F}(\boldsymbol{r}) \simeq \frac{1}{4\pi}\frac{e^{-jkr}}{r}\int_S \boldsymbol{M}(\boldsymbol{r}')e^{jkr'\cos\xi}\,dS' \tag{1}$$

と近似できる．球座標でのベクトル回転の操作は

$$\nabla\times\boldsymbol{F} = \begin{vmatrix} \boldsymbol{r} & \boldsymbol{\theta} & \boldsymbol{\varphi} \\ \dfrac{\partial}{\partial r} & \dfrac{\partial}{r\,\partial\theta} & \dfrac{\partial}{r\sin\theta\,\partial\varphi} \\ F_r & F_\theta & F_\varphi \end{vmatrix} \tag{2}$$

と表される．式(1)の $\boldsymbol{F}(\boldsymbol{r})$ を式(2)に代入し，$1/r^2$ 以下の項は省略すると

$$\nabla\times\boldsymbol{F}(\boldsymbol{r}) \simeq -\frac{\partial F_\varphi}{\partial r}\boldsymbol{\theta}+\frac{\partial F_\theta}{\partial r}\boldsymbol{\varphi} = jk\frac{1}{4\pi}\frac{e^{-jkr}}{r}\int_S(M_\varphi\boldsymbol{\theta}-M_\theta\boldsymbol{\varphi})e^{jkr'\cos\xi}\,dS'$$

$$= jk(F_\varphi\boldsymbol{\theta}-F_\theta\boldsymbol{\varphi})$$

$$= jk\begin{vmatrix} \boldsymbol{r} & \boldsymbol{\theta} & \boldsymbol{\varphi} \\ F_r & F_\theta & F_\varphi \\ 1 & 0 & 0 \end{vmatrix} = jk\boldsymbol{F}(\boldsymbol{r})\times\hat{\boldsymbol{r}}$$

$$\therefore\quad \boldsymbol{E}_f(\boldsymbol{r}) = -jk\boldsymbol{F}(\boldsymbol{r})\times\hat{\boldsymbol{r}}$$

問 7.11

$$\hat{\boldsymbol{r}}\times\boldsymbol{A} = \begin{vmatrix} \boldsymbol{r} & \boldsymbol{\theta} & \boldsymbol{\varphi} \\ 1 & 0 & 0 \\ A_r & A_\theta & A_\varphi \end{vmatrix} = -A_\varphi\boldsymbol{\theta}+A_\theta\boldsymbol{\varphi}$$

$$(\hat{\boldsymbol{r}}\times\boldsymbol{A})\times\hat{\boldsymbol{r}} = \begin{vmatrix} \boldsymbol{r} & \boldsymbol{\theta} & \boldsymbol{\varphi} \\ 0 & -A_\varphi & A_\theta \\ 1 & 0 & 0 \end{vmatrix} = A_\theta\boldsymbol{\theta}+A_\varphi\boldsymbol{\varphi}$$

$$\therefore\quad -j\omega\mu(A_\theta\boldsymbol{\theta}+A_\varphi\boldsymbol{\varphi}) = -j\omega\mu(\hat{\boldsymbol{r}}\times\boldsymbol{A})\times\hat{\boldsymbol{r}}$$

これと問 7.10 の結果から

$$\boldsymbol{E}_f(\boldsymbol{r}) = -j\omega\mu(\hat{\boldsymbol{r}}\times\boldsymbol{A})\times\hat{\boldsymbol{r}} - jk\boldsymbol{F}\times\hat{\boldsymbol{r}}$$

$$= \left\{\hat{\boldsymbol{r}}\times\left(-jk\eta\frac{1}{4\pi}\int_V \boldsymbol{J}(\boldsymbol{r}')e^{jkr'\cos\xi}\,dv'\right)\times\hat{\boldsymbol{r}}\right.$$

$$\left.+\left(-jk\frac{1}{4\pi}\int_S \boldsymbol{M}(\boldsymbol{r}')e^{jkr'\cos\xi}\,dS'\right)\times\hat{\boldsymbol{r}}\right\}\frac{e^{-jkr}}{r}$$

ここで D_e，D_m，D を式(7.32)，式(7.33)，式(7.31)のように定義すると，式(7.29)が得られる．同様の計算過程により式(7.30)の最初の式が得られる．これから任意の波源のとき，遠方では電界，磁界が直交していることが確かめられる．

問 7.12 代表的断面，すなわち z-x 面，z-y 面，x-y 面での成分を考えるのが有効である．波源ベクトル $\boldsymbol{J}$ は x 成分のみなので，$\boldsymbol{D}_e$ も x 成分のみである．また r 成分は遠方では $1/r^2$ 以下のオーダとなるので省略できる．よって遠方での電界成分は **図解 7.12** のとおりである．

理解度の確認；解説　**185**

(a) z-x 面内　　(b) z-y 面内　　(c) x-y 面内

図解 7.12

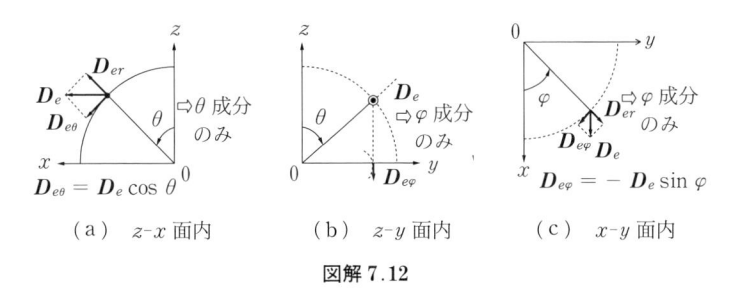

問 7.13 問 7.12 と同様の手順で考える．$\bm{J} = J_x\hat{\bm{x}} + J_y\hat{\bm{y}}$ と，波源は x-y 面内にあって任意の方向を向いている．x 成分と y 成分に分けて考える．x 成分は図解 7.12 のとおりである．y 成分電流による遠方界成分は**図解 7.13** のとおりである．$\bm{J}$ による遠方界成分は，図解 7.12 と 7.13 を加えたものとなる．

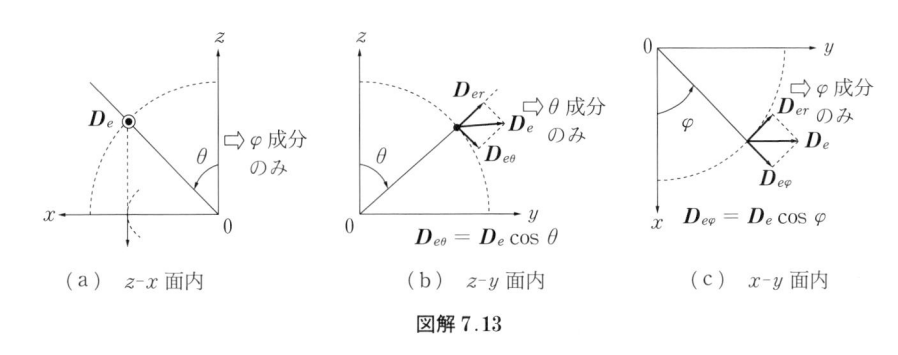

(a) z-x 面内　　(b) z-y 面内　　(c) x-y 面内

図解 7.13

問 7.14 図 7.10 に示すように，波源 $\bm{M}$ と $\bm{D}_m$ の向きは同じである．また，$\bm{E} = \bm{D}_m \times \bm{r}$ である．ゆえに各面内における $\bm{E}$ の成分は，**図解 7.14** のとおりである．

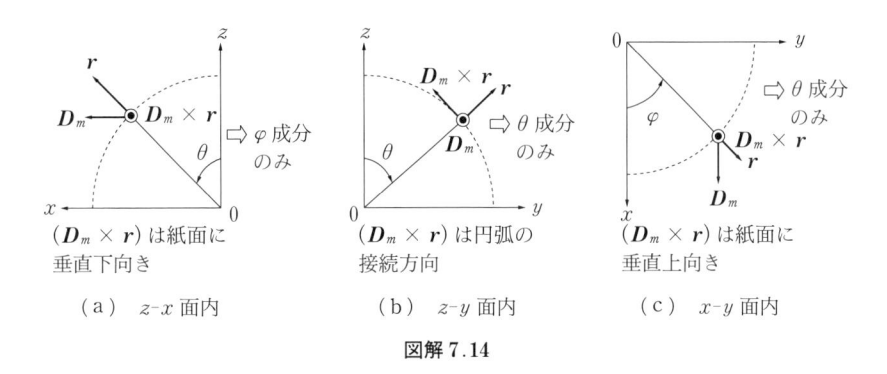

$(\bm{D}_m \times \bm{r})$ は紙面に垂直下向き　　$(\bm{D}_m \times \bm{r})$ は円弧の接続方向　　$(\bm{D}_m \times \bm{r})$ は紙面に垂直上向き

(a) z-x 面内　　(b) z-y 面内　　(c) x-y 面内

図解 7.14

問 7.15 図 7.10(a) の説明のように z 方向の電流波源による遠方電界は θ 成分のみとなる．また式 (7.29)，式 (7.31)，式 (7.32) から

$$E_\theta(\theta) = D_{e\theta} = -\sin\theta\, D_{ez}$$

$$D_{ez} = -\frac{e^{-jkr}}{r}\frac{jk\eta}{4\pi}\int_{-l/2}^{l/2} I_m \sin\left\{k\left(\frac{l}{2} - |z'|\right)\right\} e^{jkz'\cos\theta}\, dz'$$

$$\therefore\ E_\theta(\theta) = \frac{e^{-jkr}}{r}\frac{jk\eta I_m \sin\theta}{4\pi}\int_{-l/2}^{l/2} \sin\left\{k\left(\frac{l}{2} - |z'|\right)\right\} e^{jkz'\cos\theta}\, dz'$$

ここで
$$I = \int_{-l/2}^{l/2} \sin\left\{k\left(\frac{l}{2} - |z'|\right)\right\} e^{jkz'\cos\theta} dz'$$
とおくと
$$I = \frac{2}{k\sin^2\theta}\left\{\cos\left(\frac{kl}{2}\cos\theta\right) - \cos\left(\frac{kl}{2}\right)\right\}$$
となる．これを $E_\theta(\theta)$ の式に代入すれば式(7.36)が得られる．

問 7.16 微小ダイポールの指向性 $D(\theta, \varphi)$ を式(7.38)に代入して計算すればよい．
$$G(\theta, \varphi) = G(\theta) = \frac{\sin^2\theta}{\frac{1}{4\pi}\int_0^{2\pi}\int_0^\pi \sin^2\theta \cdot \sin\theta\, d\theta\, d\varphi} = \frac{\sin^2\theta}{\frac{1}{2}\int_0^\pi \sin^3\theta\, d\theta}$$

ここで
$$\int_0^\pi \sin^3\theta\, d\theta = \frac{4}{3}, \quad \therefore\quad G(\theta) = \frac{\sin^2\theta}{(1/2)\cdot(4/3)} = \frac{3}{2}\sin^2\theta$$

最大方向は $\theta = \pi/2$ でアンテナ利得 $G(\pi/2)$ は，1.5 （1.76 dBi）となる．

問 7.17 1 波長アンテナ及び 0.01 波長アンテナの $\theta = 90°$ 方向のアンテナ利得をそれぞれ G_1，$G_{0.01}$ とする．また電界強度をそれぞれ E_1，$E_{0.01}$ とすると
$$\left(\frac{E_1}{E_{0.01}}\right)^2 = \frac{G_1}{G_{0.01}} = (3.5 - 1.76)\,[\text{dB}]$$
$$\therefore\quad \frac{E_1}{E_{0.01}} = \sqrt{10^{1.74/10}} \doteqdot \sqrt{1.49} = 1.22, \quad 1.22\text{ 倍}$$

問 7.18 負荷に取り出し得る電力 P 〔W〕は，式(7.47)によって求められる．
$$P = \frac{\lambda^2}{4\pi} G \frac{|E|^2}{\eta_0}$$
ここで
$$\lambda = \frac{3\times 10^8}{1.5\times 10^9} = 0.2\text{ m}, \quad G = 10^{7/10} = 5.0, \quad \eta_0 \doteqdot 120\pi\ \Omega, \quad E = 1\text{ V/m}$$
$$\therefore\quad P = 4.2\times 10^{-5}\text{ W}$$

問 7.19 電力密度 S〔W/m²〕は，式(7.48)より
$$S = \frac{P_t}{4\pi R^2}G_t, \quad P_t = 2\text{ W}, \quad G_t = 10^{7/10} = 5.0, \quad R = 1\,000\text{ m}$$
$$\therefore\quad S = 7.96\times 10^{-7}\text{ W/m}^2$$

次に，電界強度 E〔V/m〕と電力密度 S〔W/m²〕の関係は
$$S = \frac{E^2}{\eta_0}, \quad \therefore\quad E = \sqrt{120\pi\times 7.96\times 10^{-7}} = 1.73\times 10^{-2}\text{ V/m}$$

問 7.20 $P_r = P_t\left(\dfrac{\lambda}{4\pi R}\right)^2 G_t G_r$

$P_t = 2\text{ W}, \quad \lambda = 0.2\text{ m}, \quad R = 2.0\times 10^3\text{ m}, \quad G_t = 5.0, \quad G_r = 10^{2.1/10} = 1.62$

$P_r = 1.03\times 10^{-9}\text{ W}$

問 7.21 12 GHz の波長 λ は，$\lambda = 30/12.0 = 2.5$ cm である．式(7.49)より
$$P_r = 100\times\left(\frac{2.5\times 10^{-2}}{4\pi\times 36\,000\times 10^3}\right)^2 \times 10^{37.7/10}\times 10^{34/10} = 4.5\times 10^{-12}\text{ W}$$

索　引

【あ】
アレー導波路回折格子形合分波
　回路 …………………… 118
アンテナの空間位相 ……… 134
アンテナの指向性 ………… 134
アンテナ利得 ……………… 134
アンペア（Ampere）の法則　27

【い】
位相定数 ……………… 32, 46
印加電流 …………………… 28
インダクタンス …………… 81
インピーダンス …………… 87

【え】
エバネッセンモード ……… 99
円筒波 ……………………… 70
円偏波 ……………………… 39
遠方電磁界 ………………… 130

【か】
開口数 ……………………… 114
外　積 ……………………… 149
回　折 ………………… 19, 69
回折角 ……………………… 118
回折格子 …………………… 117
回　転 ……………………… 149
ガウスの定理 ……………… 151
ガウスの法則 ……………… 27
可逆定理 …………………… 140
角周波数 ……………… 31, 83

【き】
基本モード ………………… 100
吸　収 ……………………… 21
境界条件 ……………… 47, 50, 61
共振周波数 ………………… 103
共振波長 …………………… 103
共振モード ………………… 103
キルヒホッフの法則 ……… 81
金属共振器 ………………… 102

【く】
矩形導波管 ………………… 96
屈　折 ……………………… 16
　――の法則 ……………… 17

屈折率 ……………………… 61
クラッド …………………… 110

【こ】
コ　ア ……………………… 110
降雨減衰 …………………… 20
高次の回折波 ……………… 118
高次モード ………………… 100
光線追跡法 ………………… 72
恒等式 ……………………… 150
勾　配 ………………… 149, 155
光路長 ……………………… 72
固有値 ……………………… 114
コンダクタンス …………… 84

【さ】
最大受光角 ………………… 114
座標変換 …………………… 152
散　乱 ……………………… 20

【し】
磁界の単位 ………………… 148
磁界の強さ ………………… 27
磁気的ベクトルポテンシャル
　…………………………… 124
磁気の単位 ………………… 147
磁　束 ……………………… 81
磁束密度 …………………… 27
実数表示 …………………… 153
1/4 波長整合回路 ………… 90
遮断周波数 ………………… 99
遮断波長 …………………… 100
周　期 ……………………… 32
集中定数回路 ……………… 80
周波数 ……………………… 32
受信アンテナの有効面積 … 139
受信開放電圧 ……………… 138
受信最大有効電力 ………… 138
衝撃波 ……………………… 14
シングルモードファイバ … 115

【す】
スカラポテンシャル ……… 124
スタブ形整合回路 ………… 91
ストークスの定理 …… 48, 151
スネルの法則 ………… 17, 61
スミスチャート …………… 91

スロットアンテナ ………… 129

【せ】
正弦波電流分布 …………… 132
整　合 ……………………… 90
整合回路 …………………… 90
整合負荷 …………………… 122
静電容量 …………………… 81
全反射 ………………… 65, 110

【た】
多重伝送路 ………………… 5
多モードファイバ ………… 114
単一モードファイバ ……… 115

【ち】
遅延特性 …………………… 73
直線偏波 …………………… 38
直交偏波 …………………… 62
直交偏波入射 ……………… 63

【て】
抵　抗 ……………………… 83
定在波 ……………………… 3
定在波分布 ………………… 88
電圧定在波比 ……………… 87
電界の強さ ………………… 27
電荷密度 …………………… 27
電気長 ……………………… 57
電気的スカラポテンシャル　124
電気的ベクトルポテンシャル
　…………………………… 130
電気の単位 ………………… 147
電磁的両立性 ……………… 8
電磁波の速度 ……………… 34
電磁波不要放射 …………… 142
電磁誘導の法則 …………… 26
伝送損失 …………………… 89
電束密度 …………………… 27
伝導電流 …………………… 28
電波吸収体 ………………… 21
伝　搬 ……………………… 14
伝搬定数 …………………… 83
伝搬モード ………………… 99
電流密度 …………………… 27

【と】

透過 …………………………… 16
透過形回折格子 ………………… 117
透過係数 ………………………… 51
等価磁流波源 …………………… 129
透過電力 ………………………… 51
透過波 …………………………… 50
同軸線路 ………………………… 80
透磁率 …………………………… 28
導体損失 ………………………… 89
導電率 …………………………… 28
導波管 …………………………… 96
特性インピーダンス …………… 83

【な】

内積 ……………………………… 149

【に】

2次元ナイフエッジ ……………… 70
2段1/4波長整合回路 …………… 91
入射電力 ………………………… 51
入射波 …………………………… 50
入射面 …………………………… 62
入力アドミタンス ……………… 91
入力抵抗 ………………………… 139
ニュートンリング ……………… 18

【は】

波数 …………………… 32, 46, 83
波数ベクトル …………………… 37
波長 ……………………………… 32
波長フィルタ …………………… 117
発散 …………………… 149, 155
波動インピーダンス …………… 47
波動行列法 ………………… 54, 55
波動方程式 ……………… 28, 155
ハーフミラー …………………… 116
反射形回折格子 ………………… 117
反射係数 …………………… 51, 87
反射電力 ………………………… 51
反射の法則 ………………… 17, 61
反射波 …………………………… 50

半波長ダイポールアンテナ 122

【ひ】

光集積回路 ……………………… 115
光導波路構造 …………………… 115
光の干渉 ………………………… 19
光の速度 ………………………… 34
光の反射 ………………………… 16
光ファイバ ………………… 7, 110
非伝搬モード …………………… 99
比透磁率 ………………………… 35
火花放電 …………………… 2, 14
比誘電率 ………………………… 35

【ふ】

ファラデー（Faraday） ……… 26
——の法則 ……………………… 27
フォトダイオード ………… 7, 110
複素表示 ………………… 46, 153
複素ポインティングベクトル 98
フーコー（Foucault） ………… 4
不要電磁波 ……………………… 8
プリズム ………………………… 116
ブルースター角（Brewster angle） …………………… 64, 65
分布定数回路 …………………… 81

【へ】

平衡2線 ………………………… 80
平行偏波 ………………………… 62
平行偏波入射 …………………… 63
平面波 …………………… 36, 59
ベクトル解析 …………………… 149
ベクトルポテンシャル 124, 130
ヘルツ（Hertz） …………… 2, 14
ヘルツダイポール ………… 2, 14
ヘルムホルツの方程式 …97, 124
変位電流 ………………………… 27
偏波 ……………………………… 112

【ほ】

ホイヘンス（Huygens）の原理 …………………………… 16

ホイヘンス波源 ………………… 70
ポインティング（Poynting） 42
ポインティングベクトル …… 42
放射抵抗 ………………………… 139
ホーンアンテナ ………………… 129

【ま】

マイクロ波帯 …………………… 4
マクスウェル（Maxwell） … 2
——の方程式 …………… 15, 27
——の方程式の解法 ………… 28
マクスウェル・アンペアの法則
 …………………………………… 27
マルコーニ（Marconi） ……… 2
マルチモードファイバ ……… 114

【み】

見通し外通信 …………………… 4

【や】

八木・宇田アンテナ ………… 122
ヤング（Young）の実験 …… 18

【ゆ】

誘電率 …………………………… 28

【よ】

横波 ……………………………… 34

【り】

立体回折格子 …………………… 117
臨界角 …………………… 65, 110

【れ】

レイトレース法 ………………… 72
レーザ …………………………… 7
レーザダイオード …………… 110
レンズ …………………………… 117
連続波 …………………………… 14

【E】

EMC ……………………………… 8

【F】

Friisの公式 ……………………… 140

【L】

LAN ……………………………… 5
LD ……………………………… 110

【M】

MKSA単位系 …………………… 148

【P】

PD ……………………………… 110

【T】

TE_{01}モード ……………………… 98
TEM波 …………………………… 9

TEMモード …………………… 100
TEモード ……………………… 100
TMモード ……………………… 100

【U】

UHF帯 …………………………… 4

【V】

VHF帯 …………………………… 4
VSWR …………………………… 87

―― 著者略歴 ――

鹿子嶋　憲一（かごしま　けんいち）
1974 年　東京工業大学大学院博士課程修了（電子工学専攻）
　　　　工学博士（東京工業大学）
2012 年　茨城大学名誉教授

光・電磁波工学
Fundamentals and Practice in Electromagnetic Waves

© 一般社団法人　電子情報通信学会　2003

2003 年 7 月 18 日　初版第 1 刷発行
2021 年 6 月 20 日　初版第 14 刷発行

検印省略	編　者	一般社団法人 電子情報通信学会 https://www.ieice.org/
	著　者	鹿　子　嶋　憲　一
	発 行 者	株式会社　コ ロ ナ 社 代 表 者　牛 来 真 也
	印 刷 所	壮光舎印刷株式会社
	製 本 所	株式会社　グ リ ー ン

112-0011　東京都文京区千石 4-46-10
発 行 所　株式会社　コ ロ ナ 社
CORONA PUBLISHING CO., LTD.
Tokyo Japan
振替00140-8-14844・電話(03)3941-3131(代)
ホームページ　https://www.coronasha.co.jp

ISBN 978-4-339-01849-3　C3355　Printed in Japan

本書のコピー，スキャン，デジタル化等の無断複製・転載は著作権法上での例外を除き禁じられています。
購入者以外の第三者による本書の電子データ化及び電子書籍化は，いかなる場合も認めていません。
落丁・乱丁はお取替えいたします。

電子情報通信レクチャーシリーズ

■電子情報通信学会編　（各巻B5判，欠番は品切または未発行です）
白ヌキ数字は配本順を表します。

				頁	本体
㉚	A-1	電子情報通信と産業	西村 吉雄著	272	4700円
⑭	A-2	電子情報通信技術史 ―おもに日本を中心としたマイルストーン―	「技術と歴史」研究会編	276	4700円
㉖	A-3	情報社会・セキュリティ・倫理	辻井 重男著	172	3000円
⑥	A-5	情報リテラシーとプレゼンテーション	青木 由直著	216	3400円
㉙	A-6	コンピュータの基礎	村岡 洋一著	160	2800円
⑲	A-7	情報通信ネットワーク	水澤 純一著	192	3000円
㊳	A-9	電子物性とデバイス	益・天川共著	244	4200円
㉝	B-5	論理回路	安浦 寛人著	140	2400円
⑨	B-6	オートマトン・言語と計算理論	岩間 一雄著	186	3000円
㉟	B-8	データ構造とアルゴリズム	岩沼 宏治他著	208	3300円
㊱	B-9	ネットワーク工学	田村・中野・仙石共著	156	2700円
①	B-10	電磁気学	後藤 尚久著	186	2900円
⑳	B-11	基礎電子物性工学―量子力学の基本と応用―	阿部 正紀著	154	2700円
④	B-12	波動解析基礎	小柴 正則著	162	2600円
②	B-13	電磁気計測	岩﨑 俊著	182	2900円
⑬	C-1	情報・符号・暗号の理論	今井 秀樹著	220	3500円
㉕	C-3	電子回路	関根 慶太郎著	190	3300円
㉑	C-4	数理計画法	山下・福島共著	192	3000円
⑰	C-6	インターネット工学	後藤・外山共著	162	2800円
③	C-7	画像・メディア工学	吹抜 敬彦著	182	2900円
㉜	C-8	音声・言語処理	広瀬 啓吉著	140	2400円
⑪	C-9	コンピュータアーキテクチャ	坂井 修一著	158	2700円
㉛	C-13	集積回路設計	浅田 邦博著	208	3600円
㉗	C-14	電子デバイス	和保 孝夫著	198	3200円
⑧	C-15	光・電磁波工学	鹿子嶋 憲一著	200	3300円
㉘	C-16	電子物性工学	奥村 次徳著	160	2800円
㉒	D-3	非線形理論	香田 徹著	208	3600円
㉓	D-5	モバイルコミュニケーション	中川・大槻共著	176	3000円
⑫	D-8	現代暗号の基礎数理	黒澤・尾形共著	198	3100円
⑱	D-11	結像光学の基礎	本田 捷夫著	174	3000円
⑤	D-14	並列分散処理	谷口 秀夫著	148	2300円
㊲	D-15	電波システム工学	唐沢・藤井共著	228	3900円
㊴	D-16	電磁環境工学	徳田 正満著	206	3600円
⑯	D-17	VLSI工学―基礎・設計編―	岩田 穆著	182	3100円
⑩	D-18	超高速エレクトロニクス	中村・三島共著	158	2600円
㉔	D-23	バイオ情報学 ―パーソナルゲノム解析から生体シミュレーションまで―	小長谷 明彦著	172	3000円
⑦	D-24	脳工学	武田 常広著	240	3800円
㉞	D-25	福祉工学の基礎	伊福部 達著	236	4100円
⑮	D-27	VLSI工学―製造プロセス編―	角南 英夫著	204	3300円

以下続刊

B-7　コンピュータプログラミング　富樫　敦著

定価は本体価格+税です。
定価は変更されることがありますのでご了承下さい。

図書目録進呈◆